HUAWEI
EDUCATION

> 华为ICT认证系列丛书

华为技术认证

HCIA-HarmonyOS应用开发

学习指南

U0383202

华为技术有限公司 主编

人民邮电出版社

北　京

图书在版编目（CIP）数据

HCIA-HarmonyOS应用开发学习指南 / 华为技术有限
公司主编. -- 北京：人民邮电出版社，2022.5
（华为ICT认证系列丛书）
ISBN 978-7-115-58466-3

Ⅰ. ①H… Ⅱ. ①华… Ⅲ. ①移动终端－操作系统－
程序设计－指南 Ⅳ. ①TN929.53

中国版本图书馆CIP数据核字(2021)第278528号

内 容 提 要

　　本书首先对 HarmonyOS 和 OpenHarmony 进行概述，同时阐述了两者的区别；其次讲解了
HarmonyOS 应用开发的流程以及必备的开发基础知识；接着介绍了基于 JS UI 框架以及丰富的组件快
速开发应用程序 UI 的方法；然后针对 HarmonyOS 的接口能力进行了详细说明；还介绍了 Java PA 开
发，包括 Service Ability 开发、JS 和 Java 的混合开发（JS FA 调用 Java PA）、数据库及 Data Ability 开
发等；最后通过 3 个开发专题讲解 HarmonyOS 应用开发的重要核心技术。除了全面的知识讲解，本
书还有详细的案例说明，通过理论与案例结合，使开发者快速掌握各项基础开发技能。

　　本书作为 HarmonyOS 应用开发工具手册，适合有一定基础的 JS 和 Java 开发者或对 HarmonyOS
感兴趣的移动应用开发、设计、测试工程师及小程序开发人员阅读，可帮助读者快速掌握 HarmonyOS
应用开发的技巧。

　◆　主　　编　华为技术有限公司
　　　责任编辑　李　静
　　　责任印制　彭志环
　◆　人民邮电出版社出版发行　　北京市丰台区成寿寺路 11 号
　　　邮编　100164　电子邮件　315@ptpress.com.cn
　　　网址　https://www.ptpress.com.cn
　　　固安县铭成印刷有限公司印刷
　◆　开本：787×1092　1/16
　　　印张：29.75　　　　　　　　　2022 年 5 月第 1 版
　　　字数：696 千字　　　　　　　2022 年 5 月河北第 1 次印刷

定价：199.80 元
读者服务热线：**(010)81055491**　印装质量热线：**(010)81055316**
反盗版热线：**(010)81055315**

编 委 会

序　言

共建鸿蒙生态　共赢万物智联时代

5G、AI、IoT、云计算等技术的快速创新迭代及彼此叠加，极大地推动了千行万业数字化转型升级的前进步伐，万物智联时代正在到来。统一万物智联生态的智能终端操作系统，已成为产业共同的迫切诉求。

数字经济无疑是国家未来经济发展的核心推动力，万物智联将成为数字经济的基础设施。我国基本具备了发展万物智联所需的完整产业链闭环条件：超过 70% 的智能终端及模组产自我国；网络基础设施，特别是 5G 网络建设最快、最完善；互联网应用创新层出不穷；AI 应用最广泛；万物智联的市场需求和规模全球最大……然而，生态碎片化是阻滞万物智联健康、快速、有序发展的最大障碍。解决生态碎片化的最好办法就是，统一在各种设备上运行的操作系统。虽然近年来我国的基础软件已经有了一些突破和相当快的进步，但操作系统领域的核心技术、产业基础及生态等方面仍然无法满足产业发展的强烈诉求。

为此，华为推出了面向万物智联时代的终端操作系统——HarmonyOS。HarmonyOS 全栈解耦的模块化架构，使其一套系统可弹性部署在各种终端设备和模组上，为设备之间的互通和协同，提供了统一语言；强大的分布式软总线技术，在逻辑上将多个搭载 HarmonyOS 的设备融合为一台"超级终端"；原子化分布式编程框架，让开发者一次开发的原子化服务，可以在所有鸿蒙生态设备上运行并无缝流转。HarmonyOS 的上述能力，既可以解决异构多设备互联互通的难题，又完美实现了生态的统一。

自 2019 年 8 月 9 日，鸿蒙操作系统在华为首届 HDC 大会正式对外发布以来，鸿蒙生态经过两年多的发展，现已初具规模。截至 2021 年年底，搭载 HarmonyOS 系统的华为自研设备突破 2.5 亿台，其中，智能手机超过 2.3 亿部。合作伙伴开发的鸿蒙生态设备超过 1 亿台。同时，有 400 多家应用和服务伙伴、1800 多家硬件合作伙伴加入鸿蒙生态建设。HarmonyOS 已成为全球用户增长速度最快的操作系统，鸿蒙生态也成为成长最快的生态系统。

生态只有开放、共建才能成功。华为已于 2020 年 9 月，将 HarmonyOS 的完整基础框架和核心能力全部捐赠给开放原子开源基金会，与合作伙伴一起在开放原子开源基金会建立 OpenHarmony 开源项目，致力于将 OpenHarmony 项目打造成使能千行百业的数字底座，为万物智联时代的产业发展提供架构、技术领先的操作系统和统一的生态发展底座。

鸿蒙生态的快速发展，带来了产业对鸿蒙生态人才需求的急剧增加。越来越多的企业基于 OpenHarmony 底座，积极开发千行百业的众多应用，或者开发各种各样的智能硬件设备。两者共同催生了产业对鸿蒙生态人才需求的井喷式增长。为加速鸿蒙生态人才的培养，华为一方面通过启动 HarmonyOS 高校人才培育计划、举办 HarmonyOS 开发者创新大赛、参与教育部"产学合作协同育人"项目等举措培养高校鸿蒙生态人才；另一方面通过推出鸿蒙人才认证标准，提升广大开发者的知识水平和技术能力。

教材是知识传播的主要载体，是教学的根本依据，是人才培养的重要保障。为助力鸿蒙生态人才快速成长，华为鸿蒙技术专家、培训名师与人民邮电出版社三方携手，共同开发出版了《HCIA-HarmonyOS 应用开发学习指南》。该书涵盖了 HarmonyOS 认证考试知识，针对性强；采用模块化设计，内容深入浅出；配套资源丰富，易教利学。该书可作为高校教学用书，也可供开发者自学使用。

该书凝结了编委会成员、教材作者、出版社编辑的心血和智慧，值得我们细细品读、认真钻研、学以致用。

让我们一起翻开此书，开启鸿蒙生态学习成长之旅！华为期待与大家一起，共同繁荣鸿蒙生态，为中国软件行业大树的枝繁叶茂贡献自己的力量！

华为公司终端 BG AI 与智慧全场景业务部总裁　　王成录

前　言

HarmonyOS 是一款面向未来、面向全场景（移动办公、运动健康、社交通信、媒体娱乐等）的分布式操作系统。在传统的单设备系统能力的基础上，HarmonyOS 提出了基于同一套系统能力、适配多种终端形态的分布式理念，能够支持手机、平板电脑、智能穿戴设备、智慧屏、车机等多种终端设备。

2019 年 8 月 9 日，华为技术有限公司在华为开发者大会上正式发布了 HarmonyOS 1.0，同时宣布该操作系统源代码开源。2020 年 9 月 10 日，HarmonyOS 2.0 正式发布。与 HarmonyOS 1.0 版本相比，HarmonyOS 2.0 在分布式软总线、分布式数据管理、分布式安全等分布式能力上进行了升级。2021 年 10 月 22 日，华为开发者大会 2021（Together）于东莞松山湖举办，HarmonyOS 3.0 正式发布，HarmonyOS 3.0 引入了全新的方舟开发框架（ArkUI）。基于 TS 扩展的声明式开发范式的方舟开发框架是为 HarmonyOS 平台开发极简、高性能、跨设备应用设计研发的 UI 开发框架，支持开发者高效地构建跨设备应用 UI。

2021 年 7 月，华为技术有限公司正式发布了面向 HarmonyOS 的两项官方职业认证：面向 HarmonyOS 应用开发工程师的 HCIA（HarmonyOS Application Developer V1.0）认证和面向 HarmonyOS 设备开发工程师的 HCIA（HarmonyOS Device Developer V1.0）认证，用于储备具有 HarmonyOS 应用和设备开发领域专业知识与技能的工程师。

本书是面向 HarmonyOS 应用开发工程师 HCIA 认证考试的官方教材，由华为技术有限公司联合北京软通动力教育科技有限公司的专业人士参照《HCIA-HarmonyOS Application Developer V1.0 考试大纲》精心编写并经过详细审校，最终创作而成，旨在帮助读者迅速掌握华为 HCIA-HarmonyOS Application Developer 认证考试所要求的知识和技能。本书适用于 HarmonyOS 3.0，以及 HarmonyOS SDK API Version 7 版本。

由于编者水平有限，加之时间仓促，疏漏之处在所难免，敬请读者批评指正！

　　本书配套资源可通过扫描封底的"信通社区"二维码，回复数字"584663"进行获取。

　　关于华为认证的更多精彩内容，请扫码进入华为人才在线官网了解。

华为人才在线

目　录

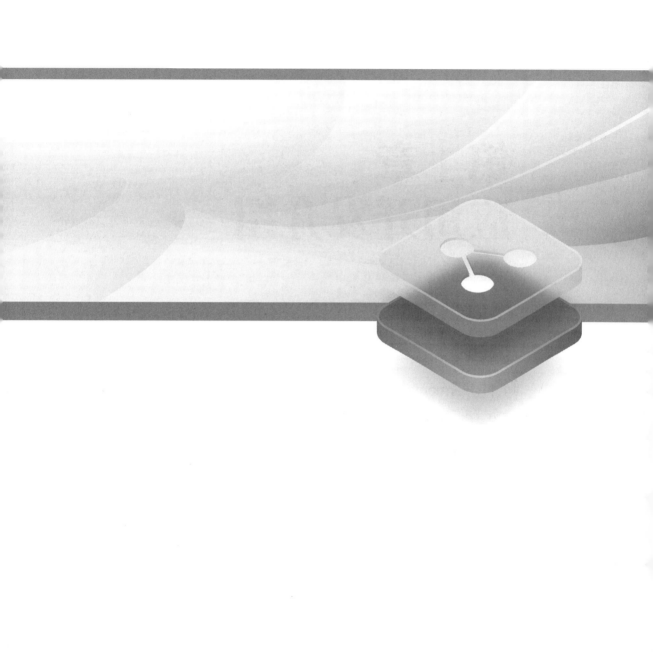

第1章
应用开发介绍

本章主要内容

1.1　HarmonyOS 概述

1.1.1　系统定义

在传统的单设备系统能力的基础上，HarmonyOS 提出了基于同一套系统能力、适配多种终端形态的分布式理念，能够支持手机、平板电脑、智能穿戴设备、智慧屏、车机等多种终端设备。HarmonyOS 遵从分层设计，从下向上依次为内核层、系统服务层、框架层和应用层。系统功能按照系统→子系统→功能/模块逐级展开。在多设备部署场景下，系统支持根据实际需求裁剪某些非必要的子系统或功能/模块。HarmonyOS 技术架构如图 1-1 所示。

① 内核层包括内核子系统和驱动子系统。

内核子系统：HarmonyOS 采用多内核设计，支持针对不同资源受限设备选用适合的 OS 内核。内核抽象层（Kernel Abstract Layer，KAL）通过屏蔽多内核差异，对上层提供基础的内核能力，包括进程/线程管理、内存管理、文件系统、网络管理和外设管理等。

驱动子系统：硬件驱动框架（Hardware Driver Foundation，HDF）是 HarmonyOS 硬件生态开放的基础，提供了统一外设访问能力和驱动开发、管理框架。

② 系统服务层是 HarmonyOS 的核心能力集合，通过框架层对应用程序提供服务。该层包含以下几个部分。

系统基本能力子系统集：为分布式应用在 HarmonyOS 多设备上的运行、调度、迁移等操作提供基础能力，由分布式软总线、分布式数据管理、分布式任务调度、方舟多语言运行时、公共基础库、多模输入、图形、安全、人工智能（Artificial Intelligence，AI）等子系统组成。其中，方舟运行时提供了 C/C++/JS（JavaScript）多语言运行时和基础的系统类库，也为使用方舟编译器静态化的 Java 程序（即应用程序或框架层中使用 Java 语言开发的部分）提供运行时。

基础软件服务子系统集：为 HarmonyOS 提供公共的、通用的软件服务，由事件通知、电话、多媒体、DFX（Design For X）、MSDP&DV 等子系统组成。

增强软件服务子系统集：为 HarmonyOS 提供针对不同设备的、差异化的能力增强型软件服务，由智慧屏专有业务、穿戴专有业务、物联网（Internet of Things，IoT）专有业务等子系统组成。

硬件服务子系统集：为 HarmonyOS 提供硬件服务，由位置服务、生物特征识别、穿戴专有硬件服务、IoT 专有硬件服务等子系统组成。

③ 框架层为 HarmonyOS 应用开发提供了 Java/C/C++/JS 等多语言的用户程序框架和 Ability 框架、两种用户界面（User Interface，UI）框架（包括适用于 Java 语言的 Java UI 框架、适用于 JS/TS（TypeScript）语言的方舟开发框架），以及各种软硬件服务对外开放的多语言框架应用程序接口（Application Programming Interface，API）。系统的组件化裁剪程度不同，HarmonyOS 设备支持的 API 也会有所不同。

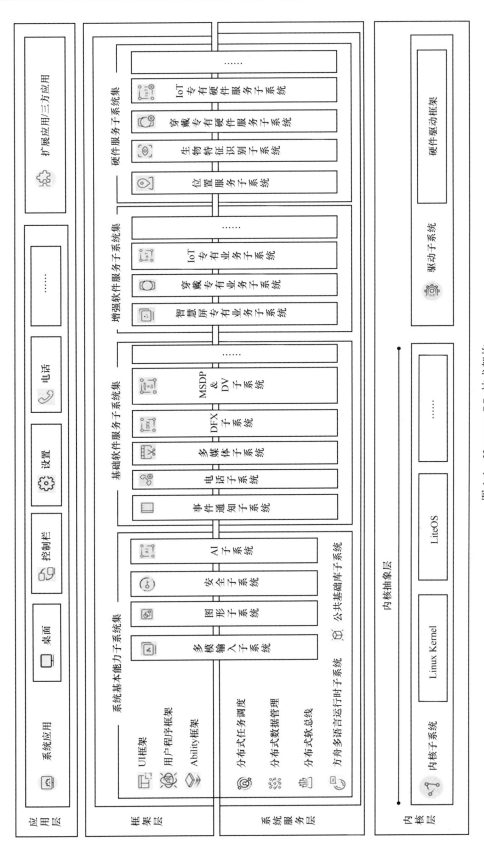

图 1-1　HarmonyOS 技术架构

④ 应用层包括系统应用和第三方非系统应用。HarmonyOS 的应用由一个或多个元服务（Feature Ability，FA）或元程序（Particle Ability，PA）组成。其中，FA 有 UI 页面，提供与用户交互的能力；PA 无 UI 页面，提供后台运行任务的能力以及统一的数据访问抽象。FA 在进行用户交互时所需的后台数据访问也需要由对应的 PA 提供支撑。基于FA/PA 开发的应用，能够实现特定的业务功能，支持跨设备调度与分发，为用户提供一致、高效的应用体验。

1.1.2　技术特性

多种设备之间能够实现硬件互助、资源共享所依赖的关键技术包括分布式软总线、分布式设备虚拟化、分布式数据管理和分布式任务调度等。

1．分布式软总线

分布式软总线是手机、平板电脑、智能穿戴设备、智慧屏、车机等分布式设备的通信基座，为设备之间的互联互通提供了统一的分布式通信能力，为设备之间的无感发现和零等待传输创造了条件。开发者只需聚焦于业务逻辑的实现，无须关注组网方式与底层协议。分布式软总线示意如图 1-2 所示。

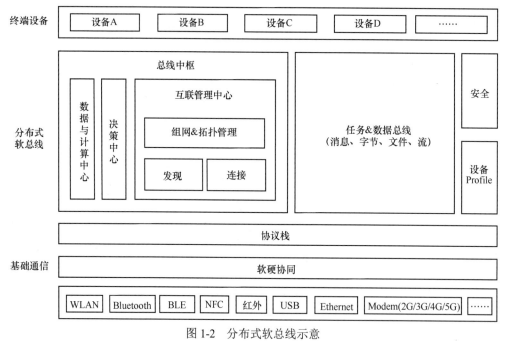

图 1-2　分布式软总线示意

2．分布式设备虚拟化

分布式设备虚拟化平台可以实现不同设备的资源融合、设备管理、数据处理，多种设备共同形成一个超级虚拟终端。针对不同类型的任务，分布式设备虚拟化为用户匹配并选择能力合适的执行硬件，使业务能连续地在不同设备间流转，充分发挥不同设备的能力优势，如显示能力、摄像能力、音频能力、交互能力以及传感器能力等。分布式设备虚拟化示意如图 1-3 所示。

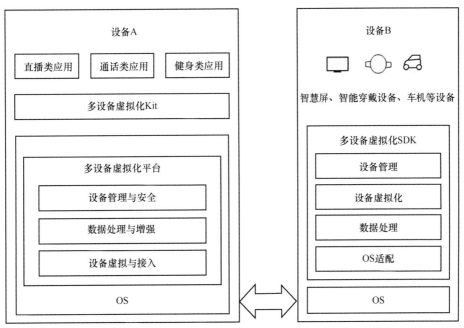

图 1-3　分布式设备虚拟化示意

3．分布式数据管理

分布式数据管理基于分布式软总线的能力，实现应用程序数据和用户数据的分布式管理。用户数据不再与单一物理设备绑定，业务逻辑与数据存储分离，跨设备的数据处理如同在本地数据处理一样方便快捷，让开发者能够轻松实现全场景、多设备下的数据存储、共享和访问，为打造一致、流畅的用户体验创造基础条件。分布式数据管理示意如图 1-4 所示。

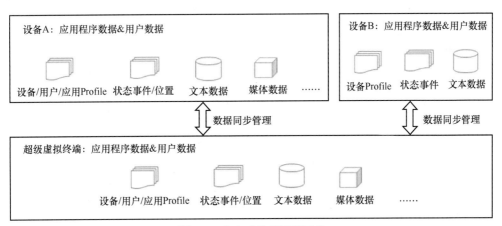

图 1-4　分布式数据管理示意

4．分布式任务调度

分布式任务调度基于分布式软总线、分布式数据管理、分布式 Profile 等技术特性，构建统一的分布式服务管理（发现、同步、注册、调用）机制，支持对跨设备的应用进行远程启动、远程调用、远程连接以及迁移等操作，能够根据不同设备的能力、位置、业务运行状态、资源使用情况及用户的习惯和意图，选择合适的设备运行分布式任务。

图 1-5 以应用迁移为例，展示了分布式任务调度能力。

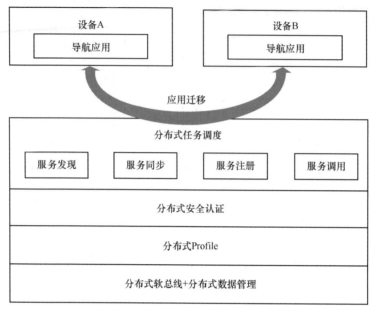

图 1-5 分布式任务调度能力示意

5．一次开发，多端部署

HarmonyOS 提供了用户程序框架、Ability 框架以及 UI 框架，支持应用开发过程中多终端的业务逻辑和页面逻辑进行复用，能够实现应用的一次开发、多端部署，提升了跨设备应用的开发效率，如图 1-6 所示。

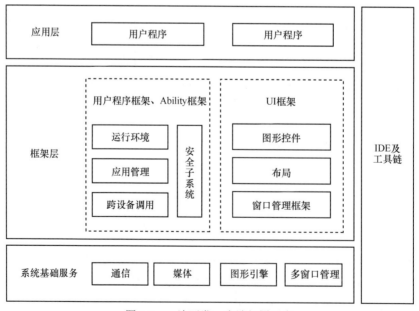

图 1-6 一次开发、多端部署示意

其中，UI 框架支持使用 Java、JS、TS 语言进行开发，并提供了丰富的多态控件，可以在手机、平板电脑、智能穿戴设备、智慧屏、车机上显示不同的 UI 效果。采用业界主流的设计方式，提供多种响应式布局方案，支持栅格化布局，满足不同屏幕的页面适配能力。

6．统一 OS，弹性部署

HarmonyOS 的组件化和小型化设计，可支持多种终端设备按需弹性部署，能够适配不同类别的硬件资源和功能需求。HarmonyOS 通过编译链关系自动生成组件化的依赖关系，形成组件树依赖图，支撑产品系统的便捷开发，降低硬件设备的开发门槛。

支持各组件的选择（组件可有可无）：根据硬件的形态和需求，可以选择所需的组件。

支持组件内功能集的配置（组件可大可小）：根据硬件的资源情况和功能需求，可以选择配置组件中的功能集。例如，选择配置图形框架组件中的部分控件。

支持组件间依赖的关联（平台可大可小）：根据编译链关系，可以自动生成组件化的依赖关系。例如，选择图形框架组件，将会自动选择依赖的图形引擎组件等。

1.1.3　系统安全

在搭载 HarmonyOS 的分布式终端上，系统可以保证正确的人，通过正确的设备，正确地使用数据。

① 通过分布式多端协同身份认证来保证正确的人。

② 通过在分布式终端上构筑可信运行环境来保证正确的设备。

③ 通过分布式数据在跨终端流动的过程中，对数据进行分类分级管理来保证正确地使用数据。

1．正确的人

在分布式终端场景下，正确的人指通过身份认证的数据访问者和业务操作者。正确的人是确保用户数据不被非法访问、用户隐私不被泄露的前提条件。HarmonyOS 通过以下 3 个方面来实现协同身份认证。

零信任模型：HarmonyOS 基于零信任模型，实现对用户的认证和对数据的访问控制。当用户需要跨设备访问数据资源或者发起高安全等级的业务操作（例如，对安防设备的操作）时，HarmonyOS 会对用户进行身份认证，确保其身份的可靠性。

多因素融合认证：HarmonyOS 通过用户身份管理，将不同设备上标识同一用户的认证凭据关联起来，提高认证的准确度。

协同互助认证：HarmonyOS 通过将硬件和认证能力解耦（即信息采集和认证可以在不同的设备上完成），实现不同设备的资源池化以及能力的互助与共享，让高安全等级的设备协助低安全等级的设备完成用户身份认证。

2．正确的设备

在分布式终端场景下，只有保证用户使用的设备是安全可靠的，才能保证用户数据在虚拟终端上得到有效保护，避免用户隐私被泄露。

安全启动：确保每台虚拟设备运行的系统固件和应用程序是完整的、未经篡改的。通过安全启动，各个设备厂商的镜像包就不易被非法替换为恶意程序，从而保护用户的数据安全和隐私安全。

可信执行环境：提供了基于硬件的可信执行环境（Trusted Execution Environment，TEE）保护用户的个人敏感数据的存储和处理，确保数据不被泄露。分布式终端硬件的安全能力不同，因此对于用户的个人敏感数据，需要使用高安全等级的设备进行存储和处理。

设备证书认证：支持为具备可信执行环境的设备预置设备证书，用于向其他虚拟终端证明自己的安全能力。对于有 TEE 的设备，通过预置公钥基础设施（Public Key Infrastructure，PKI）设备证书给设备身份提供证明，确保设备是合法制造的。设备证书在生产线进行预置，设备证书的私钥写入并安全保存在设备的 TEE 中，且只在 TEE 内进行使用。在必须传输用户的敏感数据（例如密钥、加密的生物特征等信息）时，会在使用设备证书进行安全环境验证后，建立从一个设备的 TEE 到另一设备的 TEE 的安全通道，实现安全传输。设备证书认证示意如图 1-7 所示。

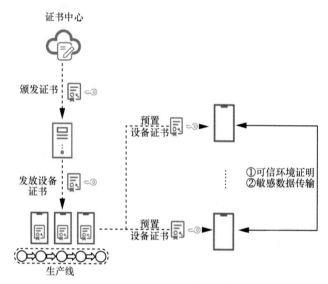

图 1-7　设备证书认证示意

3．正确地使用数据

在分布式终端场景下，用户要正确地使用数据。HarmonyOS 围绕数据的生成、存储、使用、传输以及销毁过程进行全生命周期的保护，从而保证个人数据与隐私以及系统的机密数据（如密钥）不被泄露。

数据生成：根据数据所在的国家（地区）或组织的法律法规与标准规范，对数据进行分类分级，并且根据分类设置相应的保护等级。每个保护等级的数据从生成开始，在其存储、使用、传输的整个生命周期都需要根据对应的安全策略提供不同强度的安全防护。虚拟超级终端的访问控制系统支持依据标签的访问控制策略，保证数据只能在可以提供足够安全防护的虚拟终端之间存储、使用和传输。

数据存储：HarmonyOS 通过区分数据的安全等级，将数据存储到不同安全防护能力的分区，对数据进行安全保护，并提供密钥全生命周期的跨设备无缝流动和跨设备密钥访问控制能力，支撑分布式身份认证协同、分布式数据共享等业务。

数据使用：HarmonyOS 通过硬件为设备提供可信执行环境。用户的个人敏感数据仅能在分布式虚拟终端的可信执行环境中使用,确保用户数据的安全和隐私不被泄露。

数据传输:为了保证数据在虚拟超级终端之间安全流转,各设备要是正确可信的,建立了信任关系(多个设备通过华为账号建立配对关系),并验证信任关系后,建立安全的连接通道,按照数据流动的规则安全地传输数据。当设备之间进行通信时,需要基于设备的身份凭据对设备进行身份认证,并在此基础上,建立安全的加密传输通道。

数据销毁:销毁密钥即销毁数据。数据在虚拟终端的存储都建立在密钥的基础上。数据被销毁时,只需要销毁对应的密钥。

1.2 OpenHarmony 概述

1.2.1 OpenHarmony 项目简介

2020 年 9 月,开放原子开源基金会(以下简称"开源基金会")接受华为技术有限公司捐赠的智能终端操作系统基础能力相关代码,随后进行开源,并根据命名规则为该开源项目命名为 OpenAtom OpenHarmony(以下简称"OpenHarmony")。

OpenHarmony 的愿景是打造开放的、全球化的、创新且领先的面向多智能终端、全场景的分布式操作系统,构筑可持续发展的开源生态系统。

目前,OpenHarmony 项目托管在国内代码托管平台 gitee 上,如图 1-8 所示。

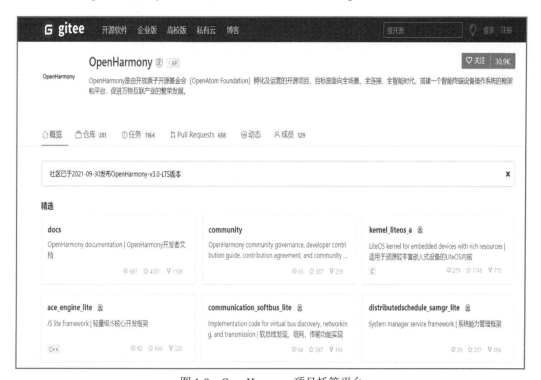

图 1-8　OpenHarmony 项目托管平台

1.2.2 OpenHarmony 与 HarmonyOS

1. OpenHarmony

OpenHarmony 是由开源基金会孵化及运营的开源项目,目标是面向全场景、全连接、全智能时代,搭建一个智能终端设备操作系统的框架和平台,促进万物互联产业的繁荣发展。项目包含了分布式操作系统所需的完整能力,包括内核层、系统服务层和应用框架层。华为及众多贡献者,在社区内直接贡献。

2. HarmonyOS

华为通过 OpenHarmony 项目,结合自研闭源应用和闭源华为移动服务(Huawei Mobile Services,HMS)能力,构建华为自研产品的完整解决方案。

OpenHarmony 与 HarmonyOS 的关系示意如图 1-9 所示。

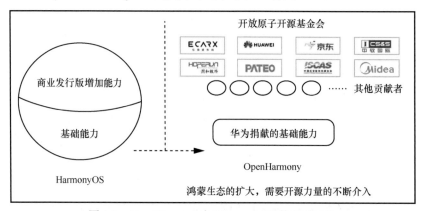

图 1-9 OpenHarmony 与 HarmonyOS 的关系示意

1.3 应用开发简介

1.3.1 南向设备开发与北向应用开发简介

上层应用开发叫北向,底层设备开发叫南向:北向指纯应用软件开发,基于官方提供的系统 SDK 进行应用开发,HarmonyOS 支持使用 Java、JS、eTS(Extended TypeScript,基于 TS 扩展的声明式开发范式)、C、C++进行开发;南向指软硬件结合的嵌入式开发,一般用 C、C++进行开发,注重硬件操作、驱动开发、操作系统裁剪定制等。

我们只在此介绍北向应用开发的内容。

1.3.2 HarmonyOS 与 OpenHarmony 应用开发的区别

1. 开发语言支持

HarmonyOS 主要支持使用 JS、Java、eTS 开发应用(C 和 C++用来开发库)。OpenHarmony 不支持使用 Java 开发应用。

2．SDK 的不同

应用开发工具使用的 DevEco Studio 相同，SDK 不同，本书采用的开发工具为 DevEco Studio 3.0 Beta1 版本，开发工具中的 SDK Manager 操作页面如图 1-10 所示。我们可以看到该开发工具提供了分别支持 OpenHarmony 和 HarmonyOS 的两套 SDK，开发者可以根据需要安装对应的 SDK。

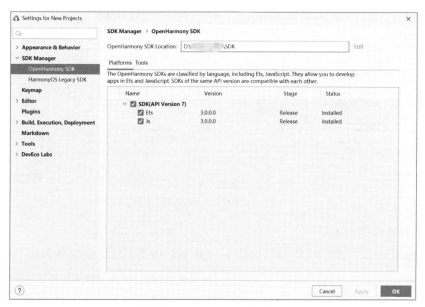

图 1-10　SDK Manager 操作页面

3．创建项目方式不同

HarmonyOS 创建一个应用项目，在提示选择 Ability 模板时，通常会选择"Empty Ability"，如图 1-11 所示。

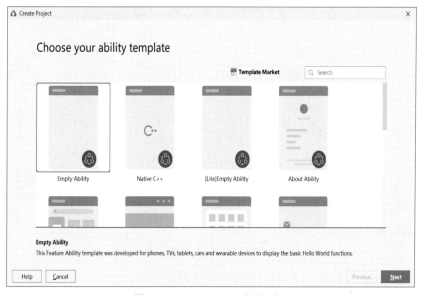

图 1-11　HarmonyOS 创建项目

OpenHarmony 创建一个应用项目，在提示选择 Ability 模板时，只能选择"[Standard] Empty Ability"，如图 1-12 所示。

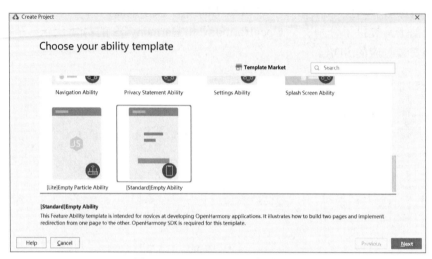

图 1-12　OpenHarmony 创建项目

4．工程目录结构不同

HarmonyOS JS 开发的项目结构如图 1-13 所示，该类型项目中会有 Java 文件的目录存在。

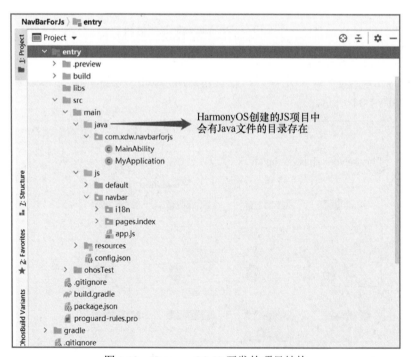

图 1-13　HarmonyOS JS 开发的项目结构

OpenHarmony JS 开发的项目结构如图 1-14 所示，该类型项目中不会存在与 Java 相关的目录和文件。

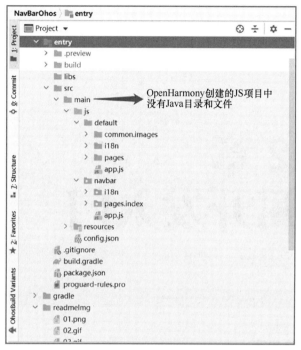

图 1-14　OpenHarmony JS 开发的项目结构

5．运行调测方式不同

HarmonyOS 支持 Previewer（预览）、模拟器运行、真机（手机、平板电脑、电视等设备）运行 3 种调测方式；OpenHarmony 支持 Previewer（预览）、真机（目前主要使用各类开发板，不支持手机和平板电脑）运行两种调测方式。

6．签名方式不同

本书不介绍 OpenHarmony 的签名方式。

HarmonyOS 的签名方式请查看本书 2.2 节的内容。

第 2 章
应用开发入门

本章主要内容

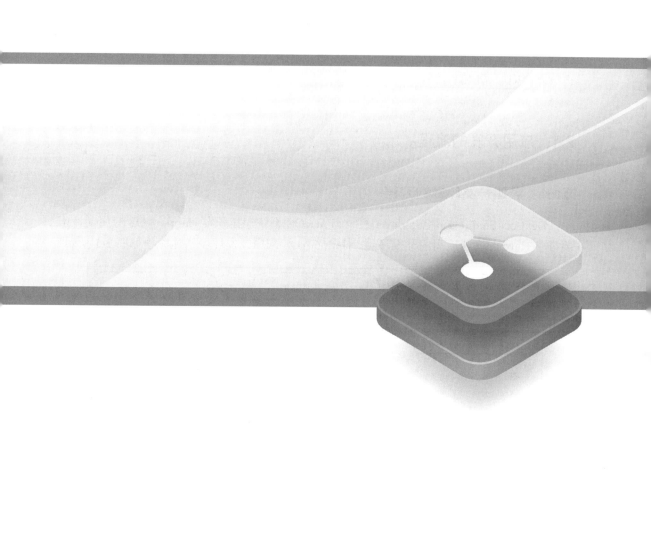

本章将首先讲解应用开发环境安装配置，安装完成后会创建一个 Hello World 工程，介绍如何使用预览器和模拟器来运行展示该工程；然后讲解更复杂的真机运行调试流程；最后介绍工程管理中的重要知识点，如各类开发语言对应的工程目录结构等。本章还会详细介绍应用调试的方法。

2.1   应用开发的流程

2.1.1   搭建开发环境的流程

DevEco Studio 支持 Windows 系统和 macOS 系统，在开发 HarmonyOS 应用前，需要准备 HarmonyOS 应用的开发环境。HarmonyOS 应用开发环境搭建流程如图 2-1 所示。

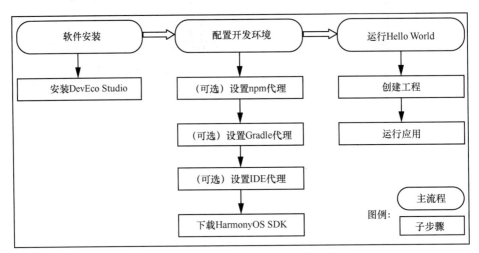

图 2-1   HarmonyOS 应用开发环境搭建流程

2.1.2   下载与安装软件

DevEco Studio 支持 Windows 系统和 macOS 系统，下面我们将针对这两种操作系统的软件安装方式进行介绍。

1．Windows 环境

（1）运行环境要求

为保证 DevEco Studio 的正常运行，我们建议计算机配置满足以下要求。

① 操作系统：Windows 10 64 位。

② 内存：8GB 及以上。

③ 硬盘：100GB 及以上。

④ 分辨率：1280 像素×800 像素及以上。

（2）下载和安装 DevEco Studio

DevEco Studio 的编译构建依赖 JDK，DevEco Studio 预置了 Open JDK，版本为 1.8，

安装过程中会自动安装 JDK。

　　a．进入 HUAWEI DevEco Studio 产品页面下载 DevEco Studio。

下载 DevEco Studio Beta 版本时，我们需要注册并登录华为开发者账号。

　　b．完成下载后，双击下载的"deveco-studio-xxxx.exe"，进入 DevEco Studio 安装向导，在安装选项页面选择 64-bit launcher 后，单击"Next"按钮进行安装，如图 2-2 所示。

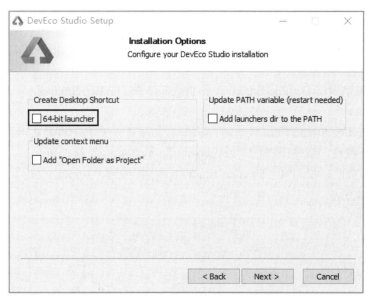

图 2-2　DevEco Studio　安装页面

　　c．完成安装后，单击"Finish"按钮完成安装，如图 2-3 所示。

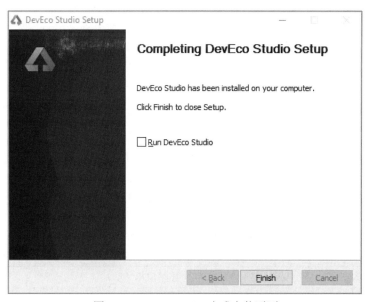

图 2-3　DevEco Studio 完成安装页面

2．macOS 环境

（1）运行环境要求

为保证 DevEco Studio 正常运行，我们建议计算机配置满足以下要求。

① 操作系统：macOS 10.14/10.15/11.2.2。

② 内存：8GB 及以上。

③ 硬盘：100GB 及以上。

④ 分辨率：1280 像素×800 像素及以上。

（2）下载和安装 DevEco Studio

DevEco Studio 的编译构建依赖 JDK，DevEco Studio 预置了 Open JDK，版本为 1.8，安装过程中会自动安装 JDK。

a．进入 HUAWEI DevEco Studio 产品页面，下载 DevEco Studio。

下载 DevEco Studio Beta 版本时，我们需要注册并登录华为开发者账号。

b．完成下载后，双击下载的"deveco-studio-xxxx.dmg"软件包。

c．在安装页面，我们将"DevEco-Studio.app"拖拽到"Applications"中，等待完成安装，如图 2-4 所示。

图 2-4　DevEco Studio 在 macOS 下安装

2.1.3　配置开发环境

1．下载&更新 HarmonyOS SDK

DevEco Studio 提供 SDK Manager 对 SDK 及工具链进行统一管理，下载各种编程语言的 SDK 包时，SDK Manager 会自动下载该 SDK 包依赖的工具链。

SDK Manager 提供多种编程语言的 SDK 包和工具链，具体说明见表 2-1。

表 2-1　SDK 包和工具链的具体说明

类别	包名	说明	默认是否下载
SDK	Native	C/C++语言 SDK 包	×
	JS	JS 语言 SDK 包	√
	Java	Java 语言 SDK 包	√

表 2-1　SDK 包和工具链的具体说明（续）

类别	包名	说明	默认是否下载
SDK Tool	Toolchains	SDK 工具链，HarmonyOS 应用开发必备工具集，包括编译、打包、签名、数据库管理等工具的集合	√
	Previewer	HarmonyOS 应用预览器，在开发过程中可以动态预览 Phone、TV、Wearable、LiteWearable 等设备的应用效果，支持 JS 和 Java 应用预览	√

2．下载 HarmonyOS SDK

第一次使用 DevEco Studio 时，我们需要下载 HarmonyOS SDK 及对应的工具链。

a．运行已安装的 DevEco Studio，首次使用时，请选择 "Do not import settings"，然后单击 "OK" 按钮。

b．进入配置向导页面，设置 npm registry，DevEco Studio 已预置对应的仓，直接单击 "Start using DevEco Studio" 按钮进入下一步，如图 2-5 所示。

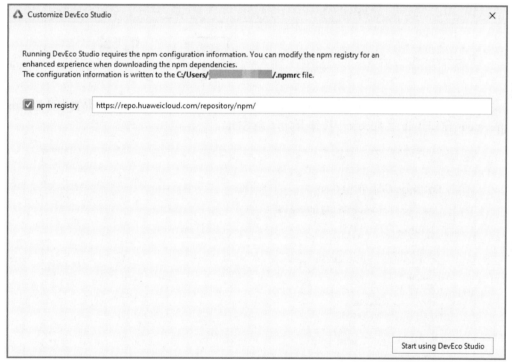

图 2-5　设置 npm registry

注意　此处必须保持网络畅通，并且对外网访问没有任何限制。

c．DevEco Studio 向导指引开发者下载 SDK，默认下载 OpenHarmony SDK。SDK 可以下载到 user 目录下，也可以下载到指定的存储路径中，SDK 存储路径不支持中文字符，然后单击 "Next" 按钮，如图 2-6 所示。

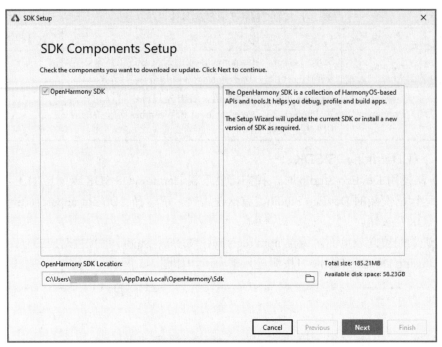

图 2-6　选择 SDK 安装路径

d. 如图 2-7 所示，在弹出的 SDK 下载信息页面单击"Next"按钮，并在弹出的 License Agreement 窗口单击"Accept"按钮开始下载 SDK。

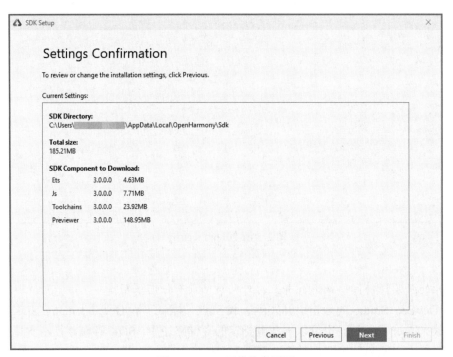

图 2-7　SDK 下载信息页面

e. 完成下载后，单击"Finish"按钮，进入 DevEco Studio 欢迎页面，如图 2-8 所示。

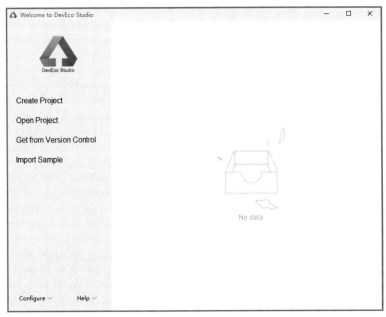

图 2-8 DevEco Studio 欢迎页面

f. 单击欢迎页面中的"Configure"→"Settings"→"SDK Manager"→"HarmonyOS Legacy SDK"按钮，然后单击"Edit"按钮设置 HarmonyOS Legacy SDK 存储路径，如图 2-9 所示。

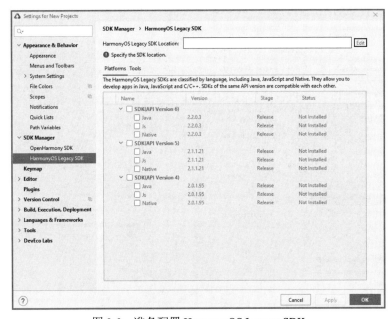

图 2-9 准备配置 HarmonyOS Legacy SDK

g. 设置 HarmonyOS Legacy SDK Location 存储路径，然后单击"Next"按钮。注意，该路径不能与 OpenHarmony SDK 存储路径相同，否则会导致 OpenHarmony SDK 的文件被删除，如图 2-10 所示。

图 2-10   配置 HarmonyOS Legacy SDK 路径

h．在弹出的 SDK 下载信息页面单击"Next"按钮，并在弹出的 License Agreement 窗口单击"Accept"按钮开始下载 SDK。

i．完成下载后，单击"Finish"按钮，完成 HarmonyOS SDK 的安装，如图 2-11 所示。

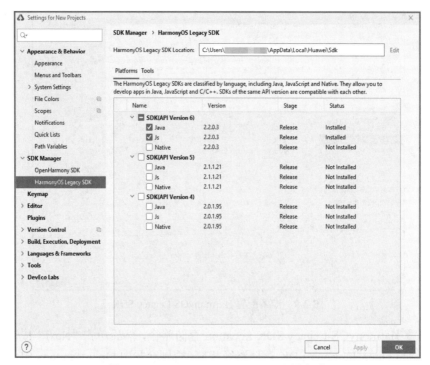

图 2-11   HarmonyOS Legacy SDK 配置完成

SDK 默认只会下载最新版本的 Java SDK、JS SDK、Previewer 和 Toolchains，单击图 2-8 中的"Configure（或图标）"→"Settings"→"SDK Manager"→"HarmonyOS Legacy SDK"，进入 HarmonyOS Legacy SDK 页面，可以下载其他组件，选择对应的组件包，然后单击"Apply"按钮即可。

2.1.4　创建 Hello World 工程

配置完成 DevEco Studio 开发环境后，可以通过运行 Hello World 工程来验证环境设置是否正确。以 JS 开发的 Phone 工程为例，在预览器中进行预览，在 Phone 的远程模拟器中运行该工程。

a. 打开 DevEco Studio，在欢迎页面单击"Create Project"按钮，创建一个新工程。

b. 根据工程创建向导，选择需要的 Ability 工程模板，然后单击"Next"按钮，如图 2-12 所示。

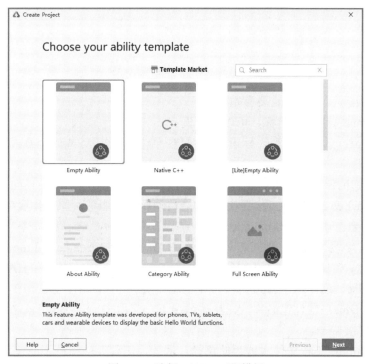

图 2-12　选择 Ability 工程模板

DevEco Studio 支持包括手机、平板电脑、车机、智慧屏、智能穿戴设备、轻量级智能穿戴设备和智慧视觉设备的 HarmonyOS 应用开发，预置了丰富的工程模板，用户可以根据工程向导轻松创建适应于各类设备的工程，并自动生成对应的代码和资源模板。同时，DevEco Studio 还提供了多种编程语言供开发者进行 HarmonyOS 应用开发，包括 Java、JS 和 C/C++以及 eTS。

想要获取更多的模板，开发者可以单击图 2-12 中的"Template Market"按钮。

c. 填写工程相关信息，Project Type 选择"Application"，Device Type 选择"Phone"，Language 选择"Js"，其他保持默认值即可，然后单击"Finish"按钮，如图 2-13 所示。

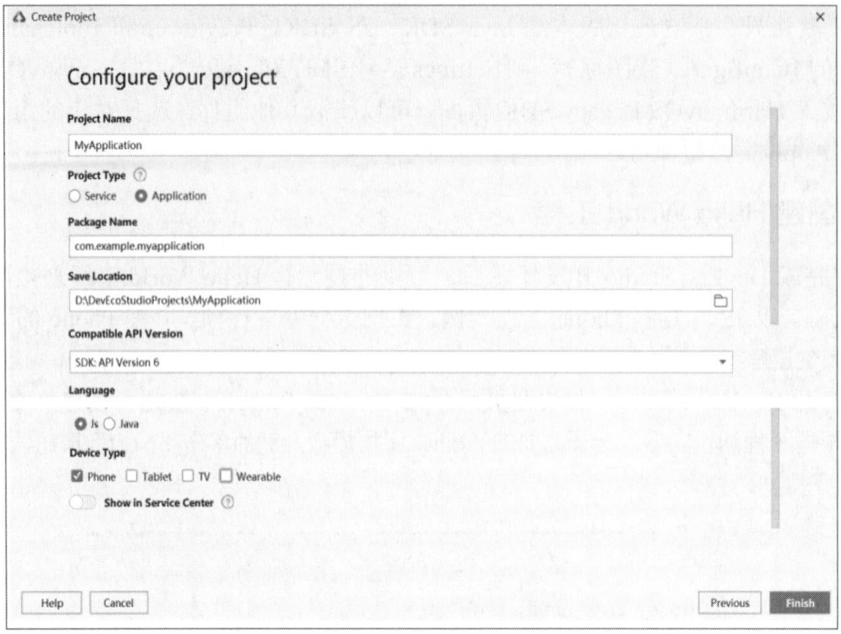

图 2-13　填写工程相关信息

下面讲解创建工程时的重要参数。

Project Name：工程的名称，可以自定义。

Project Type：工程的类型，标识该工程是一个原子化服务或传统方式的需要安装的应用。

如果是创建的原子化服务，则原子化服务调试、运行时，在设备桌面上没有应用图标，请使用 DevEco Studio 的调试和运行功能启动原子化服务。原子化服务是免安装的，config.json 中会自动添加 installationFree 字段，取值为"true"。如果 Entry 模块的 installationFree 字段为 true，则其相关的所有 HAP 模块的 installationFree 字段都默认为 true；如果 Entry 模块的 installationFree 字段为 false，则其相关的所有 HAP 模块可以配置为 true 或 false。编译构建 App 时，每个 HAP 包的大小不能超过 10MB。

Package Name：软件包名称，在默认情况下，应用 ID 也会使用该名称，应用发布时，应用 ID 需要唯一。

Save Location：工程文件本地存储路径，注意，工程存储路径不能包含中文字符。

Compatible API Version：兼容的 SDK 最低版本。

Language：该工程模板支持的开发语言。

Device Type：该工程模板支持的设备类型，支持多选，默认全部选择。如果选择多个设备，表示该原子化服务或传统方式的需要安装的应用支持部署在多个设备上。

Show in Service Center：是否在服务中心露出。如果 Project Type 为 Service，则会同步创建一个 2×2 规格的服务卡片模板，同时还会创建入口卡片；如果 Project Type 为 Application，则只会创建一个 2×2 规格的服务卡片模板。服务卡片的介绍在 8.3 节。

d. 完成工程创建后，DevEco Studio 会自动进行工程的同步，图 2-14 所示为同步成功。

图 2-14　Hello World 工程创建成功

2.1.5　在预览器中查看 Hello World 应用的效果

在 HarmonyOS 应用开发过程中，DevEco Studio 为开发者提供了预览器的功能，开发者可以查看应用的 UI 页面效果，预览 Java、JS 和 eTS 的应用。预览器支持布局代码的实时预览，开发者只需要保存开发的源代码，就可以通过预览器实时查看应用运行效果，方便随时调整代码。为了更好地使用体验，建议开发者先将 DevEco Studio 升级至最新版本，然后在 SDK Manager 中检测并更新 SDK 至最新版本。

本节将讲解如何查看 JS 应用预览效果。

JS 预览器同时支持 Phone、Tablet、TV、Wearable、LiteWearable 和 Smart Vision 设备的 JS 应用"实时预览"和"动态预览"。

* 运行 Phone、Tablet、TV 和 Wearable 设备的 JS 预览器功能依赖于计算机显卡的 OpenGL 版本，OpenGL 版本要求为 3.2 及以上。
* richtext、qrcode、web、video、camera 组件不支持预览。

实时预览：只要在布局文件中保存了修改的源代码，就可以在预览器中实时查看布局效果。

动态预览：在预览器页面，可以在预览器中操作应用的交互动作，如单击事件、跳转、滑动等，与应用运行在真机设备上的交互体验一致。

在使用 JS 预览器前，请根据以下项检查环境信息。

① 确保 HarmonyOS Legacy SDK→SDK Tools 中，已下载 Previewer 资源。如果已下载 Previewer，但存在新版本的情况，建议升级到最新版本。

② HarmonyOS Legacy SDK→SDK Platform 中的 JS SDK 建议更新至最新版本。

使用 JS 预览器的方法如下。

① 创建或打开一个 JS 应用工程，这里采用 2.1.4 节中创建的 Hello World 工程进行演示。

② 在创建的工程目录下，打开任意一个页面下的 HML、CSS、JS 文件。

③ 可以通过以下任意一种方式打开预览器开关。

a. 通过菜单栏，单击"View"→"Tool Windows"→"Previewer"按钮或使用快捷键"Alt+3"（Mac 为 Option+3），打开预览器。

b. 在编辑窗口右上角的侧边工具栏，单击"Previewer"按钮打开预览器。

Hello World 的预览效果如图 2-15 所示。

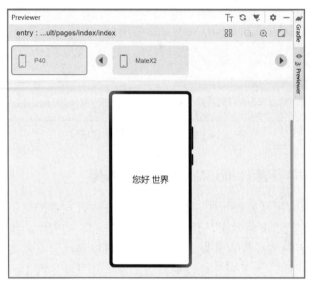

图 2-15   Hello World 的预览效果

2.1.6   在模拟器中运行 Hello World

DevEco Studio 提供模拟器供开发者运行和调试 HarmonyOS 应用，对于 Phone、Tablet、TV 和 Wearable 可以使用 Remote Emulator 运行应用，对于 LiteWearable 和 Smart Vision 可以使用 Simulator 运行应用。同时，DevEco Studio 的 Remote Emulator 还提供分布式模拟器（Super device），开发者可以利用分布式模拟器来调测分布式应用。

本节只介绍单设备模拟器运行应用，我们以之前创建的 Hello World 工程为例。分布式模拟器将在第 7 章介绍。

Remote Emulator 中的单设备模拟器（Single device）可以运行和调试 Phone、Tablet、TV 和 Wearable 设备的 HarmonyOS 应用，可兼容签名与不签名两种类型的 HAP。

Remote Emulator 每次使用时长为 1 小时，到期后会自动释放资源，开发者要及时完成 HarmonyOS 应用的调试。如果 Remote Emulator 到期后被释放，开发者可以重新申请资源。

① 在 DevEco Studio 菜单栏，单击"Tools"→"Device Manager"按钮。

② 在 Remote Emulator 页签中，单击"Login"按钮，在浏览器中弹出华为开发者联盟账号登录页面，请输入已实名认证的华为开发者联盟账号的用户名和密码登录。

③ 登录后，请单击页面的"允许"按钮授权，如图 2-16 所示。

④ 在 Single device 中，单击设备"▶"按钮，启动远端模拟设备（同一时间只能启动一个设备），如图 2-17 所示。

⑤ 单击 DevEco Studio 的"Run"→"Run'模块名称'"或"▶"按钮，或使用默认快捷键"Shift+F10"（Mac 为 Control+R）编译构建并运行模块。

⑥ 完成 DevEco Studio 会启动应用的编译构建后，应用即可运行在 Remote Emulator 上，如图 2-18 所示。

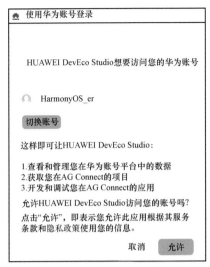

图 2-16　华为账号授权

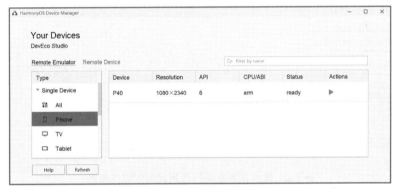

图 2-17　选择远端模拟器

图 2-18　远端模拟器运行 Hello World

2.2　真机调试

2.2.1　真机设备运行的流程

通过 DevEco Studio 在真机设备上运行 HarmonyOS 应用时,开发者需要在 AppGallery Connect 中申请调试证书和 Profile 文件,并对 HAP 进行签名(在 Smart Vision 设备除外)。真机设备上运行应用的流程如图 2-19 所示。

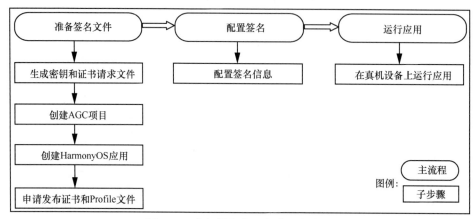

图 2-19　真机设备上运行应用的流程

真机设备上运行应用的详细操作流程见表 2-2。

表 2-2　真机设备上运行应用的详细操作流程

步骤	操作步骤	操作说明	操作指导
1	生成密钥和证书请求文件	使用 DevEco Studio 来生成私钥(存放在.p12 文件中)和证书请求文件(.csr 文件)	生成密钥和证书请求文件
2	创建 AGC 项目	申请调试证书前,需要登录 AppGallery Connect 后创建项目	创建 AGC 项目
3	创建 HarmonyOS 应用	在 AppGallery Connect 项目中,创建一个 HarmonyOS 应用,用于调试证书和 Profile 文件申请	创建 HarmonyOS 应用
4	申请调试证书和 Profile 文件	在 AppGallery Connect 中申请、下载调试证书和 Profile 文件	申请调试证书和 Profile 文件
5	配置签名信息	在真机设备上运行前,需要使用到制作的私钥(.p12)文件、在 AppGallery Connect 中申请的证书(.cer)文件和 Profile(.p7b)文件对应用进行签名	配置签名信息
6	在真机设备上运行应用	—	在 Phone 和 Tablet 中运行应用;在 Car 中运行应用;在 TV 中运行应用;在 Wearable 中运行应用;在 LiteWearable 中运行应用

2.2.2　生成密钥和证书请求文件

1．基本概念

HarmonyOS 应用通过数字证书（.cer 文件）和 HarmonyAppProvision 文件（.p7b 文件）来保证应用的完整性，需要通过 DevEco Studio 来生成密钥文件（.p12 文件）和证书请求文件（.csr 文件）。同时，也可以使用命令行工具的方式来生成密钥文件和证书请求文件。

密钥：包含非对称加密中使用的公钥和私钥，存储在密钥库文件中，格式为.p12。其中公钥用于内容的加密，私钥用于解密；在数字签名过程中，私钥用于数字签名，公钥用于解密。

证书请求文件：格式为.csr，全称为 Certificate Signing Request，包含密钥对中的公钥和公共名称、组织名称、组织单位等信息，用于向 AppGallery Connect 申请数字证书。

数字证书：格式为.cer，由华为 AppGallery Connect 颁发。

HarmonyAppProvision 文件：格式为.p7b，包含 HarmonyOS 应用的包名、数字证书信息、描述应用允许申请的证书权限列表，以及允许应用调试的设备列表（如果应用类型为 Release 类型，则设备列表为空）等内容，每个应用包中必须包含一个 HarmonyAppProvision 文件。

2．使用 DevEco Studio 生成密钥和证书请求文件

① 在主菜单栏单击"Build"→"Generate Key and CSR"按钮。

如果用户本地已有对应的密钥，无须新生成密钥，可以在 Generate Key 页面中单击下面的"Skip"跳过密钥生成环节，直接使用已有密钥生成证书请求文件。

② 在 Key Store Path 中，可以单击"Choose Existing"按钮选择已有的密钥库文件；如果没有密钥库文件，单击"New"按钮进行创建。下面以新创建密钥库文件为例进行说明。

③ 在 Create Key Store 窗口中，填写密钥库信息后，单击"OK"按钮，如图 2-20 所示。

a．Key Store File：选择密钥库文件存储路径。

b．Password：设置密钥库密码，必须包含大写字母、小写字母、数字和特殊符号中的两种以上字符，长度至少为 8 位。请记住该密码，后续签名配置需要使用。

c．Confirm Password：再次输入密钥库密码。

图 2-20　输入密钥库密码

④ 在 Generate Key 页面中，继续填写密钥信息后，单击"Next"按钮，如图 2-21 所示。

    a. Alias：密钥的别名信息，用于标识密钥名称。请记住该别名，后续签名配置需要使用。

    b. Password：密钥对应的密码，与密钥库密码保持一致，无须手动输入。

    c. Validity：证书有效期建议设置为 25 年及以上，覆盖应用的完整生命周期。

    d. Certificate：输入证书基本信息，如组织、城市或地区、国家（地区）码等。

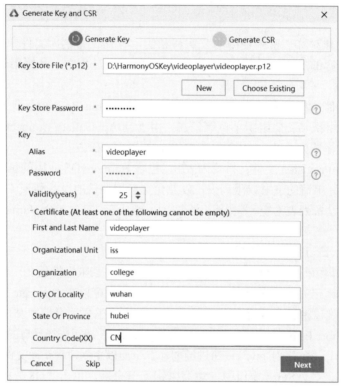

图 2-21　填写密钥信息

    ⑤ 在 Generate CSR 页面，选择密钥和设置 CSR 文件存储路径，如图 2-22 所示。

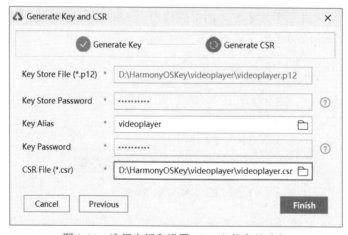

图 2-22　选择密钥和设置 CSR 文件存储路径

⑥ 单击"Finish"按钮，创建 CSR 文件成功，可以在存储路径下获取生成的密钥库文件（.p12）和证书请求文件（.csr），如图 2-23 所示。

图 2-23　获取生成的密钥库文件（.p12）和证书请求文件（.csr）

2.2.3　创建 AGC 项目

项目是 AGC 资源的组织实体，可以将一个应用的不同平台版本添加到同一个项目中。在创建 HarmonyOS 应用进行分发之前，需要先创建 AGC 项目。

① 登录 AppGallery Connect 网站，选择"我的项目"，如图 2-24 所示。

图 2-24　登录 AppGallery Connect 网站

② 在我的项目页面单击"添加项目"按钮，如图 2-25 所示。

图 2-25　添加项目

③ 输入预先规划的项目名称（如"player"），单击"确定"按钮，如图 2-26 所示。

图 2-26　输入预先规划的项目名称

④ 项目创建成功后，会自动进入"项目设置"页面。

此时该项目中还没有应用，下一步需要在该项目中添加应用。

2.2.4　创建 HarmonyOS 应用

在创建的项目下可以直接添加 HarmonyOS 应用，也可以在"我的应用"页面创建 HarmonyOS 应用。这里只介绍在"我的项目"下添加 HarmonyOS 应用。

在"我的项目"下添加 HarmonyOS 应用的步骤如下。

① 登录 AppGallery Connect 网站，选择"我的项目"。

② 在项目列表中单击对应的项目，如"player"，如图 2-27 所示。

图 2-27　在项目列表中单击项目

③ 项目中不存在应用时，可在"项目设置"页面中单击"添加应用"按钮，如图 2-28 所示。

图 2-28　在"项目设置"页面中单击"添加应用"

如果项目中已经存在应用，需要添加新的应用，展开页面顶部的应用选择区域，选择"添加应用"，如图 2-29 所示。

图 2-29　添加应用

④ 在"添加应用"页面填写应用信息，如图 2-30 所示。

图 2-30　在"添加应用"页面填写应用信息

> **注意**
>
> 不在受邀名单的开发者当前仅支持 HarmonyOS 应用的开发和调测，无法进行关于 HarmonyOS 的任何操作，包括发布、升级、分阶段发布、回退、下架以及发布后的版本记录和分析报表查询等。
>
> 如开发者需加入受邀名单，请向华为运营人员申请开通。

2.2.5　申请调试证书、注册调试设备和 Profile 文件

1. 申请调试证书

① 登录 AppGallery Connect 网站，选择"用户与访问"，如图 2-31 所示。

图 2-31　登录 AppGallery Connect 网站，选择"用户与访问"

② 在左侧导航栏选择"证书管理",进入证书管理页面,单击"新增证书"按钮,如图 2-32 所示。

 未实名的开发者可在当前页面的顶部菜单下拉列表中单击"用户与访问"菜单项。

图 2-32　证书管理页面,单击"新增证书"

③ 在弹出的"新增证书"窗口中,填写要申请的证书信息,单击"提交"按钮,如图 2-33 所示。

 开发者最多可申请两个调试证书。

如证书已过期,"失效日期"列展示"已于 YYYY-MM-DD 过期"。开发者可以下载或废除过期证书。

图 2-33　"新增证书"窗口,填写要申请的证书信息

新增证书参数说明见表 2-3。

表 2-3　新增证书参数说明

参数	说明
证书名称	最多 100 个字符
证书类型	选择"调试证书"
上传证书请求文件（CSR）	上传之前生成的证书请求文件

④ 申请证书成功后，证书管理页面展示证书名称、证书类型和失效日期。

单击"下载"按钮，可下载证书。

单击"废除"按钮，在确认框中单击"确认"按钮，可废除证书。

2．注册调试设备

① 登录 AppGallery Connect 网站，选择"用户与访问"。

② 在左侧导航栏选择"设备管理"，进入设备管理页面，然后单击右上角的"添加设备"按钮，如图 2-34 所示。

图 2-34　设备管理页面

③ 在弹出窗口填写设备信息，单击"提交"按钮，如图 2-35 所示。

图 2-35　填写设备信息

添加设备参数说明见表 2-4。

表 2-4　添加设备参数说明

参数	说明
设备类型	选择运动手表、智能手表、智慧屏、路由器或手机
设备名称	最多 100 个字符
UDID	UDID 是由字母和数字组成的 64 位字符串。 智能手表、智慧屏、路由器或手机的 UDID 获取方法相同，以智能手表为例： 打开智能手表的"设置→关于手表"，多次单击版本号，打开开发者模式。 打开"设置"，在最下方找到"开发人员选项"，打开"HDC 调试"开关。 连接智能手表后，打开命令行工具，在显示"hdc shell"后，输入"bm get –udid"命令，获取设备的 UDID。 >hdc shell HWGLL:/ # bm get --udid AE72A09FE0A8695D8E　　　　CDCB76245A7D17DD3DCAEF34C274 HWGLL:/ # 运动手表：请联系华为运营人员获取 UDID

hdc 是 HarmonyOS SDK 自带的工具，它所在的位置如图 2-36 所示。

图 2-36　hdc 的位置

④ 添加设备成功后，将展示在设备管理页面。如开发者需删除调试设备，单击"操作"列的"删除"按钮即可。

　开发者最多可添加 100 个调试设备。

3. 申请调试 Profile

① 登录 AppGallery Connect 网站，选择"我的项目"。

② 找到开发者的项目，单击开发者创建的 HarmonyOS 应用。

③ 选择"HarmonyOS 应用→HAP Provision Profile 管理"，进入"管理 HAP Provision Profile"页面，单击右上角"添加"按钮，如图 2-37 所示。

图 2-37　管理 HAP Provision Profile 页面

④　在弹出的"HarmonyAppProvision 信息"窗口添加调试 Profile，如图 2-38 所示。

图 2-38　添加调试 Profile

窗口添加调试 Profile 的参数说明见表 2-5。

表 2-5　窗口添加调试 Profile 的参数说明

参数	说明
名称	最大 100 字符
类型	选择"调试"
选择证书	单击"选择证书"，选择一个调试证书。 提示： 首次发布应用时，申请调试 Profile 请勿选择"发布证书"。

表 2-5　窗口添加调试 Profile 的参数说明（续）

参数	说明
选择证书	升级应用时，除去调试证书，开发者还可额外选择当前在架应用的发布证书，以继承获取已上架应用的数据与权限
选择设备	单击"选择设备"，选择一个或多个调试设备。最多可选择 100 个调试设备
申请受限权限	可选项。如软件包要求使用受限权限，请开发者务必在此处进行申请，否则开发者的应用将无法在调试设备上安装调试。 单击"修改"按钮，选择需要申请的权限，然后单击"确定"按钮即可。 提示： 受限权限开放场景请参见受限开放的权限

⑤ 调试 Profile 申请成功后，"管理 HAP Provision Profile"页面将展示 Profile 名称、Profile 类型、添加的证书和失效日期。

单击"下载"按钮，可下载 Profile 文件。

单击"删除"按钮，在确认框中单击"确认"按钮，可删除 Profile 文件。

单击"查看设备"按钮，可查看 Profile 绑定的调试设备。

开发者最多可申请 100 个 Profile 文件。

2.2.6　配置签名信息

完成 2.2.2～2.2.5 节的操作，并且已经下载好了调试证书和 Profile 文件，将它们和之前生成的密钥和证书统一放在一个目录下方便后续配置，如图 2-39 所示。

图 2-39　签名文件存放目录

在 DevEco Studio 中进行模块签名信息配置，打开"File"→"Project Structure"，在"Modules"→"entry（模块名称）"→"Signing Configs"→"Debug"窗口中，配置指定模块的调试签名信息，如图 2-40 所示。

① Store File：选择密钥库文件，文件后缀名为.p12。

② Store Password：输入密钥库密码。

③ Key Alias：输入密钥的别名信息。

④ Key Password：输入密钥的密码。

⑤ Sign Alg：签名算法，固定为 SHA256withECDSA。

⑥ Profile File：选择申请的调试 Profile 文件，文件后缀名为.p7b。

⑦ Certpath File：选择申请的调试数字证书文件，文件后缀名为.cer。

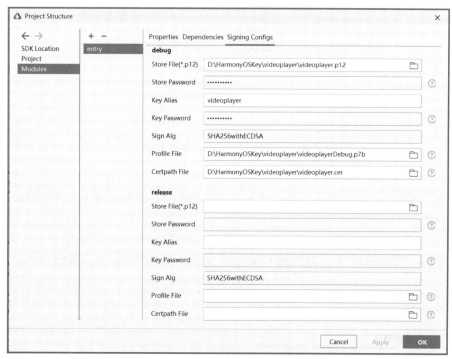

图 2-40 配置指定模块的调试签名信息

设置完签名信息后，单击"OK"按钮保存，然后可以在模块下的 build.gradle 中查看签名的配置信息，如图 2-41 所示。

```
apply plugin: 'com.huawei.ohos.hap'
apply plugin: 'com.huawei.ohos.decctest'
ohos {
    signingConfigs { NamedDomainObjectContainer<SigningConfigOptions> it ->
        debug {
            storeFile file('D:\\HarmonyOSKey\\videoplayer\\videoplayer.p12')
            storePassword '0000001A1120D93BCEB1D16F311CC3ADE0D8D549A9B54F0CE8E2FE7C0E85031F762CDB92B7BB9EFB864E'
            keyAlias = 'videoplayer'
            keyPassword '0000001AB7E0AB81E16C2CE246F20F78C1E02D17A78B06F0A3D1DAF0FC977FEA4B974048A260753DA26D'
            signAlg = 'SHA256withECDSA'
            profile file('D:\\HarmonyOSKey\\videoplayer\\videoplayerDebug.p7b')
            certpath file('D:\\HarmonyOSKey\\videoplayer\\videoplayer.cer')
        }
    }
    compileSdkVersion 5
    defaultConfig { DefaultConfigOptions it ->
        compatibleSdkVersion 5
    }
}
```

图 2-41 查看签名的配置信息

2.2.7 通过 DevEco Studio 自动化签名

2.2.6 节中的签名配置方式一般用于项目正式发布，同时也可以用来做真机调试。为了更加方便真机调试，可以通过 DevEco Studio 自动化签名。

① 连接真机设备，确保 DevEco Studio 与真机设备已连接，真机连接成功后的页面如图 2-42 所示。

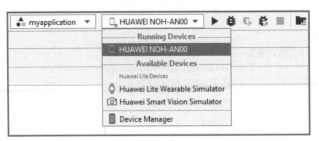

图 2-42　DevEco Studio 与真机设备已连接

注意　如果同时连接多个设备，则在使用自动化签名时，会同时将多个设备的信息写到证书文件中。

② 图 2-43 所示为"Signing Configs"页面未登录状态，开发者可进入"File"→"Project Structure"→"Project"→"Signing Configs"页面，单击"Sign In"按钮登录。

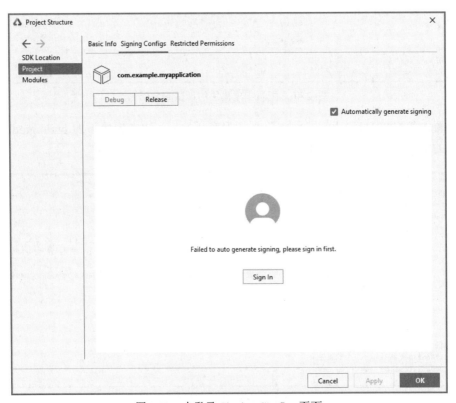

图 2-43　未登录 Signing Configs 页面

③ 在 AppGallery Connect 中创建项目和应用。创建方式和 2.2.4 节中的方式一样，如果应用已经创建，则不需要重复创建。在 AppGallery Connect 中创建的应用的包名必须与项目中"config.json"文件的"bundleName"取值保持一致才能进行自动化签名。

④ 回到 DevEco Studio 的自动签名页面，单击"Apply"按钮，即可自动进行签名。自动生成签名所需的密钥（.p12）、数字证书（.cer）和 Profile 文件（.p7b）会存放到用户 user 目录下的.ohos/config 目录下，如图 2-44 所示。

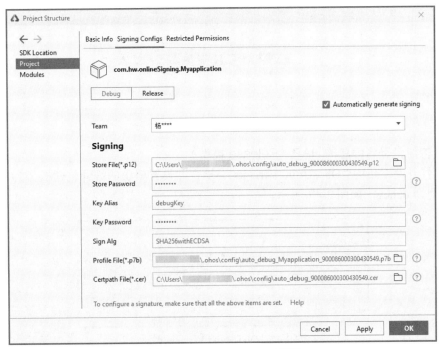

图 2-44　Signing Configs 页面

注意　非实名认证用户需要先接受"HUAWEI Developer Basic Service Agreement"协议。

2.2.8　构建带签名信息的 HAP

在构建带签名信息的 HAP 前，请开发者先对应用进行签名。

1. 构建带签名信息的 HAP（Debug 类型）

① 打开左下角的"OhosBuild Variants"，检查并设置模块的编译构建类型为 debug，默认类型为 debug，如图 2-45 所示。

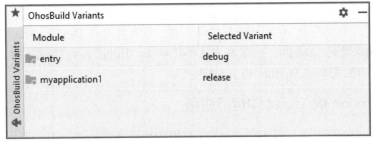

图 2-45　OhosBuild Variants 页面

② 在主菜单栏，单击"Build"→"Build Hap(s)/APP(s)"→"Build Hap(s)"按钮，生成已签名的 Debug HAP，如图 2-46 所示。

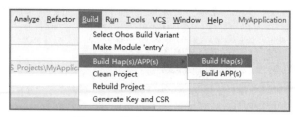

图 2-46   单击 "Build Hap(s)"

2．构建带签名信息的 HAP（Release 类型）

① 打开左下角的 "OhosBuild Variants"，检查并设置模块的编译构建类型为 release，默认类型为 debug，如图 2-47 所示。

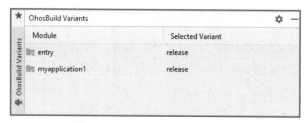

图 2-47   OhosBuild Variants 页面

② 在主菜单栏，单击 "Build" → "Build Hap(s)/APP(s)" → "Build Hap(s)" 按钮，生成已签名的 Release HAP，如图 2-48 所示。

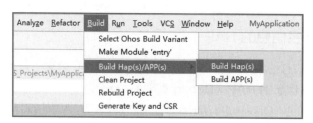

图 2-48   单击 "Build Hap(s)"

> **注意**　如果只需要对单个 Module 进行编译构建，请开发者在 DevEco Studio 左侧的工程目录中选中要编译的 Module，然后在主菜单栏单击 "Build" → "Make Module 'Module Name'" 按钮，生成单个 Module 的 HAP 包。

2.2.9　在 Phone 或 Tablet 中运行应用

在 Phone 和 Tablet 中运行 HarmonyOS 应用的操作方法一致，可以采用 USB 连接方式或者 IP Connection 的连接方式。采用 IP Connection 连接方式要求 Phone/Tablet 和 PC 端在同一个网段，建议将 Phone/Tablet 和 PC 连接到同一个 WLAN 下。

1．使用 USB 连接方式

使用 USB 连接方式的前提条件如下。

① 在 Phone 或者 Tablet 中运行应用，需要根据提前构建的带签名信息的 HAP，打

包带签名信息的 HAP。

② 在 Phone 或者 Tablet 中，打开"开发者模式"，可在"设置"→"关于手机/关于平板"中，连续多次单击"版本号"按钮，直到提示"您正处于开发者模式"即可。然后在设置的"系统与更新"→"开发人员选项"中，打开"USB 调试"开关，如图 2-49 所示。

图 2-49　在"开发人员选项"中打开"USB 调试"

操作步骤如下。

① 使用 USB 方式，将 Phone 或者 Tablet 与 PC 端连接。

② 在 Phone 或者 Tablet 中，USB 连接方式选择"传输文件"。

③ 在 Phone 或者 Tablet 中，会弹出"是否允许 USB 调试?"的弹窗，单击"确定"按钮，如图 2-50 所示。

图 2-50　是否允许 USB 调试

④ 在菜单栏中，单击"Run"→"Run 'entry'"或"▶"按钮，或使用默认快捷键"Shift+F10"（Mac 为 Control+R）运行应用，如图 2-51 所示。

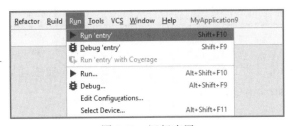

图 2-51　运行应用

⑤ DevEco Studio 启动 HAP 的编译、构建和安装。安装成功后，Phone 或者 Tablet 会自动运行安装的 HarmonyOS 应用。

2．使用 IP Connection 连接方式

使用 IP Connection 连接方式的前提条件如下。

① 已将 Phone/Tablet 和 PC 连接到同一个 WLAN。

② 已获取 Phone/Tablet 端的 IP 地址。

③ Phone/Tablet 上的 5555 端口为打开状态，若是关闭状态可以通过使用 USB 连接方式连接上设备后，执行以下命令打开。

```
hdc tmode port 5555
```

④ 在 Phone/Tablet 中运行应用，需要提前构建带签名信息的 HAP 包。

操作步骤如下。

① 在 DevEco Studio 菜单栏中，单击"Tools"→"IP Connection"按钮，输入连接设备的 IP 地址，单击"▶"按钮，连接正常后，设备状态为"online"，如图 2-52 所示。

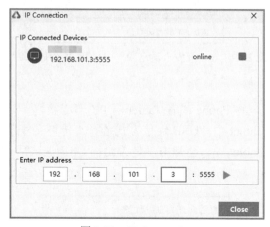

图 2-52　IP Connection

② 在菜单栏中，单击"Run"→"Run 'entry' "或"▶"按钮，或使用默认快捷键"Shift+F10"（Mac 为 Control+R）运行应用，如图 2-53 所示。

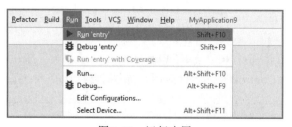

图 2-53　运行应用

③ DevEco Studio 启动 HAP 的编译、构建和安装。安装成功后，Phone 或者 Tablet 会自动运行安装的 HarmonyOS 应用。

2.3　工程管理

2.3.1　App 工程结构

在开发 HarmonyOS 应用前，应该掌握 HarmonyOS 应用的逻辑结构。

　　HarmonyOS 应用发布形态为 App Pack（Application Package），它是由一个或多个
HAP（HarmonyOS Ability Package）以及描述 App Pack 属性的 pack.info 文件组成。一个
HAP 在工程目录中对应一个 Module，它是由代码、资源、第三方库及应用配置文件组
成的，可以分为 Entry 和 Feature 两种类型。

　　① Entry：应用的主模块，可独立安装运行。一个 App 中，对于同一类型的设备，
可以包含一个或多个 Entry 类型的 HAP，如果同一设备类型包含多个 Entry 模块，需要
配置 DistroFilter 分发规则。

　　② Feature：应用的动态特性模块。一个 App 可以包含一个或多个 Feature 类型的
HAP，也可以不含。

　　HAP 是 Ability 的部署包，HarmonyOS 应用代码围绕 Ability 组件展开，它由一个或
多个 Ability 组成。Ability 分为两种类型：FA 和 PA。FA/PA 是应用的基本组成单元，能
够实现特定的业务功能。FA 有 UI 页面，PA 无 UI 页面。

　　App 工程结构如图 2-54 所示。

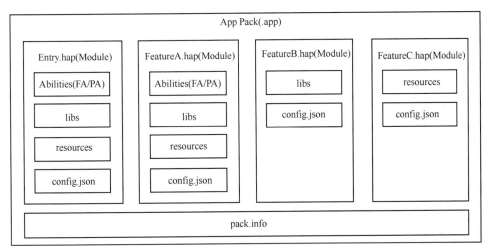

图 2-54　App 工程结构

　　DevEco Studio 工程目录结构提供工程视图和 HarmonyOS 视图。工程创建或打开时，
默认显示工程视图，如果要切换到 HarmonyOS 视图，在左上角单击"Project"→"Ohos"
按钮进行切换，如图 2-55 所示。

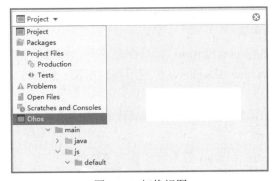

图 2-55　切换视图

2.3.2　Java 工程目录结构

Java 工程目录结构如图 2-56 所示。

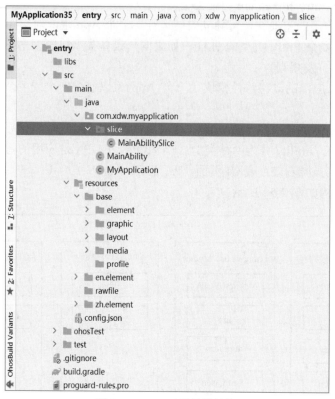

图 2-56　Java 工程目录结构

①　gradle：Gradle 配置文件，由系统自动生成，一般情况下不需要进行修改。

②　entry：默认启动模块（主模块），开发者用于编写源码文件以及开发资源文件的目录。

a.　entry→libs：用于存放 Entry 模块的依赖文件。

b.　entry→src→main→java：用于存放 Java 源码。

c.　entry→src→main→resources：用于存放应用所用到的资源文件，如图形、多媒体、字符串、布局文件等。表 2-6 所示为 Java 项目资源文件的说明，更多内容可以查看 3.3 节"应用资源文件"的内容。

d.　entry→src→main→config.json：应用配置文件，详细介绍在 3.2 节。

e.　entry→src→ohosTest：HarmonyOS 应用测试框架，运行在设备模拟器或者真机设备上。

f.　entry→src→test：编写代码单元测试代码的目录，运行在本地 Java 虚拟机（JVM）上。

g.　entry→.gitignore：标识 git 版本管理需要忽略的文件。

h.　entry→build.gradle：Entry 模块的编译配置文件。

表 2-6　Java 项目资源文件的说明

资源目录	资源文件的说明
base→element	包括字符串、整型数、颜色、样式等资源的 JSON 文件。每个资源均由 JSON 格式进行定义，例如： boolean.json：布尔型 color.json：颜色 float.json：浮点型 intarray.json：整型数组 integer.json：整型 pattern.json：样式 plural.json：复数形式 strarray.json：字符串数组 string.json：字符串值
base→graphic	XML 类型的可绘制资源，如 SVG（Scalable Vector Graphics，可缩放矢量图形）、Shape 基本的几何图形（如矩形、圆形、线等）等
base→layout	XML 格式的页面布局文件
base→media	多媒体文件，如图形、视频、音频等文件，支持的文件格式包括.png、.gif、.mp3、.mp4 等
base→profile	用于存储任意格式的原始资源文件。区别在于 rawfile 不会根据设备的状态去匹配不同的资源，需要指定文件路径和文件名进行引用

2.3.3　JS 工程目录结构

JS 工程目录结构如图 2-57 所示。

① common 目录：可选，用于存放公共资源文件，如媒体资源、自定义组件和 JS 文档等。

② i18n 目录：可选，用于存放多语言的 JSON 文件，可以在该目录下定义应用在不同语言系统下显示的内容，如应用文本词条、图片路径等。

③ pages 目录：pages 文件夹下可以包含 1 个或多个页面，每个页面都需要创建一个文件夹（如图中的 index）。页面文件夹下主要包含 3 种文件类型：CSS、JS 和 HML。

a．pages→index→index.html 文件：定义了页面的布局结构、使用到的组件，以及这些组件的层级关系。

b．pages→index→index.css 文件：定义了页面的样式与布局，包含样式选择器和各种样式属性等。

c．pages→index→index.js 文件：描述了页面的行为逻辑，此文件中定义了页面里所用到的所有的逻辑关系，如数据、事件等。

④ resources：可选，用于存放资源配置文件，如全局样式、多分辨率加载等配置文件。

⑤ app.js 文件：全局的 JavaScript 逻辑文件和应用的生命周期管理。

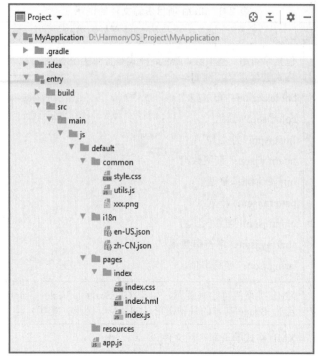

图 2-57　JS 工程目录结构

2.3.4　eTS 项目简介及工程目录结构

3.0.0.601 之前的 IDE 版本，eTS 编程只能采用 OpenHarmony SDK 进行开发，创建工程的方式也不一样，目前创建一个支持 eTS 编程的工程只能选择"[Standard]Empty Ability"模板，如图 2-58 所示。

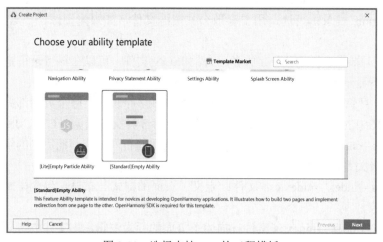

图 2-58　选择支持 eTS 的工程模板

接下来，选择"Compatible API Version"，必须选择 SDK7 以上的版本，目前 SDK7 为最新版本，Language 选择"Ets"，如图 2-59 所示。

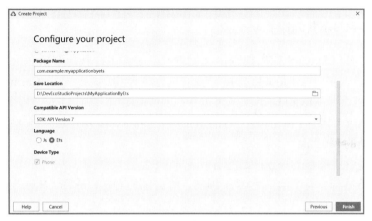

图 2-59　选择"Ets"

项目创建完成，工程目录结构如图 2-60 所示。

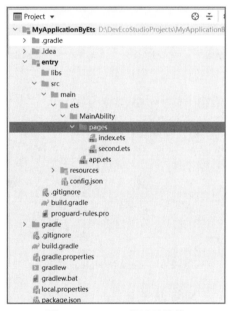

图 2-60　eTS 工程目录结构

eTS 语言是基于 TS 语言改写的，详细介绍见第 9 章内容。

pages 目录下是编写的 UI 页面，该页面只有一个 eTS 文件（之前的 JS UI 框架有 HML、JS、CSS 3 个文件），页面的内容与样式及逻辑操作都在 eTS 文件中进行编写。

app.ets 提供了应用生命周期的接口：onCreate 和 onDestroy，分别在应用创建之初和应用被销毁时调用。在 app.ets 里可以声明全局变量，并且声明的数据和方法是可以在整个应用共享的。

注意

2021 年 10 月 22 日发布了最新的 DevEco Studio，版本号为 3.0.0.601，它已经支持 HarmonyOS 的 SDK7，可以使用 eTS 来创建工程。

2.3.5 在工程中添加/删除 Module

Module 是 HarmonyOS 应用的基本功能单元，包含了源代码、资源文件、第三方库及应用配置文件，每一个 Module 都可以独立进行编译和运行。一个 HarmonyOS 应用通常会包含一个或多个 Module，因此，可以在工程中创建多个 Module，每个 Module 分为 Ability 和 Library（其中 Library 包括 HarmonyOS Library 和 Java Library）两种类型。

1．创建新的 Module

① 在工程中添加新的 Module 有以下两种方法。

方法 1：将鼠标光标移到工程目录顶部，单击鼠标右键，选择"New"→"Module"，开始创建新的 Module。

方法 2：在菜单栏选择"File"→"New"→"Module"，开始创建新的 Module。

② 在 New Project Module 页面中，选择需要创建 Module 的模板，如图 2-61 所示。

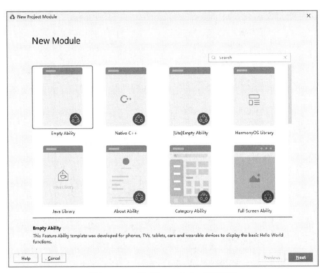

图 2-61　选择 Module 的模板

③ 单击"Next"按钮，在 Module 配置页面设置新增 Module 的基本信息，如图 2-62 所示。

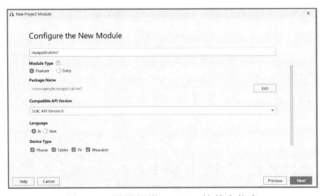

图 2-62　设置新增 Module 的基本信息

Module 类型为 Java Library 时，请根据以下内容进行设置，然后单击"Finish"按钮完成创建，具体如图 2-63 所示。

a. Library name：Java Library 类名称。

b. Java package name：软件包名称，可以单击"Edit"按钮修改默认包名称，需全局唯一。

c. Java class name：class 文件名称。

d. Create .gitignore file：是否自动创建.gitignore 文件，选择表示创建。

图 2-63　Module 类型为 Java Library 时的配置

④ 设置新增 Ability 的 Page Name 和 Layout Name。

若该 Module 的模板类型为 Ability，则需要设置 Visible 参数，说明该 Ability 是否可以被其他应用调用。选择（true）则表示可以被其他应用调用，否则表示不能被其他应用调用。

⑤ 单击"Finish"按钮，等待创建完成后，即可在工程目录中查看和编辑新增的 Module。

2．导入 Module

HarmonyOS 工程支持从其他工程中导入 HarmonyOS 模块，导入的模块只能是 HarmonyOS 工程中的模块；同样，OpenHarmony 工程也支持导入其他 OpenHarmony 工程的模块。

① 在主菜单栏选择"File"→"New"→"Import Module"，如图 2-64 所示。

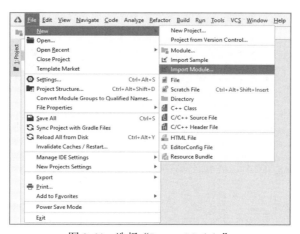

图 2-64　选择"Import Module"

② 选择导入的 HarmonyOS 模块时，既可以选择具体的 HarmonyOS 模块，也可以选择 HarmonyOS 工程。

选择 HarmonyOS 模块：如果导入的模块是 Feature 类型，依赖了其他的 Entry 类型的模块时，会自动选择其依赖的 Entry 模块。但是如果依赖的 Entry 模块名与当前工程的模块名冲突，则不会导入。因此，在导入 Feature 模块时，请尽量避免其依赖的 Entry 类型的模块名与当前工程的模块名重复，具体如图 2-65 所示。

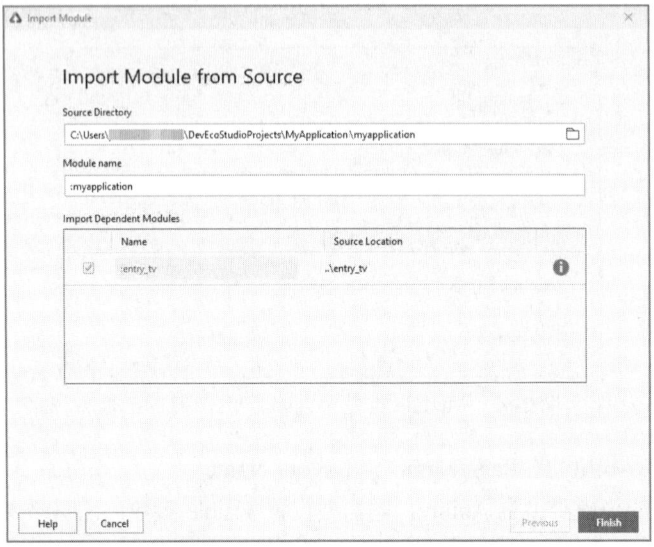

图 2-65　选择 HarmonyOS 模块

选择 HarmonyOS 工程：会在列表中列出导出 HarmonyOS 工程下的所有模块。与选择 HarmonyOS 模块相同，如果选择的模块类型为 Feature 模块，则会自动选择其依赖的 Entry 模块，如图 2-66 所示。

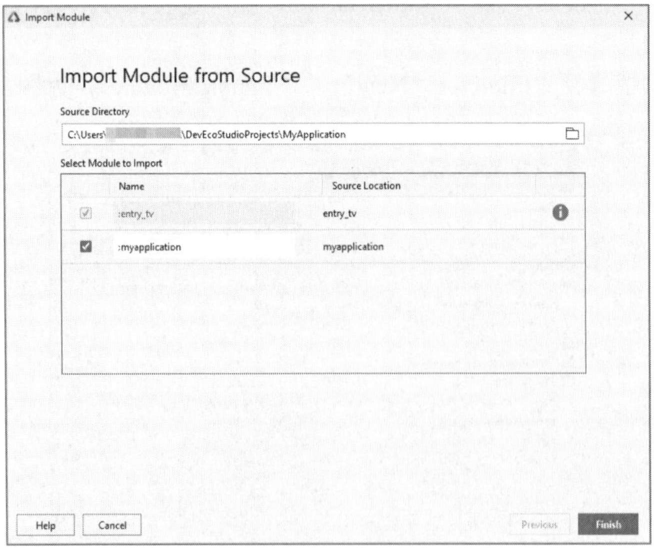

图 2-66　选择 HarmonyOS 工程

3．删除 Module

为防止开发者在删除 Module 的过程中，误将其他的模块删除，DevEco Studio 提供了统一的模块管理功能，开发者需要先在模块管理中，移除对应的模块后，才可以删除 Module。

① 在菜单栏中选择"File"→"Project Structure"→"Modules"，选择需要删除的 Module，然后单击"－"按钮，并在弹出的对话框中单击"OK"按钮，如图 2-67 所示。

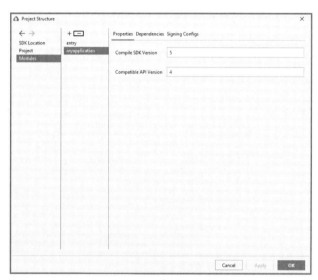

图 2-67　删除 Module

② 在工程目录中选中该模块，单击鼠标右键，选中"Delete"，并在弹出的对话框中单击"Delete"按钮。

2.4　应用调试

2.4.1　调试设置

1．设置调试代码类型

调试类型默认情况下为 Detect Automatically，支持 Java、JS、JS+Java 工程的调试。在 JS+Java 混合工程中，如果需要单独调试 Java 代码，则必须手动修改 Debug Type 为"Java"。调试类型配置项见表 2-7。

表 2-7　调试类型配置项

调试类型	调试代码
Java Only	仅调试 Java 代码
Js Only	仅调试 JavaScript 代码
Native Only	模拟器不支持调试 C/C++代码

表 2-7　调试类型配置项（续）

调试类型	调试代码
Dual(Js + Java)	调试 JS FA 调用 Java PA 场景的 JS 和 Java 代码
Dual(Java + Native)	模拟器不支持调试 C/C++或 Java+C/C++代码
Detect Automatically	新建工程默认调试器选项，根据调试的工程类型，自动启动对应的调试器。 JS+Java 混合工程中，如果需要单独调试 Java 代码，则必须手动修改 Debug Type 为 "Java"

修改调试类型的方法如下。

单击 "Run" → "Edit Configurations" → "Debugger"，在 HarmonyOS App 中，选择相应模块，进行 Java/JS 调试配置，如图 2-68 所示。

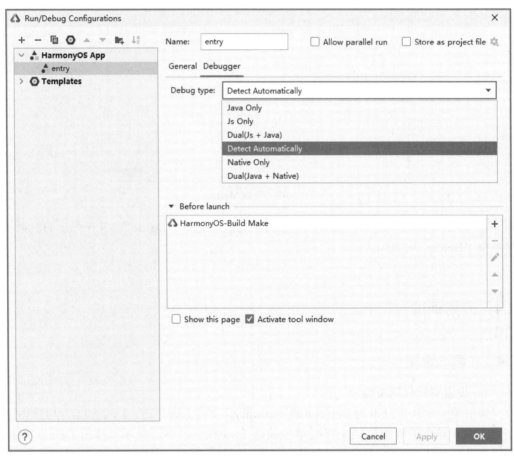

图 2-68　修改调试类型

2．检查 config.json 文件属性

在启动 Feature 模块的调试前，请检查 Feature 模块下的 config.json 文件的 abilities 数组是否存在 "visible" 属性，如果不存在，请手动添加，否则 Feature 模块的调试无法进入断点。Entry 模块的调试不需要做该检查。

在工程目录中，单击 "Feature" 模块下的 "src" → "main" → "config.json" 文件，

检查 abilities 数组是否存在"visible"属性，只有当存在 visible 属性，且取值为 true 时才可以正常启动调试，如图 2-69 所示。

```
"abilities": [
  {
    "orientation": "landscape",
    "visible": true,
    "formEnabled": false,
    "name": "com.example.myapplication2.MainAbility",
    "icon": "$media:icon",
    "description": "$string:mainability_description",
    "label": "MyApplication",
    "type": "page",
    "launchType": "standard"
  }
]
```

图 2-69　查看"visible"属性

注意　如果给 Feature 模块手动添加了"visible"属性为 true，表示该模块可以被其他的应用调用。如果不允许该模块被其他应用调用，请在调试完成后手动删除 visible 属性。

3. 设置 HAP 包安装方式

在调试阶段，HAP 包在设备上的安装方式有两种，开发者可以根据实际需要进行设置。

安装方式一：先卸载应用，再重新安装，该方式会清除设备上的所有应用缓存数据（默认安装方式）。

安装方式二：采用覆盖安装方式，不卸载应用，该方式会保留应用的缓存数据。

设置方法如下。

单击"Run"→"Edit Configurations"，设置指定模块的 HAP 包安装方式，选择"Replace existing application"，则表示采用覆盖安装方式，保留应用缓存数据，如图 2-70 所示。

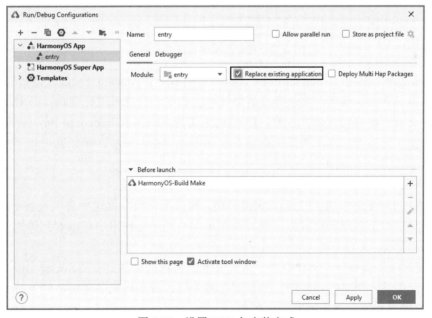

图 2-70　设置 HAP 包安装方式

　　如果一个工程中同一个设备存在多个模块（如 Phone 设备存在 Entry 和 Feature 模块），且存在模块间的调用，在调试阶段需要同时安装多个模块的 HAP 包到设备中。此时，需要在待调试模块的设置项中选择"Deploy Multi Hap Packages"。例如 Entry 模块调用 Feature 模块，在调试 Entry 模块时，需要同时安装 Feature 模块，应该在 Entry 模块的调试设置项中选择"Deploy Multi Hap Packages"后再启动调试，如图 2-71 所示。

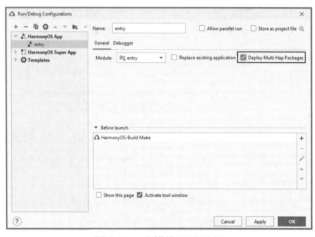

图 2-71　多模块调试设置

2.4.2　启动调试

　　在工具栏中，选择调试的设备，如图 2-72 所示，再单击"Debug"或"Attach Debugger to Process"按钮启动调试。

图 2-72　选择调试的设备启动调试

注意　Debug 和 Attach Debugger to Process 的区别在于，Attach Debugger to Process 可以先运行应用，再启动调试，或者直接启动设备上已安装的应用进行调试；而 Debug 是直接运行应用后立即启动调试。目前，JS 代码不支持 Attach Debugger to Process 调试。

　　对于原子化服务，由于原子化服务在设备中没有桌面图标，可以通过以下方式在设备中运行/调试原子化服务。

1．在服务中心露出的原子化服务

　　① 通过 DevEco Studio 的运行/调试按钮，将原子化服务推送到真机设备上安装，安装完成后便可以启动原子化服务；同时在服务中心的最近使用中可以看到该原子化服务的卡片。

　　② 通过 hdc 命令行工具，将原子化服务推送到真机设备上安装，安装完成后便可以启动原子化服务；同时在服务中心的最近使用中可以看到该原子化服务的卡片。

2．在服务中心不露出的原子化服务

　　① 通过 DevEco Studio 的运行/调试按钮，将原子化服务推送到真机设备上安装，安装完成后便可以启动原子化服务。

② 通过 hdc 命令行工具，将原子化服务推送到真机设备上安装，安装完成后便可以启动原子化服务。

③ 设备控制类的原子化服务，可通过碰一碰、扫一扫等方式运行。

2.4.3 断点管理

如果需要设置断点调试，则需要选定要设置断点的有效代码行，在行号（如第 24 行）的区域后，单击鼠标左键设置断点，如图 2-73 所示的灰点。

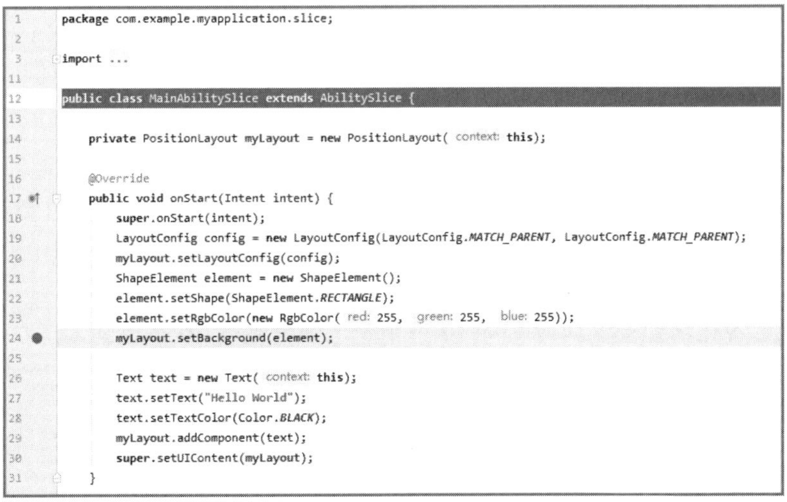

图 2-73　设置断点调试

设置断点后，调试能够在正确的断点处中断，并高亮显示该行。

启动调试后，开发者可以通过调试器进行代码调试。调试器的按钮功能说明见表 2-8。

表 2-8　调试器的按钮功能说明

按钮	名称	快捷键	功能
▮▷	Resume Program	F9（Mac 为 Option+ Command+R）	当程序执行到断点时停止执行，单击此按钮程序继续执行
◠	Step Over	F8（Mac 为 F8）	在单步调试时，直接前进到下一行（如果函数中存在子函数，则不会进入子函数内单步执行，而是将整个子函数当作一步执行）
↓	Step Into	F7（Mac 为 F7）	在单步调试时，遇到子函数，进入子函数并继续单步执行
↓	Force Step Into	Alt+Shift+F7（Mac 为 Option+Shift+F7）	在单步调试时，强制进行下一步
↑	Step Out	Shift+F8（Mac 为 Shift+F8）	在单步调试执行到子函数内时，单击"Step Out"会执行完子函数剩余部分，并跳出返回到上一层函数
▮	Stop	Ctrl+F2（Mac 为 Command+F2）	停止调试任务
↘ᵢ	Run To Cursor	Alt+F9（Mac 为 Option+F9）	断点执行到鼠标光标停留处

2.4.4　变量可视化调试

在 HarmonyOS 应用调试过程中，查看变量的变化过程是否符合预期结果是一项常用的调试方法。为此，DevEco Studio 提供了调试变量的可视化功能，支持 Java、C/C++、JS 和 eTS 语言的基本数据类型、数值类型的集合和表达式可视化调试，并以 Plain（树形）、Line（折线图）、Bar（柱状图）和 Table（表格）的形式呈现。开发者可以根据这些图形化页面观察当前值、数据类型以及数值的连续变化，并通过查看、比对、分析当前变量的变化过程和逻辑关系，判断出当前值（变量）是否符合预期结果，从而迅速有效地定位问题。变量可视化支持当前值可视化和连续变化值可视化两种方式。

Java、C/C++、JS 和 eTS 调试变量可视化的操作相同。

① 在待调试的源代码中打上断点，并启动调试功能。

② 打开变量可视化调试窗口，可通过在编辑器或者调试变量栏窗口中选中变量，单击鼠标右键，选中"Add to Visual Watches"，将该变量添加到可视化窗口中。

注意　变量可视化功能最多同时支持 10 个变量，如果超过 10 个变量，请在"Observed Variable"下拉列表中删除正在显示的变量后添加。

③ 查看变量的当前值和连续变化值。

2.4.5　HiLog 日志打印

HarmonyOS 提供了 HiLog 日志系统，让应用可以按照指定类型、指定级别、指定格式字符串输出日志内容，帮助开发者了解应用的运行状态，更好地调试程序。

HiLog 中定义了 DEBUG、INFO、WARN、ERROR、FATAL 5 种日志级别，并提供了对应的方法用于输出不同级别的日志，具体的日志级别说明见表 2-9。

表 2-9　日志级别说明

日志级别	说明
DEBUG	输出 DEBUG 级别的日志。DEBUG 级别的日志表示仅用于应用调试，默认不输出，输出前需要在设备的"开发人员选项"中打开"USB 调试"开关
INFO	输出 INFO 级别的日志。INFO 级别的日志表示普通的信息
WARN	输出 WARN 级别的日志。WARN 级别的日志表示存在警告
ERROR	输出 ERROR 级别的日志。ERROR 级别的日志表示存在错误
FATAL	输出 FATAL 级别的日志。FATAL 级别的日志表示出现致命错误

DevEco Studio 提供了"Log→HiLog"窗口查看日志信息，开发者可通过设置设备、进程、日志级别和搜索关键词来筛选日志信息。搜索功能支持使用正则表达式，开发者可通过搜索自定义的业务领域值和 TAG 来筛选日志信息。

如图 2-74 所示，根据实际情况选择设备和进程后，搜索业务领域值"00201"进行筛选，得到对应的日志信息。

图 2-74　HiLog 查看日志

第3章
开发基础知识

本章主要内容

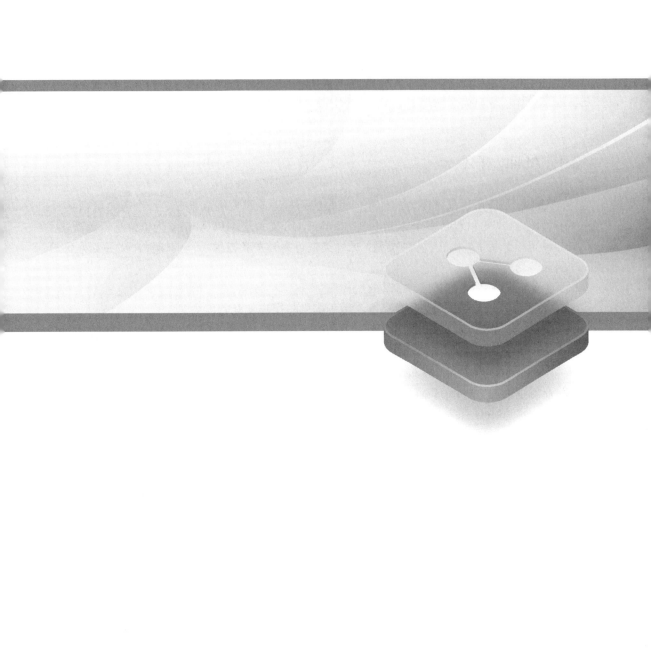

在第 2 章中，我们已经搭建好了应用开发环境，并且通过一个 Hello World 工程了解了工程的基本目录结构以及如何进行运行和调试。我们将在本章对开发中非常重要的 config.json 配置文件以及资源文件进行详细介绍，同时介绍应用开发中需要了解的安全与隐私设计，最后简要概述 HarmonyOS 中的 AI 能力。

3.1　Ability 概述

Ability 是应用所具备能力的抽象，也是应用程序的重要组成部分。一个应用可以具备多种能力（即可以包含多个 Ability），HarmonyOS 支持应用以 Ability 为单位进行部署。Ability 可以分为 FA 和 PA 两种类型，每种类型可为开发者提供不同的模板，以便实现不同的业务功能。

① FA 支持 Page Ability。

Page 模板是 FA 唯一支持的模板，用于提供与用户交互的能力。

② PA 支持 Service Ability 和 Data Ability。

Service 模板：用于提供后台运行任务的能力。

Data 模板：用于对外部提供统一的数据访问抽象。

在配置文件（config.json）中注册 Ability 时，可以通过配置 Ability 元素中的"type"属性来指定 Ability 模板类型，示例如下。

```
{
    "module": {
        ...
        "abilities": [
            {
                ...
                "type": "page"
                ...
            }
        ]
        ...
    }
    ...
}
```

其中，type 的取值可以为 page、service 或 data，分别代表 Page 模板、Service 模板、Data 模板。为了便于表述，后文中我们将基于 Page 模板、Service 模板、Data 模板实现的 Ability 分别简称为 Page、Service、Data。

目前 FA 可以使用 Java、JS、eTS 进行开发，PA 只能使用 Java 进行开发。关于 PA 的开发讲解请查看第 6 章，FA 和 PA 之间是可以进行交互的，我们在第 6 章中将讲解 JS FA 与 Java PA 之间的交互开发。

FA 开发主要涉及 UI 页面以及交互能力的开发。推荐优先使用 JS 和 eTS 进行 FA 开发，本书中不会讲解 Java FA 的开发内容。

1. Java FA

在 Java 中采用 XML 布局或 Java 代码进行页面布局和样式开发，页面业务逻辑采用

Java 代码实现。

2．JS FA

使用类 Web 开发范式，JS UI 框架采用类 HTML 和 CSS 声明式编程语言作为页面布局和页面样式的开发语言，页面业务逻辑支持 ECMAScript 规范的 JS 语言。

详细的开发介绍请查看第 4 章和第 5 章。

3．eTS FA

使用 eTS，采用更接近自然语义的编程方式，开发者可以直观地描述 UI 页面。页面、样式以及页面逻辑都采用 eTS 进行实现，实现极简高效开发。

详细的开发介绍请查看第 9 章。

3.2　应用配置文件

3.2.1　简介

应用的每个 HAP 的根目录下都存在一个"config.json"配置文件，文件内容包括以下 3 个方面。

① 应用的全局配置信息，包括应用的包名、生产厂商、版本号等基本信息。

② 应用在具体设备上的配置信息，包括应用的备份恢复、网络安全等能力。

③ HAP 包的配置信息，包括每个 Ability 必须定义的基本属性（如包名、类名、类型以及 Ability 提供的能力），以及应用访问系统或其他应用受保护部分所需的权限等。

配置文件"config.json"采用 JSON 文件格式，其中包含了一系列配置项，每个配置项由属性和值两部分构成。

1．属性

属性出现顺序不分先后，且每个属性最多只允许出现一次。

2．值

每个属性的值为 JSON 的基本数据类型（数值、字符串、布尔型、数组、对象或者 null 类型）。

3.2.2　配置文件的元素

DevEco Studio 提供了两种编辑"config.json"文件的方式。在"config.json"的编辑窗口中，可在右上角切换代码编辑视图或可视化编辑视图，如图 3-1 所示。

1．配置文件的内部结构

"config.json"由 App、deviceConfig 和 module 3 个部分组成，缺一不可。配置文件的内部结构说明见表 3-1。

2．App 对象的内部结构

App 对象包含应用的全局配置信息，内部结构说明见表 3-2。

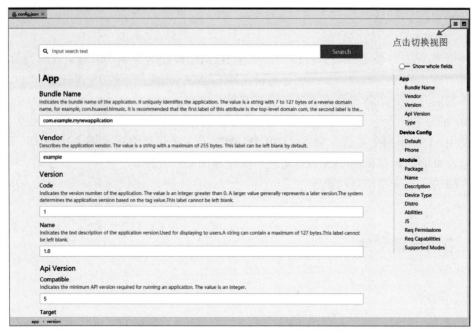

图 3-1　config.json 文件的可视化编辑视图

表 3-1　配置文件的内部结构说明

属性	含义	数据类型	是否可缺省
App	表示应用的全局配置信息。同一个应用的不同 HAP 包的 App 配置必须保持一致	对象	否
deviceConfig	表示应用在具体设备上的配置信息	对象	否
module	表示 HAP 包的配置信息。该标签下的配置只对当前 HAP 包生效	对象	否

表 3-2　App 对象的内部结构说明

属性	子属性	含义	数据类型	是否可缺省
bundleName	—	表示应用的包名，用于标识应用的唯一性。 包名是由字母、数字、下划线 "_" 和点号 "." 组成的字符串，必须以字母开头。支持的字符串长度为 7～127 字节。 包名通常采用反域名形式表示（例如，com.huawei.himusic）。建议第一级为域名后缀 "com"，第二级为厂商/个人名，第三级为应用名，也可以采用多级。 说明：如需使用 ohos.data.orm 包的接口，则应用的包名不能使用大写字母	字符串	否
vendor	—	表示对应用开发厂商的描述。字符串长度不超过 255 字节	字符串	可缺省，缺省值为空

表 3-2 App 对象的内部结构说明（续）

属性	子属性	含义	数据类型	是否可缺省
version	—	表示应用的版本信息	对象	否
	name	表示应用的版本号，用于向应用的终端用户呈现。取值可以自定义，长度不超过 127 个字节。自定义规则如下。 API 5 及更早版本：推荐使用三段式数字版本号（也兼容两段式版本号），如 A.B.C（也兼容 A.B），其中 A、B、C 取值为 0~999 的整数。除此之外不支持其他格式。 A 段，一般表示主版本号（Major）。 B 段，一般表示次版本号（Minor）。 C 段，一般表示修订版本号（Patch）。 API 6 版本起：推荐采用四段式数字版本号，如 A.B.C.D，其中 A、B、C 取值为 0~99 的整数，D 取值为 0~999 的整数。 A 段，一般表示主版本号（Major）。 B 段，一般表示次版本号（Minor）。 C 段，一般表示特性版本号（Feature）。 D 段，一般表示修订版本号（Patch）	字符串	否
	code	表示应用的版本号，仅用于 HarmonyOS 管理该应用，不对应用的终端用户呈现。取值规则如下。 API 5 及更早版本：二进制 32 位以内的非负整数，需要从 version.name 的值转换得到。 转换规则为：code 值=A×1000000+ B× 1000 + C 例如，version.name 字段取值为 2.2.1，则 code 的值为 2002001。 API 6 版本起：code 的取值不与 version.name 字段的取值关联，开发者可自定义 code 的取值，取值范围为小于 231 的非负整数，但是每次应用的版本更新，code 字段的值也要更新，新版本 code 的取值必须大于旧版本 code 的值	数值	否
	minCompatibleVersionCode	表示应用可兼容的最低版本号，用于在跨设备场景下，判断其他设备上该应用的版本是否兼容。 格式与 version.code 字段的格式要求相同	数值	可缺省，缺省值为 code 标签值
SmartWindow-Size	—	该标签用于在悬浮窗场景下表示应用的模拟窗口的尺寸。 配置格式为"正整数×正整数"，单位为 vp。 正整数取值范围为[200,2000]	字符串	可缺省，缺省值为空

表 3-2　App 对象的内部结构说明（续）

属性	子属性	含义	数据类型	是否可缺省
smartWindow-DeviceType	—	表示应用可以在哪些设备上使用模拟窗口打开。取值如下。 智能手机：phone。 平板电脑：tablet。 智慧屏：tv	字符串数组	可缺省，缺省值为空
targetBundle-List	—	表示允许以免安装的方式拉起的其他 HarmonyOS 应用，列表取值为每个 HarmonyOS 应用的 bundleName，多个 bundleName 之间用英文","区分，最多配置 10 个 bundleName。 如果被拉起的应用不支持免安装方式，则拉起失败	字符串	可缺省，缺省值为空

app 示例如下。

```
"app": {
    "bundleName": "com.huawei.hiworld.example",
    "vendor": "huawei",
    "version": {
        "code": 2,
        "name": "2.0"
    }
}
```

3. deviceConfig 对象的内部结构

deviceConfig 包含在具体设备上的应用配置信息，如 default、phone、tablet、tv、car、wearable、liteWearable 和 smartVision 等属性。default 标签内的配置适用于所有设备，其他设备类型如果有特殊的需求，则需要在该设备类型的标签下进行配置。deviceConfig 对象的内部结构说明见表 3-3。

表 3-3　deviceConfig 对象的内部结构说明

属性	含义	数据类型	是否可缺省
default	表示所有设备通用的应用配置信息	对象	否
phone	表示手机类设备的应用配置信息	对象	可缺省，缺省为空
tablet	表示平板电脑的应用配置信息	对象	可缺省，缺省为空
tv	表示智慧屏特有的应用配置信息	对象	可缺省，缺省为空
car	表示车机特有的应用配置信息	对象	可缺省，缺省为空
wearable	表示智能穿戴设备特有的应用配置信息	对象	可缺省，缺省为空
liteWearable	表示轻量级智能穿戴设备特有的应用配置信息	对象	可缺省，缺省为空
smartVision	表示智能摄像头特有的应用配置信息	对象	可缺省，缺省为空

不同设备的内部结构说明见表 3-4。

表 3-4　不同设备的内部结构说明

属性	含义	数据类型	是否可缺省
jointUserId	表示应用的共享 userid。 通常情况下，不同的应用运行在不同的进程中，应用的资源无法共享。如果开发者的多个应用之间需要共享资源，则可以通过相同的 jointUserId 值实现，前提是这些应用的签名相同。 该标签仅对系统应用生效，且仅适用于手机、平板电脑、智慧屏、车机、智能穿戴设备。 该字段在 API Version 3 及更高版本不再支持配置	字符串	可缺省，缺省为空
process	表示应用或者 Ability 的进程名。 如果在 deviceConfig 标签下配置了 process 标签，则该应用的所有 Ability 都运行在这个进程中。如果在 abilities 标签下也为某个 Ability 配置了 process 标签，则该 Ability 就运行在这个进程中。 该标签仅适用于手机、平板电脑、智慧屏、车机、智能穿戴设备	字符串	可缺省，缺省为应用的软件包名
supportBackup	表示应用是否支持备份和恢复。如果配置为"false"，则不支持为该应用执行备份或恢复操作。 该标签仅适用于手机、平板电脑、智慧屏、车机、智能穿戴设备	布尔型	可缺省，缺省为"false"
compress-NativeLibs	表示 libs 库是以压缩存储的方式打包到 HAP 包。如果配置为"false"，则 libs 库以不压缩的方式存储，HAP 包在安装时无须解压 libs，运行时会直接从 HAP 内加载 libs 库。 该标签仅适用于手机、平板电脑、智慧屏、车机、智能穿戴设备	布尔型	可缺省，缺省为"false"
network	表示网络安全性配置。该标签允许应用通过配置文件的安全声明来自定义其网络安全，无须修改应用代码	对象	可缺省，缺省为空

network 对象的内部结构说明见表 3-5。

表 3-5　network 对象的内部结构说明

属性	含义	数据类型	是否可缺省
cleartextTraffic	表示是否允许应用使用明文网络流量（例如，明文 HTTP）。 true：允许应用使用明文流量的请求。 false：拒绝应用使用明文流量的请求	布尔型	可缺省，缺省为"false"
securityConfig	表示应用的网络安全配置信息	对象	可缺省，缺省为空

securityConfig 对象的内部结构说明见表 3-6。

表 3-6　securityConfig 对象的内部结构说明

属性	子属性	含义	数据类型	是否可缺省
domainSettings	—	表示自定义的网域范围的安全配置，支持多层嵌套，即一个 domainSettings 对象中允许嵌套更小网域范围的 domainSettings 对象	对象	可缺省，缺省为空

表 3-6　securityConfig 对象的内部结构说明（续）

属性	子属性	含义	数据类型	是否可缺省
domainSettings	cleartextPermitted	表示自定义的网域范围内是否允许明文流量传输。当 cleartext-Traffic 和 securityConfig 同时存在时，自定义网域是否允许明文流量传输以 cleartextPermitted 的取值为准。 true：允许明文流量传输。 false：拒绝明文流量传输	布尔型	否
	domains	表示域名配置信息，包含：subdomains 和 name 两个参数。 subdomains（布尔型）：表示是否包含子域名。如果为"true"，此网域规则将与相应网域及所有子网域（包括子网域的子网域）匹配。否则该规则仅适用于精确匹配项。 name（字符串）：表示域名名称	对象数组	否

deviceConfig 示例如下。

```
"deviceConfig": {
    "default": {
        "process": "com.huawei.hiworld.example",
        "supportBackup": false,
        "network": {
            "cleartextTraffic": true,
            "securityConfig": {
                "domainSettings": {
                    "cleartextPermitted": true,
                    "domains": [
                        {
                            "subdomains": true,
                            "name": "example.ohos.com"
                        }
                    ]
                }
            }
        }
    }
}
```

4．module 对象的内部结构

module 对象包含 HAP 包的配置信息，其内部结构说明见表 3-7。

表 3-7　module 对象的内部结构说明

属性	含义	数据类型	是否可缺省
mainAbility	表示 HAP 包的入口 Ability 名称。该标签的值应配置为"module→abilities"中存在的 Page 类型 Ability 的名称。 该标签仅适用于手机、平板电脑、智慧屏、车机、智能穿戴设备	字符串	如果存在 Page 类型的 Ability，则该字段不可缺省
package	表示 HAP 的包结构名称，在应用内应保证唯一性。采用反向域名格式（建议与 HAP 的工程目录保持一致）。字符串长度不超过 127 字节。 该标签仅适用于手机、平板电脑、智慧屏、车机、智能穿戴设备	字符串	否

表 3-7　　module 对象的内部结构说明（续）

属性	含义	数据类型	是否可缺省
name	表示 HAP 的类名。采用反向域名方式表示，前缀需要与同级的 package 标签指定的包名一致，也可采用 "." 开头的命名方式。字符串长度不超过 255 字节。 该标签仅适用于手机、平板电脑、智慧屏、车机、智能穿戴设备	字符串	否
description	表示 HAP 的描述信息。字符串长度不超过 255 字节。如果字符串超出长度或者需要支持多语言，可以采用资源索引的方式添加描述内容。 该标签仅适用于手机、平板电脑、智慧屏、车机、智能穿戴设备	字符串	可缺省，缺省值为空
supportedModes	表示应用支持的运行模式。当前只定义了驾驶模式（drive）。 该标签仅适用于车机	字符串数组	可缺省，缺省值为空
deviceType	表示允许 Ability 运行的设备类型。系统预定义的设备类型包括：phone（手机）、tablet（平板电脑）、tv（智慧屏）、car（车机）、wearable（智能穿戴设备）、liteWearable（轻量级智能穿戴设备）等	字符串数组	否
distro	表示 HAP 发布的具体描述。 该标签仅适用于手机、平板电脑、智慧屏、车机、智能穿戴设备	对象	否
metaData	表示 HAP 的元信息	对象	可缺省，缺省值为空
abilities	表示当前模块内的所有 Ability。采用对象数组格式，其中每个元素表示一个 Ability 对象	对象数组	可缺省，缺省值为空
js	表示基于 JS UI 框架开发的 JS 模块集合，其中的每个元素代表一个 JS 模块的信息	对象数组	可缺省，缺省值为空
shortcuts	表示应用的快捷方式信息。采用对象数组格式，其中的每个元素表示一个快捷方式对象	对象数组	可缺省，缺省值为空
defPermissions	表示应用定义的权限。应用调用者必须申请这些权限，才能正常调用该应用	对象数组	可缺省，缺省值为空
reqPermissions	表示应用运行时向系统申请的权限	对象数组	可缺省，缺省值为空
colorMode	表示应用自身的颜色模式。 dark：表示按照深色模式选取资源。 light：表示按照浅色模式选取资源。 auto：表示跟随系统的颜色模式值选取资源	字符串	可缺省，缺省值为 "auto"
resizeable	表示应用是否支持多窗口特性。 该标签仅适用于手机、平板电脑、智慧屏、车机、智能穿戴设备	布尔型	可缺省，缺省值为 "true"
distroFilter	表示应用的分发规则。 该标签用于定义 HAP 包对应的细分设备规格的分发策略，以便在应用市场进行云端分发应用包时做精准匹配。 该标签可配置的分发策略维度包括 API Version、屏幕形状、屏幕分辨率。在进行分发时，通过 deviceType 与这 3 个属性的匹配关系，确定一个用于分发到对应设备的 HAP	对象数组	可缺省。缺省值为空。但当应用中包含多个 Entry 模块时，必须配置该标签

module 示例如下。

```
"module": {
    "mainAbility": "MainAbility",
    "package": "com.example.myapplication.entry",
    "name": ".MyOHOSAbilityPackage",
    "description": "$string:description_application",
    "supportedModes": [
        "drive"
    ],
    "deviceType": [
        "car"
    ],
    "distro": {
        "deliveryWithInstall": true,
        "moduleName": "ohos_entry",
        "moduleType": "entry"
    },
    "abilities": [
        ...
    ],
    "shortcuts": [
        ...
    ],
    "js": [
        ...
    ],
    "reqPermissions": [
        ...
    ],
    "defPermissions": [
        ...
    ],
    "colorMode": "light"
}
```

distro 对象的内部结构说明见表 3-8。

表 3-8　distro 对象的内部结构说明

属性	含义	数据类型	是否可缺省
deliveryWith-Install	表示当前 HAP 是否支持随应用安装。 true：支持随应用安装。 false：不支持随应用安装。 该属性建议设置为 true。 设置为 false 可能导致最终应用上架后出现应用市场异常	布尔型	否
moduleName	表示当前 HAP 的名称	字符串	否
moduleType	表示当前 HAP 的类型，包括 Entry 和 Feature 两种类型	字符串	否
installation-Free	表示当前 HAP 是否支持免安装特性。 true：表示支持免安装特性，且符合免安装约束。 false：表示不支持免安装特性。 需要注意以下两点。 当 entry.HAP 字段配置为 true 时，与该 entry.HAP 相关的所有 feature.HAP 字段也需要配置为 ture。 当 entry.HAP 字段配置为 false 时，与该 entry.HAP 相关的各 feature.HAP 字段可按业务需求配置为 ture 或 false	布尔型	否

distro 示例如下。

```
"distro": {
   "deliveryWithInstall": true,
   "moduleName": "ohos_entry",
   "moduleType": "entry",
   "installationFree": true
}
```

metaData 对象的内部结构说明见表 3-9。

表 3-9 metaData 对象的内部结构说明

属性	子属性	含义	数据类型	是否可缺省
parameters	—	表示调用 Ability 时所有调用参数的元信息。每个调用参数的元信息由 description、name、type 3 个标签组成	对象	可缺省，缺省值为空
	description	表示对调用参数的描述，可以是表示描述内容的字符串，也可以是对描述内容的资源索引以支持多语言	字符串	可缺省，缺省值为空
	name	表示调用参数的名称	字符串	可缺省，缺省值为空
	type	表示调用参数的类型，如 Integer	字符串	否
results	—	表示 Ability 返回值的元信息。每个返回值的元信息由 description、name、type 3 个标签组成	对象	可缺省，缺省值为空
	description	表示对返回值的描述，可以是表示描述内容的字符串，也可以是对描述内容的资源索引以支持多语言	字符串	可缺省，缺省值为空
	name	表示返回值的名字	字符串	可缺省，缺省值为空
	type	表示返回值的类型，如 Integer	字符串	否
customize-Data	—	表示父级组件的自定义元信息，parameters 和 results 在 module 中不可配	对象	可缺省，缺省值为空
	name	表示数据项的键名称，字符串类型（最大长度 255 字节）	字符串	可缺省，缺省值为空
	value	表示数据项的值，字符串类型（最大长度 255 字节）	字符串	可缺省，缺省值为空
	extra	表示用户自定义数据格式，标签值为标识该数据资源的索引值	字符串	可缺省，缺省值为空

metaData 示例如下。

```
"metaData": {
   "parameters" : [{
      "name" : "string",
      "type" : "Float",
      "description" : "$string:parameters_description"
   }],
   "results" : [{
      "name" : "string",
      "type" : "Float",
      "description" : "$string:results_description"
   }],
   "customizeData" : [{
      "name" : "string",
```

```
      "value" : "string",
      "extra" : "$string:customizeData_description"
   }]
}
```

abilities 对象的内部结构说明见表 3-10。

表 3-10　abilities 对象的内部结构说明

属性	含义	数据类型	是否可缺省
name	表示 Ability 名称。取值可采用反向域名方式表示，由包名和类名组成，如"com.example.myapplication.MainAbility"；也可采用"."开头的类名方式表示，如".MainAbility"。Ability 的名称，需在一个应用的范围内保证唯一。该标签仅适用于手机、平板电脑、智慧屏、车机、智能穿戴设备。说明：在使用 DevEco Studio 新建项目时，默认生成首个 Ability 的配置，包括生成"MainAbility.java"文件，及"config.json"中"MainAbility"的配置。如使用其他 IDE 工具，可自定义名称	字符串	否
description	表示对 Ability 的描述。取值可以是描述性内容，也可以是对描述性内容的资源索引，以支持多语言	字符串	可缺省，缺省值为空
icon	表示 Ability 图标资源文件的索引。取值示例为：$media:ability_icon。如果在该 Ability 的 skills 属性中，actions 的取值包含"action.system.home"，entities 的取值包含"entity.system.home"，则该 Ability 的 icon 将同时作为应用的 icon。如果存在多个符合条件的 Ability，则取位置靠前的 Ability 的 icon 作为应用的 icon。说明：应用的"icon"和"label"是用户可感知配置项，需要区别于当前所有已有的应用"icon"或"label"（至少有一个不同）	字符串	可缺省，缺省值为空
label	表示 Ability 对用户显示的名称。取值可以是 Ability 名称，也可以是对该名称的资源索引，以支持多语言。如果在该 Ability 的 skills 属性中，actions 的取值包含"action.system.home"，entities 的取值包含"entity.system.home"，则该 Ability 的 label 将同时作为应用的 label。如果存在多个符合条件的 Ability，则取位置靠前的 Ability 的 label 作为应用的 label。说明：应用的"icon"和"label"是用户可感知配置项，需要区别于当前所有已有的应用"icon"或"label"（至少有一个不同）	字符串	可缺省，缺省值为空
uri	表示 Ability 的统一资源标识符。格式为：[scheme:][//authority][path][?query][#fragment]	字符串	可缺省，对于 data 类型的 Ability 不可缺省
launchType	表示 Ability 的启动模式，支持 standard、singleMission 和 singleton 3 种模式。standard：表示该 Ability 可以有多实例。"standard"模式适用于大多数应用场景。singleMission：表示此 Ability 在每个任务栈中只能有一个实例。singleton：表示该 Ability 在所有任务栈中仅可以有一个实例。例如，具有全局唯一性的呼叫来电页面即采用"singleton"模式。该标签仅适用于手机、平板电脑、智慧屏、车机、智能穿戴设备	字符串	可缺省，缺省值为"standard"

表 3-10　abilities 对象的内部结构说明（续）

属性	含义	数据类型	是否可缺省
visible	表示 Ability 是否可以被其他应用调用。 true：可以被其他应用调用。 false：不能被其他应用调用	布尔型	可缺省，缺省值为"false"
permissions	表示其他应用的 Ability 调用此 Ability 时需要申请的权限。通常采用反向域名格式，取值可以是系统预定义的权限，也可以是开发者自定义的权限。如果是自定义权限，取值必须与 defPermissions 标签中定义的某个权限的 name 标签值一致	字符串数组	可缺省，缺省值为空
skills	表示 Ability 能够接收的 Intent 的特征	对象数组	可缺省，缺省值为空
deviceCapability	表示 Ability 运行时要求设备具有的能力，采用字符串数组的格式表示	字符串数组	可缺省，缺省值为空
metaData	表示 Ability 的元信息。 调用 Ability 时调用参数的元信息，例如：参数个数和类型。 Ability 执行完毕返回值的元信息，例如：返回值个数和类型。 该标签仅适用于智慧屏、智能穿戴设备、车机	对象	可缺省，缺省值为空
type	表示 Ability 的类型。取值范围如下。 page：表示基于 Page 模板开发的 FA，用于提供与用户交互的能力。 service：表示基于 Service 模板开发的 PA，用于提供后台运行任务的能力。 data：表示基于 Data 模板开发的 PA，用于对外部提供统一的数据访问抽象	字符串	否
orientation	表示该 Ability 的显示模式。该标签仅适用于 page 类型的 Ability。取值范围如下。 unspecified：由系统自动判断显示方向。 landscape：横屏模式。 portrait：竖屏模式。 followRecent：跟随栈中最近的应用	字符串	可缺省，缺省值为"unspecified"
background-Modes	表示后台服务的类型，可以为一个服务配置多个后台服务类型。该标签仅适用于 service 类型的 Ability。取值范围如下。 dataTransfer：通过网络/对端设备进行数据下载、备份、分享、传输等业务。 audioPlayback：音频输出业务。 audioRecording：音频输入业务。 pictureInPicture：画中画、小窗口播放视频业务。 voip：音视频电话、网络电话（Voice over Internet Protocol，VoIP）业务。 location：定位、导航业务。 bluetoothInteraction：蓝牙扫描、连接、传输业务。 wifiInteraction：WLAN 扫描、连接、传输业务。 screenFetch：录屏、截屏业务。 multiDeviceConnection：多设备互联业务	字符串数组	可缺省，缺省值为空

表 3-10　abilities 对象的内部结构说明（续）

属性	含义	数据类型	是否可缺省
readPermission	表示读取 Ability 的数据所需的权限。该标签仅适用于 data 类型的 Ability。取值为长度不超过 255 字节的字符串。 该标签仅适用于手机、平板电脑、智慧屏、车机、智能穿戴设备	字符串	可缺省，缺省为空
writePermission	表示向 Ability 写数据所需的权限。该标签仅适用于 data 类型的 Ability。取值为长度不超过 255 字节的字符串。 该标签仅适用于手机、平板电脑、智慧屏、车机、智能穿戴设备	字符串	可缺省，缺省为空
configChanges	表示 Ability 关注的系统配置集合。当已关注的配置发生变更后，Ability 会收到 onConfigurationUpdated 回调。取值范围如下。 mcc：表示移动国家（地区）码（Mobile Country Codes，MCC）发生变更。 典型场景：检测到 SIM 并更新 MCC。 mnc：表示移动网络码（Mobile Network Codes，MNC）发生变更。 典型场景：检测到 SIM 并更新 MNC。 locale：表示语言区域发生变更。 典型场景：用户已为设备文本的文本显示选择新的语言类型。 layout：表示屏幕布局发生变更。 典型场景：当前不同的显示形态都处于活跃状态。 fontSize：表示字号发生变更。 典型场景：用户已设置新的全局字号。 orientation：表示屏幕方向发生变更。 典型场景：用户旋转设备。 density：表示显示密度发生变更。 典型场景：用户可能指定不同的显示比例，或当前有不同的显示形态同时处于活跃状态。 size：显示窗口大小发生变更。 smallestSize：显示窗口较短边的边长发生变更。 colorMode：颜色模式发生变更	字符串数组	可缺省，缺省为空
mission	表示 Ability 指定的任务栈。该标签仅适用于 page 类型的 Ability。默认情况下应用中所有 Ability 同属一个任务栈。 该标签仅适用于手机、平板电脑、智慧屏、车机、智能穿戴设备	字符串	可缺省，缺省为应用的包名
targetAbility	表示当前 Ability 重用的目标 Ability。该标签仅适用于 page 类型的 Ability。如果配置了 targetAbility 属性，则当前 Ability（即别名 Ability）的属性中仅 name、icon、label、visible、permissions、skills 生效，其他属性均沿用 targetAbility 中的属性值。目标 Ability 必须与别名 Ability 在同一应用中，且在配置文件中目标 Ability 必须在别名之前进行声明。 该标签仅适用于手机、平板电脑、智慧屏、车机、智能穿戴设备	字符串	可缺省，缺省值为空。表示当前 Ability 不是一个别名 Ability
multiUserShared	表示 Ability 是否支持多用户状态进行共享，该标签仅适用于 data 类型的 Ability。 配置为 "true" 时，表示在多用户下只有一份存储数据。需要注意的是，该属性会使 visible 属性失效。 该标签仅适用于手机、平板电脑、智慧屏、车机、智能穿戴设备	布尔型	可缺省，缺省值为 "false"

表 3-10 abilities 对象的内部结构说明（续）

属性	含义	数据类型	是否可缺省
support-PipMode	表示 Ability 是否支持用户进入 PIP 模式（用于在页面最上层悬浮小窗口，俗称"画中画"，常见于视频播放等场景）。该标签仅适用于 page 类型的 Ability。该标签仅适用于手机、平板电脑、智慧屏、车机、智能穿戴设备	布尔型	可缺省,缺省值为"false"
forms-Enabled	表示 Ability 是否支持卡片（forms）功能。该标签仅适用于 page 类型的 Ability。true：支持卡片能力。false：不支持卡片能力	布尔型	可缺省,缺省值为"false"
forms	表示服务卡片的属性。该标签仅当 formsEnabled 为"true"时，才能生效	对象数组	可缺省，缺省值为空
resizeable	表示 Ability 是否支持多窗口特性。该标签仅适用于手机、平板电脑、智慧屏、车机、智能穿戴设备	布尔型	可缺省,缺省值为"true"

abilities 示例如下。

```
"abilities": [
    {
        "name": ".MainAbility",
        "description": "himusic main ability",
        "icon": "$media:ic_launcher",
        "label": "HiMusic",
        "launchType": "standard",
        "orientation": "unspecified",
        "permissions": [
        ],
        "visible": true,
        "skills": [
            {
                "actions": [
                    "action.system.home"
                ],
                "entities": [
                    "entity.system.home"
                ]
            }
        ],
        "configChanges": [
            "locale",
            "layout",
            "fontSize",
            "orientation"
        ],
        "type": "page"
    },
    {
        "name": ".PlayService",
        "description": "himusic play ability",
        "icon": "$media:ic_launcher",
        "label": "HiMusic",
        "launchType": "standard",
        "orientation": "unspecified",
        "visible": false,
        "skills": [
            {
                "actions": [
                    "action.play.music",
                    "action.stop.music"
```

```
        ],
        "entities": [
            "entity.audio"
        ]
    }
],
"type": "service",
"backgroundModes": [
    "audioPlayback"
]
},
{
    "name": ".UserADataAbility",
    "type": "data",
    "uri": "dataability://com.huawei.hiworld.himusic.UserADataAbility",
    "visible": true
}
]
```

skills 对象的内部结构说明见表 3-11。

表 3-11　skills 对象的内部结构说明

属性	子属性	含义	数据类型	是否可缺省
actions	—	表示能够接收的 Intent 的 action 值，可以包含一个或多个 action。 取值通常为系统预定义的 action 值	字符串数组	可缺省,缺省值为空
entities	—	表示能够接收的 Intent 的 Ability 的类别（如视频、桌面应用等），可以包含一个或多个 entity。 取值通常为系统预定义的类别，也可以自定义	字符串数组	可缺省,缺省值为空
uris	—	表示能够接收的 Intent 的 URI，可以包含一个或者多个 URI	对象数组	可缺省,缺省值为空
	scheme	表示 URI 的 scheme 值	字符串	不可缺省
	host	表示 URI 的 host 值	字符串	可缺省,缺省值为空
	port	表示 URI 的 port 值	字符串	可缺省,缺省值为空
	path	表示 URI 的 path 值	字符串	可缺省,缺省值为空
	type	表示 URI 的 type 值	字符串	可缺省,缺省值为空

skills 示例如下。

```
"skills": [
    {
        "actions": [
            "action.system.home"
        ],
        "entities": [
            "entity.system.home"
        ],
        "uris": [
            {
                "scheme": "http",
```

```
                "host": "www.xxx.com",
                "port": "8080",
                "path": "query/student/name",
                "type": "text/*"
            }
        ]
    }
]
```

JS 对象的内部结构说明见表 3-12。

表 3-12　JS 对象的内部结构说明

属性	子属性	含义	数据类型	是否可缺省
name	—	表示 JS Component 的名字。该标签不可缺省，默认值为 default	字符串	否
pages	—	表示 JS Component 的页面，用于列举 JS Component 中每个页面的路由信息[页面路径+页面名称]。该标签不可缺省，取值为数组，数组第一个元素代表 JS FA 首页	数组	否
window	—	用于定义与显示窗口相关的配置。该标签仅适用于手机、平板电脑、智慧屏、车机、智能穿戴设备	对象	可缺省
	designWidth	表示页面设计的基准宽度。以此为基准，根据实际设备宽度来缩放元素大小	数值	可缺省,缺省值为 750px
	autoDesign-Width	表示页面设计的基准宽度是否自动计算。当配置为 true 时,designWidth 将会被忽略,设计基准宽度由设备宽度与屏幕密度计算得出	布尔型	可缺省,缺省值为 "false"
type	—	表示 JS 应用的类型。取值范围如下。normal：标识该 JS。Component 为应用实例。form：标识该 JS Component 为卡片实例	字符串	可缺省,缺省值为"normal"

JS 示例如下。

```
"js": [
    {
        "name": "default",
        "pages": [
            "pages/index/index",
            "pages/detail/detail"
        ],
        "window": {
            "designWidth": 750,
            "autoDesignWidth": false
        },
        "type": "form"
    }
]
```

shortcuts 对象的内部结构说明见表 3-13。

表 3-13　shortcuts 对象的内部结构说明

属性	子属性	含义	数据类型	是否可缺省
shortcutId	—	表示快捷方式的 ID。字符串的最大长度为 63 字节	字符串	否

表 3-13　 shortcuts 对象的内部结构说明（续）

属性	子属性	含义	数据类型	是否可缺省
label	—	表示快捷方式的标签信息，即快捷方式对外显示的文字描述信息。取值可以是描述性内容，也可以是标识 label 的资源索引。字符串的最大长度为 63 字节	字符串	可缺省，缺省值为空
intents	—	表示快捷方式内定义的目标 Intent 信息集合，每个 Intent 可配置 targetClass、targetBundle 两个子标签	对象数组	可缺省，缺省值为空
	targetClass	表示快捷方式目标类名	字符串	可缺省，缺省值为空
	targetBundle	表示快捷方式目标 Ability 所在应用的包名	字符串	可缺省，缺省值为空

shortcuts 示例如下。

```
"shortcuts": [
    {
        "shortcutId": "id",
        "label": "$string:shortcut",
        "intents": [
            {
                "targetBundle": "com.huawei.hiworld.himusic",
                "targetClass": "com.huawei.hiworld.himusic.entry.MainAbility"
            }
        ]
    }
]
```

forms 对象的内部结构说明见表 3-14。

表 3-14　 forms 对象的内部结构说明

属性	子属性	含义	数据类型	是否可缺省
name	—	表示卡片的类名。字符串最大长度为 127 字节	字符串	否
description	—	表示卡片的描述。取值可以是描述性内容，也可以是对描述性内容的资源索引，以支持多语言。字符串最大长度为 255 字节	字符串	可缺省，缺省值为空
isDefault	—	表示该卡片是否为默认卡片，每个 Ability 有且只有一个默认卡片。 true：默认卡片。 false：非默认卡片	布尔型	否
type	—	表示卡片的类型。取值范围如下。 Java：Java 卡片。 JS：JS 卡片	字符串	否
colorMode	—	表示卡片的主题样式，取值范围如下。 auto：自适应。 dark：深色主题。 light：浅色主题	字符串	可缺省，缺省值为 "auto"

表 3-14 forms 对象的内部结构说明（续）

属性	子属性	含义	数据类型	是否可缺省
support-Dimensions	—	表示卡片支持的外观规格，取值范围如下。 1×2：表示 1 行 2 列的二宫格。 2×2：表示 2 行 2 列的四宫格。 2×4：表示 2 行 4 列的八宫格。 4×4：表示 4 行 4 列的十六宫格	字符串数组	否
default-Dimension	—	表示卡片的默认外观规格，取值必须在该卡片 supportDimensions 配置的列表中	字符串	否
Landscape-Layouts	—	表示卡片外观规格对应的横向布局文件，与 supportDimensions 中的规格一一对应。 仅当卡片类型为 Java 卡片时，需要配置该标签	字符串数组	否
portrait-Layouts	—	表示卡片外观规格对应的竖向布局文件，与 supportDimensions 中的规格一一对应。 仅当卡片类型为 Java 卡片时，需要配置该标签	字符串数组	否
update-Enabled	—	表示卡片是否支持周期性刷新，取值范围如下。 true：表示支持周期性刷新，可以在定时刷新（updateDuration）和定点刷新（scheduled-UpdateTime）两种方式任选其一，优先选择定时刷新。 false：表示不支持周期性刷新	布尔型	否
scheduled-Update-Time	—	表示卡片的定点刷新的时刻，采用 24 小时制，精确到分钟	字符串	可缺省，缺省值为 "0:0"
update-Duration	—	表示卡片定时刷新的更新周期，单位为 30 分钟，取值为自然数。 当取值为 0 时，表示该参数不生效。 当取值为正整数 N 时，表示刷新周期为 $30 \times N$ 分钟	数值	可缺省，缺省值为 "0"
formCon-figAbility	—	表示卡片的配置跳转链接，采用 URI 格式	字符串	可缺省，缺省值为空
jsCompo-nentName	—	表示 JS 卡片的 Component 名称。字符串最大长度为 127 字节。 仅当卡片类型为 JS 卡片时，需要配置该标签	字符串	否
metaData	—	表示卡片的自定义信息，包含 customizeData 数组标签	对象	可缺省，缺省值为空
customize-Data	—	表示自定义的卡片信息	对象数组	可缺省，缺省值为空
	name	表示数据项的键名称。字符串最大长度为 255 字节	字符串	可缺省，缺省值为空
	value	表示数据项的值。字符串最大长度为 255 字节	字符串	可缺省，缺省值为空

forms 示例如下。

```
"forms": [
    {
        "name": "Form_JS",
        "description": "It's JS Form",
        "type": "JS",
        "jsComponentName": "card",
        "colorMode": "auto",
        "isDefault": true,
        "updateEnabled": true,
        "scheduledUpdateTime": "11:00",
        "updateDuration": 1,
        "defaultDimension": "2*2",
        "supportDimensions": [
            "2*2",
            "2*4",
            "4*4"
        ]
    },
    {
        "name": "Form_Java",
        "description": "It's Java Form",
        "type": "Java",
        "colorMode": "auto",
        "isDefault": false,
        "updateEnabled": true,
        "scheduledUpdateTime": "21:05",
        "updateDuration": 1,
        "defaultDimension": "1*2",
        "supportDimensions": [
            "1*2"
        ],
        "landscapeLayouts": [
            "$layout:ability_form"
        ],
        "portraitLayouts": [
            "$layout:ability_form"
        ],
        "formConfigAbility": "ability://com.example.myapplication.fa/.MainAbility",
        "metaData": {
            "customizeData": [
                {
                    "name": "originWidgetName",
                    "value": "com.huawei.weather.testWidget"
                }
            ]
        }
    }
]
```

distroFilter 对象的内部结构说明见表 3-15。

表 3-15　distroFilter 对象的内部结构说明

属性	子属性	含义	数据类型	是否可缺省
apiVersion	—	表示支持的 Api Version 范围	对象数组	可选
	policy	表示该子属性取值的黑白名单规则。配置为"exclude"或"include"。"include"表示该字段取值为白名单，满足 value 枚举值匹配规则的表示匹配该属性	字符串	

表 3-15　distroFilter 对象的内部结构说明（续）

属性	子属性	含义	数据类型	是否可缺省
apiVersion	value	支持的取值为 API Version 存在的整数值，例如：4、5、6。 场景示例如下。某应用，针对相同设备型号,同时在网的为使用 API 5 和 API 6 开发的两个软件版本，允许上架 2 个 Entry 类型的安装包，且分别支持到对应设备侧软件版本的分发	数组	
screenShape	—	表示屏幕形状的支持策略	对象数组	可选
	policy	表示该子属性取值的黑白名单规则。配置为"exclude"或"include"。"include"表示该字段取值为白名单，满足 value 枚举值匹配规则的表示匹配该属性	字符串	
	value	支持的取值为 circle（圆形）、rect（矩形）。 场景示例为：针对智能穿戴设备，可为圆形表盘和矩形表盘分别提供不同的 HAP	字符串数组	
screenWindow	—	表示应用运行时窗口的分辨率支持策略。 该字段仅支持对轻量级智能穿戴设备进行配置	对象数组	可选
	policy	表示该子属性取值的黑白名单规则。配置为"exclude"或"include"。"include"表示该字段取值为白名单，满足 value 枚举值匹配规则的表示匹配该属性。 该字段仅支持配置白名单，即"include"	字符串	
	value	单个字符串的取值格式为"宽×高"，取值为整数像素值，例如"454×454"	字符串数组	

distroFilter 示例如下。

```
"distroFilter": [
    {
        "apiVersion": {
            "policy": "include",
            "value": "4,5"
        },
        "screenShape": {
            "policy": "include",
            "value": ["circle","rect"]
        },
        "screenWindow": {
            "policy": "include",
            "value": ["454*454","466*466"]
        }
    }
]
```

5．bundleName 占位符的使用

HAR 的 "config.json" 文件中多处需要使用包名，例如自定义权限、自定义 action

等场景，但是包名只有当 HAR 编译到 HAP 时才能确定下来。在编译之前，HAR 中的包名可以采用占位符表示，采用{bundleName}形式。

支持 bundleName 占位符的标签有 actions、entities、permissions、readPermission、writePermission、defPermissions.name。

使用示例如下。

① HAR 中自定义 action 时，使用{bundleName}来代替包名，如下所示。

```
"skills": [
    {
        "actions": [
            "{bundleName}.ACTION_PLAY"
        ],
        "entities": [
            "{bundleName}.ENTITY_PLAY"
        ],
    }
],
```

② 将 HAR 编译到 bundleName 为"com.huawei.hiworld"的 HAP 包后，原来的{bundleName}将被替换为 HAP 的实际包名，替换后的结果如下。

```
"app": {
    "bundleName": "com.huawei.hiworld",
    ……
},
"module": {
    "abilities": [
        {
            "skills": [
                {
                    "actions": [
                        "com.huawei.hiworld.ACTION_PLAY"
                    ],
                    "entities": [
                        "com.huawei.hiworld.ENTITY_PLAY"
                    ],
                }
            ],
```

3.2.3 配置文件示例

配置文件示例如下。

```
{
  "app": {
    "bundleName": "com.example.smarthomebyjs",
    "vendor": "example",
    "version": {
      "code": 1000000,
      "name": "1.0.0"
    }
  },
  "deviceConfig": {},
  "module": {
    "package": "com.example.smarthomebyjs",
    "name": ".MyApplication",
    "mainAbility": "com.example.smarthomebyjs.MainAbility",
    "deviceType": [
      "phone",
      "tablet",
      "tv",
      "wearable"
    ],
    "distro": {
```

```
      "deliveryWithInstall": true,
      "moduleName": "entry",
      "moduleType": "entry",
      "installationFree": false
    },
    "abilities": [
      {
        "skills": [
          {
            "entities": [
              "entity.system.home"
            ],
            "actions": [
              "action.system.home"
            ]
          }
        ],
        "visible": true,
        "name": "com.example.smarthomebyjs.MainAbility",
        "icon": "$media:icon",
        "description": "$string:mainability_description",
        "label": "$string:entry_MainAbility",
        "type": "page",
        "launchType": "standard"
      }
    ],
    "js": [
      {
        "pages": [
          "pages/index/index",
          "pages/page1/page1"
        ],
        "name": "default",
        "window": {
          "designWidth": 720,
          "autoDesignWidth": true
        }
      }
    ]
  }
}
```

3.3　应用资源文件

3.3.1　资源文件的分类

1. resources 目录

应用的资源文件（字符串、图片、音频等）统一存放于 resources 目录下，便于开发者使用和维护。resources 目录包括两大类，一类为 base 目录与限定词目录，另一类为 rawfile 目录，具体介绍见表 3-16。

表 3-16　resources 目录分类

分类	base 目录与限定词目录	rawfile 目录
组织形式	按照两级目录形式来组织，目录命名必须符合规范，以便根据设备状态去匹配相应目录下的资源文件	支持创建多层子目录，目录名称可以自定义，文件夹内可以自由放置各类资源文件

表 3-16　resources 目录分类（续）

分类	base 目录与限定词目录	rawfile 目录
组织形式	一级子目录为 base 目录和限定词目录	rawfile 目录的文件不会根据设备状态去匹配不同的资源
	base 目录是默认存在的目录。当应用的 resources 资源目录中没有与设备状态匹配的限定词目录时，会自动引用该目录中的资源文件	—
	限定词目录需要开发者自行创建。目录名称由一个或多个表征应用场景或设备特征的限定词组合而成，具体要求参见限定词目录	—
	二级子目录为资源目录，用于存放字符串、颜色、布尔值等基础元素，以及媒体、动画、布局等资源文件，具体要求参见资源组目录	—
编译方式	目录中的资源文件会被编译成二进制文件，并赋予资源文件 ID	目录中的资源文件会被直接打包进应用，不经过编译，也不会被赋予资源文件 ID
引用方式	通过指定资源类型和资源名称来引用，具体介绍见 3.3.2 节	通过指定文件路径和文件名来引用，具体介绍见 3.2.2 节

资源目录示例如下。

```
resources
|---base  // 默认存在的目录
|  |---element
|  |  |---string.json
|  |---media
|  |  |---icon.png
|---en_GB-vertical-car-mdpi // 限定词目录示例，需要开发者自行创建
|  |---element
|  |  |---string.json
|  |---media
|  |  |---icon.png
|---rawfile  // 默认存在的目录
```

2. 限定词目录

限定词目录可以由一个或多个表征应用场景或设备特征的限定词组合而成，包括移动国家（地区）码和移动网络码、语言、文字、国家或地区、横竖屏、设备类型、颜色模式和屏幕密度等维度，限定词之间通过下划线"_"或者中划线"–"连接。开发者在创建限定词目录时，需要掌握限定词目录的命名要求，以及限定词目录与设备状态的匹配规则。

（1）限定词目录的命名要求

① 限定词的组合顺序：移动国家（地区）码_移动网络码–语言_文字_国家或地区–横竖屏–设备类型–颜色模式–屏幕密度。开发者可以根据应用的使用场景和设备特征，选择其中的一类或几类限定词组成目录名称。

② 限定词的连接方式：语言、文字、国家或地区之间采用下划线"_"连接，移动国家（地区）码和移动网络码之间也采用下划线"_"连接，除此之外的其他限定词之间均采用中划线"–"连接。例如：zh_Hant_CN、zh_CN-car-ldpi。

③ 限定词的取值范围：每类限定词的取值必须符合表 3-17 中的要求，否则，将无法匹配目录中的资源文件。

表 3-17 限定词的含义与取值要求

限定词类型	含义与取值要求
移动国家（地区）码和移动网络码	移动国家（地区）码（MCC）和移动网络码（MNC）的值取自设备注册的网络。MCC 的后面可以跟随 MNC，可以使用下划线"_"连接，也可以单独使用。例如：mcc460 表示中国，mcc460_mnc00 表示中国_中国移动。 详细的取值范围，请查阅 ITU-T E.212（国际电联相关标准）
语言	表示设备使用的语言类型，由 2～3 个小写字母组成。例如：zh 表示中文，en 表示英语，mai 表示迈蒂利语。 详细取值范围，请查阅 ISO 639（ISO 制定的语言编码标准）
文字	表示设备使用的文字类型，由 1 个大写字母（首字母）和 3 个小写字母组成。例如：Hans 表示简体中文，Hant 表示繁体中文。 详细取值范围，请查阅 ISO 15924（ISO 制定的文字编码标准）
国家或地区	表示用户所在的国家或地区，由 2～3 个大写字母或者 3 个数字组成。例如：CN 表示中国，GB 表示英国。 详细取值范围，请查阅 ISO 3166-1（ISO 制定的国家和地区编码标准）
横竖屏	表示设备的屏幕方向，取值如下。 vertical：竖屏。 horizontal：横屏
设备类型	表示设备的类型，取值如下。 phone：手机。 tablet：平板电脑。 car：车机。 tv：智慧屏。 wearable：智能穿戴设备
颜色模式	表示设备的颜色模式，取值如下。 dark：深色模式。 light：浅色模式
屏幕密度	表示设备的屏幕密度（单位为 dpi），取值如下。 sdpi：表示小规模的屏幕密度（Small-scale Dots Per Inch），适用于 dpi 取值为(0, 120]的设备。 mdpi：表示中规模的屏幕密度（Medium-scale Dots Per Inch），适用于 dpi 取值为(120, 160]的设备。 ldpi：表示大规模的屏幕密度（Large-scale Dots Per Inch），适用于 dpi 取值为(160, 240]的设备。 xldpi：表示特大规模的屏幕密度（Extra Large-scale Dots Per Inch），适用于 dpi 取值为(240, 320]的设备。 xxldpi：表示超大规模的屏幕密度（Extra Extra Large-scale Dots Per Inch），适用于 dpi 取值为(320, 480]的设备。 xxxldpi：表示超特大规模的屏幕密度（Extra Extra Extra Large-scale Dots Per Inch），适用于 dpi 取值为(480, 640]的设备

（2）限定词目录与设备状态的匹配规则

① 在为设备匹配对应的资源文件时，限定词目录匹配的优先级从高到低依次为：移动国家（地区）码和移动网络码→区域（可选组合：语言、语言_文字、语言_国家或地区、语言_文字_国家或地区）→横竖屏→设备类型→颜色模式→屏幕密度。

② 如果限定词目录中包含移动国家（地区）码和移动网络码、语言、文字、横竖屏、设备类型、颜色模式限定词，则对应限定词的取值必须与当前的设备状态完全一致，该目录才能够参与设备的资源匹配。例如，限定词目录"zh_CN-car-ldpi"不能参与"en_US"设备的资源匹配。

3．资源组目录

base 目录与限定词目录下面可以创建资源组目录（包括 element、media、animation、layout、graphic、profile），用于存放特定类型的资源文件，具体介绍见表 3-18。

表 3-18　资源组目录说明

资源组目录	目录说明	资源文件
element	表示元素资源，以下每一类数据都采用相应的 JSON 文件来表征	element 目录中的文件名称建议与下面的文件名保持一致。每个文件中只能包含同一类型的数据
	boolean（布尔型）	boolean.json
	color（颜色）	color.json
	float（浮点型）	float.json
	intarray（整型数组）	intarray.json
	integer（整型）	integer.json
	pattern（样式）	pattern.json
	plural（复数形式）	plural.json
	strarray（字符串数组）	strarray.json
	string（字符串）	string.json
media	表示媒体资源，包括图片、音频、视频等非文本格式的文件	文件名可自定义，例如：icon.png
animation	表示动画资源，采用 XML 文件格式	文件名可自定义，例如：zoom_in.xml
layout	表示布局资源，采用 XML 文件格式	文件名可自定义，例如：home_layout.xml
graphic	表示可绘制资源，采用 XML 文件格式	文件名可自定义，例如：notifications_dark.xml
profile	表示其他类型文件，以原始文件形式保存	文件名可自定义

4．创建资源文件

在 resources 目录下，可按照限定词目录和资源组目录的说明创建子目录和目录内的文件。

DevEco Studio 提供了创建资源目录和资源文件的页面。

（1）创建资源目录及资源文件

在 resources 目录右键菜单选择"New"→"Harmony Resource File"，此时可同时创建目录和文件，如图 3-2 所示。

文件默认创建在 base 目录的对应资源组下。如果选择了限定词，则会按照命名规范自动生成限定词+资源组目录，并将文件创建在目录中。

目录名自动生成，格式固定为"限定词.资源组"，例如创建一个限定词为横竖屏类别下的竖屏，资源组为绘制资源的目录，自动生成的目录名称为"vertical.graphic"。

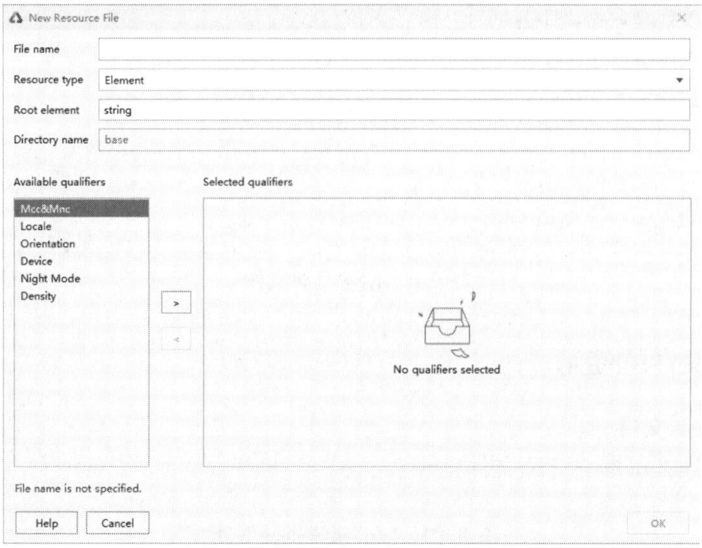

图 3-2　创建资源目录及文件

（2）创建资源目录

在 resources 目录右键菜单选择"New"→"Harmony Resource Directory"，此时可创建资源目录，如图 3-3 所示。选择资源组类型，设置限定词，创建后自动生成目录名称。目录名称格式固定为"限定词.资源组"，例如创建一个限定词为横竖屏类别下的竖屏，资源组为绘制资源的目录，自动生成的目录名称为"vertical.graphic"。

图 3-3　创建资源目录

（3）创建资源文件

在资源目录的右键菜单选择"New"→"XXX Resource File"，即可创建对应资源组目录的资源文件。

例如，在 element 目录下可新建 Element Resource File，如图 3-4 所示。

图 3-4　创建资源文件

3.3.2　资源文件的使用

1．系统资源文件

目前支持的部分系统资源文件见表 3-19。

表 3-19　部分系统资源文件

系统资源名称	含义	类型
ic_app	HarmonyOS 应用的默认图标	媒体
request_location_reminder_title	"请求使用设备定位功能"的提示标题	字符串
request_location_reminder_content	"请求使用设备定位功能"的提示内容，即：请在下拉快捷栏打开"位置信息"开关	字符串

2．颜色模式的定义

应用可以在 config.json 的 module 字段下定义"colorMode"字段，"colorMode"字段用来定义应用自身的颜色模式，值可以是"dark""light""auto"（默认值），示例如下。

```
"colorMode": "light"
```

当应用的颜色模式值是"dark"时，无论系统当前的颜色模式是什么，应用始终会按照深色模式选取资源；当应用的颜色模式值是"light"时，无论系统当前的颜色模式是什么，应用始终会按照浅色模式选取资源；当应用的颜色模式值是"auto"时，应用会跟随系统的颜色模式值选取资源。

3．为 Element 资源文件添加注释或特殊标识

Element 目录下的不同种类元素的资源均用 JSON 文件表示，资源的名称 name 和取值 value 是每一条资源的必备字段。

如果需要为某一条资源备注信息，以便于用户对资源的理解和使用，可以通过 comment 字段添加注释。

如果 value 字段中的部分文本不需要被翻译人员处理，也不需要被显示在应用页面上，可以通过特殊结构来标识无须翻译的内容。

（1）通过 comment 字段添加注释

在 string、strarray、plural 这 3 类资源中，可以通过特殊标识来处理无须被翻译的内容。例如，一个字符串资源的 value 取值为"We will arrive at %s"，其中的变量"%s"在翻译过程中保持不变。

（2）通过特殊结构来标识无须翻译的内容

方式一：在 value 字段中添加{}，示例如下。

```
{
    "string":[
        {
            "name":"message_arrive",
            "value":["We will arrive at",{
                "id":"time",
                "example":"5:00 am",
                "value":"%s"
            }
            ]
        }
    ]
}
```

方式二：添加<xliff:g></xliff:g>标记对，示例如下。

```
{
    "string":[
        {
            "name":"message_arrive",
            "value":"We will arrive at <xliff:g id='time' example='5:00 am'>%s</xliff:g>"
        }
    ]
}
```

boolean.json 示例如下。

```
{
    "boolean":[
        {
            "name":"boolean_1",
            "value":true
        },
        {
            "name":"boolean_ref",
            "value":"$boolean:boolean_1"
        }
    ]
}
```

color.json 示例如下。

```
{
    "color":[
        {
            "name":"red",
            "value":"#ff0000"
        },
        {
            "name":"red_ref",
            "value":"$color:red"
        }
    ]
}
```

float.json 示例如下。

```
{
    "float":[
        {
            "name":"float_1",
            "value":"30.6"
        },
        {
            "name":"float_ref",
            "value":"$float:float_1"
        },
        {
```

```
        "name":"float_px",
        "value":"100px"
      }
    ]
}
```

intarray.json 示例如下。

```
{
    "intarray":[
      {
        "name":"intarray_1",
        "value":[
          100,
          200,
          "$integer:integer_1"
        ]
      }
    ]
}
```

integer.json 示例如下。

```
{
    "integer":[
      {
        "name":"integer_1",
        "value":100
      },
      {
        "name":"integer_ref",
        "value":"$integer:integer_1"
      }
    ]
}
```

pattern.json 示例如下。

```
{
    "pattern":[
      {
        "name":"base",
        "value":[
          {
            "name":"width",
            "value":"100vp"
          },
          {
            "name":"height",
            "value":"100vp"
          },
          {
            "name":"size",
            "value":"25px"
          }
        ]
      },
      {
        "name":"child",
        "parent":"base",
        "value":[
          {
            "name":"noTitile",
            "value":"Yes"
          }
        ]
      }
    ]
}
```

plural.json 示例如下。

```
{
    "plural":[
        {
            "name":"eat_apple",
            "value":[
                {
                    "quantity":"one",
                    "value":"%d apple"
                },
                {
                    "quantity":"other",
                    "value":"%d apples"
                }
            ]
        }
    ]
}
```

strarray.json 示例如下。

```
{
    "strarray":[
        {
            "name":"size",
            "value":[
                {
                    "value":"small"
                },
                {
                    "value":"$string:hello"
                },
                {
                    "value":"large"
                },
                {
                    "value":"extra large"
                }
            ]
        }
    ]
}
```

string.json 示例如下。

```
{
    "string":[
        {
            "name":"hello",
            "value":"hello base"
        },
        {
            "name":"app_name",
            "value":"my application"
        },
        {
            "name":"app_name_ref",
            "value":"$string:app_name"
        },
        {
            "name":"app_sys_ref",
            "value":"$ohos:string:request_location_reminder_title"
        }
    ]
}
```

3.3.3　国际化能力的支持

基于开发框架的应用可覆盖多个国家和地区，开发框架支持多语言能力后，应用开发者无须开发多个不同语言的版本，就可以同时支持多种语言的切换，为项目维护带来便利。

开发者仅需要通过定义资源文件和引用资源两个步骤，就可以使用开发框架的多语言能力。开发者如果需要在应用中获取当前系统语言，请参考获取语言的相关方法。

国际化能力同时支持 Java 和 JS 语言，本书只讲解 JS 语言的使用。

1．定义资源文件

资源文件被用于存放应用在多种语言场景下的资源内容，开发框架使用 JSON 文件保存资源定义。在文件组织中，指定的 i18n 文件夹用于放置语言资源文件，语言资源文件的名称是由语言、文字、国家或地区的限定词通过中划线连接组成的，其中文字和国家或地区可以省略。资源文件的命名规则如下。

```
language[-script-region].json
```

限定词的取值需符合表 3-20 中的要求。

表 3-20　限定词的含义与取值要求

限定词类型	含义与取值要求
语言	表示设备使用的语言类型，由 2～3 个小写字母组成。例如：zh 表示中文，en 表示英语，mai 表示迈蒂利语。 详细取值范围请查阅 ISO 639（ISO 制定的语言编码标准）
文字	表示设备使用的文字类型，由 1 个大写字母（首字母）和 3 个小写字母组成。例如：Hans 表示简体中文，Hant 表示繁体中文。 详细取值范围请查阅 ISO 15924（ISO 制定的文字编码标准）
国家或地区	表示用户所在的国家或地区，由 2～3 个大写字母或者 3 个数字组成。例如：CN 表示中国，GB 表示英国。 详细取值范围请查阅 ISO 3166-1（ISO 制定的国家和地区编码标准）

当开发框架无法在应用中找到系统语言的资源文件时，默认使用 en-US.json 中的资源内容，资源文件内容格式如下。

```
{
    "strings": {
        "hello": "Hello world!",
        "object": "Object parameter substitution-{name}",
        "array": "Array type parameter substitution-{0}",
        "symbol": "@#$%^&*()_+-={}[]\\|:;\"'<>,./?"
    },

    "files": {
        "image": "image/en_picture.png"
    }
}
```

不同语言针对单复数有不同的匹配规则，在资源文件中使用"zero""one""two""few""many""other"用于定义不同单复数场景下的词条内容。例如：中文不区分单复数，仅存在"other"场景；英文存在"one""other"场景；阿拉伯语存在上述 6 种场景。

以 en-US.json 为例的资源文件内容格式如下。

```
{
    "strings": {
        "people": {
            "one": "one person",
            "other": "{count} people"
        }
    }
}
```

以 ar-AE.json 为例的资源文件内容格式如下。

```
{
    "strings": {
        "people": {
            "zero": "لا أحد",
            "one": "وحده",
            "two": "الاثنان",
            "few": "ستة اشخاص",
            "many": "خمسون شخص",
            "other": "مائة شخص"
        }
    }
}
```

2．引用资源

应用开发的页面中使用多语言的语法，其中包含简单格式化和单复数格式化两种，这两种语法都可以在 HTML 或 JS 中使用。

（1）简单格式化语法

简单格式化语法指在应用中使用$t 方法引用资源，$t 既可以在 HTML 中使用，也可以在 JS 中使用。系统将根据当前的语言环境和指定的资源路径（通过$t 的 path 参数设置），显示对应语言的资源文件中的内容。简单格式化说明见表 3-21。

表 3-21　简单格式化说明

属性	类型	参数	必填	描述
$t	Function	请见表 3-22	是	根据系统语言完成简单的替换：this.$t('strings.hello')

$t 参数说明见表 3-22。

表 3-22　$t 参数说明

参数	类型	必填	描述
path	string	是	资源路径
params	Array|Object	否	运行时来替换占位符的实际内容，占位符分为两种。 ① 具名占位符，例如{name}。实际内容必须用 Object 类型指定，例如，$t('strings.object', { name: 'Hello world' })。 ② 数字占位符，例如{0}。实际内容必须用 Array 类型指定，例如：$t('strings.array', ['Hello world'])

简单格式化示例代码如下。

```
<!-- xxx.hml -->
<div>
  <!-- 不使用占位符, text 中显示"Hello world!" -->
  <text>{{ $t('strings.hello') }}</text>
```

```
    <!-- 具名占位符格式，运行时将占位符{name}替换为"Hello world" -->
    <text>{{ $t('strings.object', { name: 'Hello world' }) }}</text>
    <!-- 数字占位符格式，运行时将占位符{0}替换为"Hello world" -->
    <text>{{ $t('strings.array', ['Hello world']) }}</text>
    <!-- 先在 JS 中获取资源内容，再在 text 中显示"Hello world" -->
    <text>{{ hello }}</text>
    <!-- 先在 JS 中获取资源内容，并将占位符{name}替换为"Hello world"，再在 text 中显示"Object
parameter substitution-Hello world" -->
    <text>{{ replaceObject }}</text>
    <!-- 先在 JS 中获取资源内容，并将占位符{0}替换为"Hello world"，再在 text 中显示"Array type
parameter substitution-Hello world" -->
    <text>{{ replaceArray }}</text>

    <!-- 获取图片路径 -->
    <image src="{{ $t('files.image') }}" class="image"></image>
    <!-- 先在 JS 中获取图片路径，再在 image 中显示图片 -->
    <image src="{{ replaceSrc }}" class="image"></image>
</div>
```

```
// xxx.js
// 下面为在 JS 文件中的使用方法。
export default {
  data: {
    hello: '',
    replaceObject: '',
    replaceArray: '',
    replaceSrc: '',
  },
  onInit() {
    this.hello = this.$t('strings.hello');
    this.replaceObject = this.$t('strings.object', { name: 'Hello world' });
    this.replaceArray = this.$t('strings.array', ['Hello world']);
    this.replaceSrc = this.$t('files.image');
  },
}
```

（2）单复数格式化语法

单复数格式化说明见表 3-23。

表 3-23　单复数格式化说明

属性	类型	参数	必填	描述
$tc	Function	请见表 3-24	是	根据系统语言完成单复数替换：this.$tc ('strings.people') 说明： 定义资源的内容通过 JSON 格式的 key 对"zero""one""two""few""many""other"进行区分

$tc 参数说明见表 3-24。

表 3-24　$tc 参数说明

参数	类型	必填	描述
path	string	是	资源路径
count	number	是	要表达的值

单复数格式化示例代码如下。

```
<!--xxx.hml-->
<div>
  <!-- 传递数值为 0 时: "0 people" 阿拉伯语中此处匹配 key 为 zero 的词条-->
  <text>{{ $tc('strings.people', 0) }}</text>
  <!-- 传递数值为 1 时: "one person" 阿拉伯语中此处匹配 key 为 one 的词条-->
  <text>{{ $tc('strings.people', 1) }}</text>
  <!-- 传递数值为 2 时: "2 people" 阿拉伯语中此处匹配 key 为 two 的词条-->
  <text>{{ $tc('strings.people', 2) }}</text>
  <!-- 传递数值为 6 时: "6 people" 阿拉伯语中此处匹配 key 为 few 的词条-->
  <text>{{ $tc('strings.people', 6) }}</text>
  <!-- 传递数值为 50 时: "50 people" 阿拉伯语中此处匹配 key 为 many 的词条-->
  <text>{{ $tc('strings.people', 50) }}</text>
  <!-- 传递数值为 100 时: "100 people" 阿拉伯语中此处匹配 key 为 other 的词条-->
  <text>{{ $tc('strings.people', 100) }}</text>
</div>
```

3. 获取语言

在应用中可以获取当前系统语言。

① 导入模块，代码如下。

```
import configuration from '@system.configuration';
```

② 获取应用当前的语言和地区，默认与系统的语言和地区同步。

关键 API 为 configuration.getLocale()，其返回值说明见表 3-25。

表 3-25　configuration.getLocale()返回值说明

返回值	类型	说明
language	string	语言，例如：zh
countryOrRegion	string	国家或地区，例如：CN
dir	string	文字布局方向，取值范围如下。 ltr：从左到右。 rtl：从右到左
unicodeSetting	string	语言环境定义的 Unicode 语言环境键集，如果此语言环境没有特定键集，则返回空集
		例如：{"nu":"arab"}，表示当前环境下的数字采用阿拉伯数字

使用示例如下。

```
const localeInfo = configuration.getLocale();
console.info(localeInfo.language);
```

3.4　安全与隐私

3.4.1　应用安全管理

1. 应用开发准备阶段

① 依据国家《移动互联网应用程序信息服务管理规定》，同时为了促进生态健康有序发展，保护应用开发者和用户的合法权益，每一位 HarmonyOS 开发者都需要注册账

号，进行同步并实名认证。实名认证包括个人开发者实名认证和企业开发者实名认证，没有完成实名认证的开发者，无法进行应用上架发布。

② 建议使用官方渠道下载开发工具。

③ 在发布 HarmonyOS 应用前，可以在本地进行应用调试。HarmonyOS 通过数字证书和 Profile 文件对应用进行管控，HAP 只有经过签名才被允许安装到设备上运行。具体请参考 2.2.6 节。

2．应用开发调试阶段

（1）编码安全

① 避免不对外交互的 Ability 被其他应用直接访问。

② 避免带有敏感功能的公共事件被其他应用直接访问。

③ 避免通过隐式方式调用组件，防止组件劫持。

④ 避免通过隐式方式发送公共事件，防止公共事件携带的数据被劫持。

⑤ 应用作为数据使用方，需校验数据提供方的身份，防止数据提供方被仿冒并攻击应用。

⑥ 对跨信任边界传入的 Intent 须进行合法性判断，防止应用异常崩溃。

⑦ 避免在配置文件中开启应用备份和恢复开关。

⑧ 避免将敏感数据存放到剪贴板。

⑨ 避免将敏感数据写入公共数据库、存储区。

⑩ 避免直接使用不可信数据来拼接结构化查询语言（Structured Query Language，SQL）语句。

⑪ 避免向可执行函数传递不可信数据。

⑫ 避免使用 Socket 方式进行本地通信，如需使用，由 localhost 端口号随机生成，并对端口连接对象进行身份认证和鉴权。

⑬ 建议使用超文本传输安全协议（Hyper Text Transfer Protocol over SecureSocket Layer，HTTPS）代替 HTTP 进行通信，并对 HTTPS 证书进行严格校验。

⑭ 建议使用校验机制保证 WebView 在加载网站服务时统一资源定位器（Uniform Resource Locator，URL）地址的合法性。

⑮ 对于涉及支付及高保密数据的应用，建议进行手机 root 环境监测。

⑯ 建议开启安全编译选项，增加应用分析逆向难度。

⑰ 禁止应用执行热更新操作，应用更新可以通过应用市场上架来完成。

⑱ 建议应用在开发阶段进行自测试，具体请参考应用安全测试。

（2）权限使用

① 应用申请的权限，都必须有明确、合理的使用场景和功能说明，确保用户能够清晰明了地知道申请权限的目的、场景、用途；禁止诱导、误导用户授权；应用使用权限必须与申请所述一致。

② 应用权限申请遵循最小化原则，只申请业务功能所必要的权限，禁止申请不必要的权限。

③ 应用在首次启动时，避免频繁弹窗申请多个敏感权限；敏感权限须在用户使用对应业务功能时动态申请。

④ 用户拒绝授予某个权限时，与此权限无关的其他业务功能应能正常使用，不能影响应用的正常注册或登录。

⑤ 业务功能所需要的权限被用户拒绝且禁止后不再提示,当用户主动使用此业务功能或为实现业务功能所必须时，应用程序可通过页面内的文字引导，让用户主动到"系统设置"中授权。

⑥ 非系统应用自定义权限名，禁止使用系统权限名的前缀（如以 ohos 开头的为系统权限名），建议以应用包名或公司反域名为前缀，防止与系统或其他应用定义的权限重名。

有关于应用动态申请敏感权限的详细信息，请参阅 7.2 节。

3. 应用发布分发阶段

应用调试完毕后，开发者可以打包 HarmonyOS 应用，在 AGC（AppGallery Connect 网站）上提交上架申请。为了确保 HarmonyOS 应用的完整性，提交应用的开发者应确保身份合法，HarmonyOS 通过数字证书和 Profile 文件对应用进行管控。上架到华为应用市场的 App 必须通过签名才可以上架。因此，为了保证应用能够顺利发布，需要提前申请相应的发布证书与发布 Profile。

提交发布申请后，应用市场将对应用进行安全审核，如权限、隐私、安全等，如果审核不通过，应用则不能上架；应用发布成功后，华为应用市场会对上架应用进行重签名，原有的应用签名将被替换为新签名。

3.4.2　应用隐私保护

随着移动终端及其相关业务（如移动支付、终端云等）的普及，用户隐私保护的重要性愈发突出。应用开发者在产品设计阶段就需要考虑保护用户隐私，提高应用的安全性。HarmonyOS 应用开发需要遵从隐私保护规则，在应用上架应用市场时，应用市场会根据规则进行校验，如果应用不满足条件，则无法上架。

1. 数据收集及使用公开透明

① 应用采集个人数据时，应清晰、明确地告知用户，并确保告知用户其个人信息将被如何使用。应用申请操作系统的敏感权限时，需要明确告知用户权限申请的目的和用途，并获取用户的同意，敏感权限获取弹窗示例如图 3-5 所示。

图 3-5　敏感权限获取弹窗示例

② 开发者应遵从适当的隐私政策，在收集、使用、留存及与第三方分享用户数据时需要符合所有适用法律、政策和规定。如在收集个人数据前，需充分告知用户其个人数据的种类、收集目的、处理方式、保留期限等，满足数据主体权利等要求。

③ 应用向第三方披露任何个人信息需在隐私政策中说明披露内容、披露目的和披露对象。根据以上要求，我们设计了示例以供参考，应用隐私通知与隐私声明示例如图 3-6 所示。

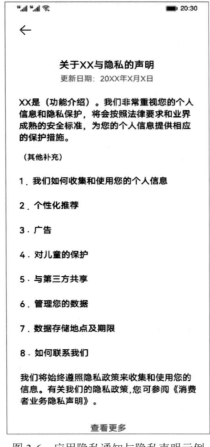

图 3-6　应用隐私通知与隐私声明示例

④ 应当基于具体、明确、合法的目的收集个人数据，不应以与此目的不相符的方式对个人数据做进一步处理。收集目的变更和用户撤销同意后再次使用的场景，都需要用户重新同意。隐私声明变更示例如图 3-7 所示，隐私声明撤销同意示例如图 3-8 所示。

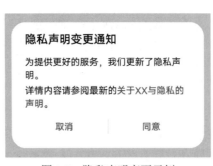

图 3-7　隐私声明变更示例

图 3-8　隐私声明撤销同意示例

　　⑤ 应用需要提供用户查看隐私声明的入口，例如，在应用的"关于"页面提供查看隐私声明的入口，如图 3-9 所示。

图 3-9　隐私声明的查看页面示例

⑥ 应用的隐私声明应覆盖本应用所有收集的个人数据。

⑦ 在后台持续读取位置信息时，请申请 ohos.permission. LOCATION_IN_BACKGROUND 权限，详见 7.2.2 节。

⑧ 当应用存在调用第三方的原子化服务场景时，开发者需要在应用的隐私声明中明确第三方责任，如涉及个人数据收集，则需要告知用户第三方的名称及收集的个人数据类型、目的和方式，以及申请的敏感权限、申请目的等。

2. 数据收集及使用最小化

应用对个人数据的收集应与数据处理目的相关，且是适当、必要的。开发者应尽可能对个人数据进行匿名化或假名化处理，降低数据主体的风险。应用仅可收集和处理与特定目的相关且必需的个人数据，不能对数据做出与特定目的不相关的处理。

① 申请敏感权限时要满足权限最小化的要求，在进行权限申请时，只申请获取必需的信息或资源所需要的权限。如应用不需要相机权限就能够实现其功能，则不应该向用户申请相机权限。

② 应用收集数据时要满足最小化要求，不收集与应用提供服务无关联的数据。如通信社交类应用，不应收集用户的网页浏览记录。

③ 应用中因收集个人数据而实现的功能要使用户受益，收集的数据不能用于与用户正常使用无关的功能。如应用不得将"生物特征""健康数据"等敏感个人数据用于服务改进、投放广告或营销等非业务核心功能。

④ 系统禁止应用在后台访问相机和麦克风的数据。

⑤ 应用在使用第三方支付的过程中，如非适用法律要求或不是为提供第三方支付服务所必需，不得记录用户交易类鉴权信息，也不得向第三方披露与用户特定交易无关的用户个人信息。

⑥ 应用不得仅出于广告投放或数据分析的目的而请求位置权限。

⑦ 禁止在日志中打印敏感个人数据，如需要打印个人数据，应对个人数据进行匿名化或假名化处理。

⑧ 避免使用国际移动设备识别码（International Mobile Equipment Identity，IMEI）和序列号等永久性标识符，尽量使用可以重置的标识符，如果系统提供了 NetworkID 和分布式虚拟设备标识符（Distributed Virtual Device Identifier，DVID）作为分布式场景下的设备标识符，广告业务场景下则建议使用开放匿名设备标识符（Open Anonymous Device Identifier，OAID），基于应用的分析则建议使用开放式广告标识符（Open Advertising Identifier，ODID）和应用匿名设备标识符（Anonymous Application Device Identifier，AAID），其他需要唯一标识符的场景可以使用通用唯一识别码（Universally Unique Identifier，UUID）接口生成。

⑨ 不再使用的数据需要及时清除，以降低数据泄露的风险。如分布式业务场景下设备断开分布式网络，临时缓存的数据需要及时删除。

3. 数据处理选择和控制

对个人数据的处理必须征得用户的同意或遵守适用的法律法规，用户对其个人数据要有充分的控制权。

① 系统对于用户的敏感数据和系统关键资源的获取设置了对应的权限，应用访问这

些数据时需要申请对应的权限，相关权限列表请参考 7.2.2 节。

② 应用申请使用敏感权限：应用弹窗提醒，向用户呈现应用需要获取的权限和权限使用目的、应用需要收集的数据和使用目的等，通过用户单击"允许"或"仅使用期间允许"或"允许本次使用"的方式完成用户授权，让用户对应用权限的授予和个人数据的使用可知、可控。

③ 用户可以修改、取消授予应用的权限：当用户不同意某一权限或者数据收集时，应当允许用户使用与这部分权限和数据收集不相关的功能。如对于通信社交类应用，用户可以拒绝授予相机权限，应用不应该关闭与相机无关的功能操作，如语音通话。

④ 在用户进入应用的主页面之前，不建议应用直接弹窗申请敏感权限，仅在用户使用相关功能时应用才可请求对应的权限。例如，通信社交类应用在没有启用与位置相关的功能时，不建议在启动时就申请位置权限。

⑤ 应用若将个人数据用于个性化广告和精准营销，需提供独立的关闭选项。

⑥ 需要向用户提供对个人数据的控制能力，如在云服务上存储了个人数据，需要提供删除数据的方法。

⑦ 当应用同时支持单设备和跨设备场景时，用户能够单独关闭跨设备应用场景。

4．数据安全

应从技术上保证数据处理活动的安全性，如个人数据的加密存储、安全传输等安全机制，应默认开启安全机制或采取安全保护措施。

（1）数据存储

① 应用产生的密钥及用户的敏感个人数据需要存储在应用的私有目录下。

② 应用可以调用系统提供的本地数据库 RdbStore 的加密接口，对敏感个人数据进行加密存储。

③ 对于应用产生的分布式数据，可以调用系统的分布式数据库进行存储，对于敏感个人数据，需要采用分布式数据库提供的加密接口进行加密。

（2）安全传输

需要分别针对本地传输和远程传输采取不同的安全保护措施。

1）本地传输

① 应用通过 Intent 跨应用传输数据时，应避免包含敏感个人数据，防止隐式调用导致 Intent 劫持，导致个人数据泄露。

② 应用内组件调用应采用安全方式，避免通过隐式方式进行调用组件，防止组件被劫持。

③ 避免使用 Socket 方式进行本地通信，如需使用，localhost 端口号应随机生成，并对端口连接对象进行身份认证和鉴权。

④ 确保本地进程间通信（Inter-Process Communication，IPC）安全：作为服务提供方需要校验服务使用方的身份和访问权限，防止服务使用方仿冒身份或者绕过权限。

2）远程传输

① 使用 HTTPS 代替 HTTP 进行通信，并对 HTTPS 证书进行严格校验。

② 避免使用远程端口进行通信，如需使用，需要对端口连接对象进行身份认证和鉴权。

③ 应用进行跨设备通信时，需要校验被访问设备和应用的身份信息，防止被访问方的设备和应用仿冒身份。

④ 应用进行跨设备通信时，作为服务提供方需要校验服务使用方的身份和权限，防止服务使用方仿冒身份或者绕过权限。

5．本地化处理

应用开发的数据应优先在本地进行处理，本地无法处理的数据上传云服务时要满足最小化的原则，不能默认选择上传云服务。

6．未成年人数据保护要求

如果应用是给未成年人设计的，或者应用通过收集用户年龄数据识别出用户是未成年人，开发者应该结合目标市场国家（地区）的相关法律，专门分析未成年人个人数据保护的问题。收集未成年人数据前需要征得监护人的同意。

专为未成年人设计的应用不建议请求获取位置权限。

3.4.3　三方应用调用管控机制

1．调用管控的原因

后台进程启动过多会消耗系统的内存、中央处理器（Central Processing Unit，CPU）等资源，造成用户设备耗电快、卡顿等现象。因此，为了保证用户体验，系统会对三方用户应用程序之间的 PA 调用进行管控，减少不必要的关联拉起。

注意　三方应用是相对于系统应用（不可卸载或者 AppID 小于 10000 的应用）而言的，是由第三方开发的用户应用程序。

2．相关概念

① 前台：用户应用程序有可见的 FA 正在显示，则认为用户应用程序在前台。

② 用户应用程序内调用：同一用户应用程序内的 FA、PA 之间的访问。

3．调用管控总体思路

① 对用户应用程序内的调用不管控。

② 对三方用户应用程序间的调用严格管控：禁止三方用户应用程序在后台调用其他三方应用的 PA；严格管控三方用户应用程序在前台调用其他用户应用程序的 PA。

4．管控规则

（1）用户应用程序内调用

对用户应用程序内的调用不管控。

（2）三方用户应用程序间调用

三方应用程序 A 调用三方应用程序 B 的 PA，具体限制如下：

① 禁止 A 在后台调用 B 的 PA；

② 当 B 有进程存活时，允许 A 在前台调用 B 的 PA；

③ 当 B 无进程存活时，禁止 A 的调用。

3.5　AI 能力概述

为应用提供丰富的 AI 能力，支持开箱即用。开发者可以灵活、便捷地选择 AI 能力，让应用变得更加智能。

已开放的 AI 能力见表 3-26。

表 3-26　已开放的 AI 能力

能力	简介
二维码生成	根据开发者给定的字符串信息和二维码图片尺寸，返回相应的二维码图片字节流。调用方可以通过二维码字节流生成二维码图片
通用文字识别	通过拍照、扫描等光学输入方式，把各种票据、卡证、表格、报刊、书籍等印刷品文字转化为图像信息，再利用文字识别技术将图像信息转化为计算机等设备可以使用的字符信息的技术
图像超分辨率	提供适用于移动终端的 1x 和 3x 超分能力：1x 超分能力可以去除图片的压缩噪声，3x 超分能力可在有效抑制压缩噪声的同时，提供 3 倍的边长放大能力
文档检测校正	提供了文档翻拍过程的辅助增强功能，包含两个子功能：文档检测和文档校正
文字图像超分	文字图像超分辨率可以对包含文字内容的图像进行 9 倍放大（高、宽各放大 3 倍），同时增强图像内文字的清晰度，简称"文字图像超分"
分词	对于一段输入文本，可以自动进行分词，同时提供不同的分词粒度，开发者可以根据需要自定义分词粒度
词性标注	对于输入的一段文本，自动通过词性标注接口对其进行分词，并为分词结果中的每个单词标注一个正确的词性。词性标注提供不同的分词粒度，开发者可以根据需要自定义分词粒度
助手类意图识别	对用户发送给设备的文本消息进行语义分析和意图识别，进而衍生出各种智能的应用场景，使设备更智慧、更智能
即时通信（Instant Messaging，IM）类意图识别	利用机器学习技术，对用户短信或聊天类 App 等 IM 应用的文本消息进行内容分析，并识别出消息内容代表的用户意图
关键字提取	用于在大量信息中提取出文本想要表达的核心内容：可以是具有特定意义的实体，如人名、地点、电影等；也可以是一些基础的但是在文本中很关键的词汇
实体识别	从自然语言中提取出具有特定意义的实体，并在此基础上完成搜索等一系列相关操作及功能
语音识别	将语音文件、实时语音数据流转换为汉字序列，准确率达到 90% 以上（本地识别准确率为 95%）
语音播报	将文本转换为语音并进行播报

　目前，二维码生成能力支持智能穿戴设备和手机，其他 AI 能力仅支持手机设备。

第 4 章
基于 JS 扩展的类 Web
开发范式

本章主要内容

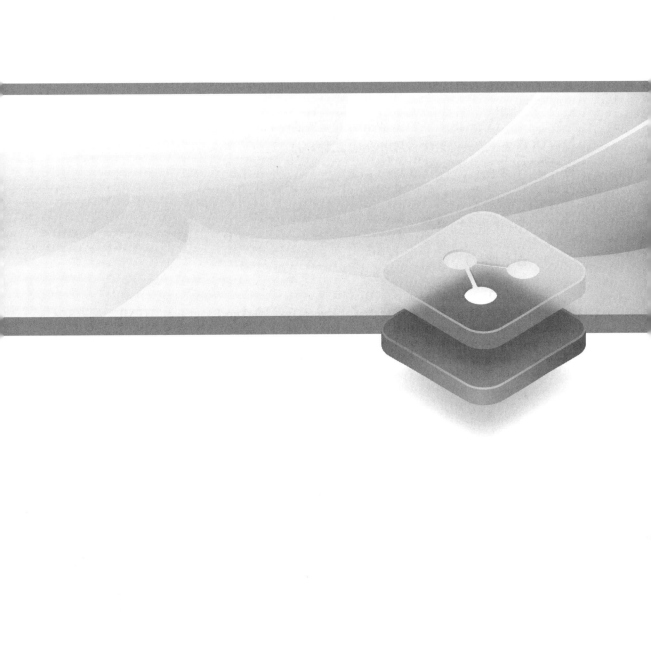

方舟开发框架是一种跨设备的高性能 UI 开发框架，支持声明式编程和跨设备多态 UI。

方舟开发框架提供两种开发范式：基于 JS 扩展的类 Web 开发范式、基于 TS 扩展的声明式开发范式。

本章将对基于 JS 扩展的类 Web 开发范式的基础能力和整体架构进行概述，然后讲解该 UI 框架中的关键语法和常用的 UI 组件，并且通过一个综合性项目开发案例来详细讲解它的开发流程和细节。

4.1　JS UI 框架概述

4.1.1　基础能力

1．类 Web 范式编程

JS UI 框架采用类超文本标记语言（Hyper Text Markup Language，HTML）和 CSS 声明式编程语言作为页面布局和页面样式的开发语言，页面业务逻辑则支持 ECMAScript 规范的 JavaScript 语言。JS UI 框架提供的声明式编程，可以让开发者避免编写 UI 状态切换的代码，使视图配置信息更加直观。

2．跨设备

开发框架架构支持 UI 跨设备显示能力，运行时自动映射到不同设备类型，降低多设备的适配成本。

3．高性能

开发框架包含了许多核心的控件，如列表、图片和各类容器组件等，并针对声明式语法进行了渲染流程的优化。

4.1.2　整体架构

JS UI 框架包括应用层、前端框架层、引擎层和平台适配层，如图 4-1 所示。

1．应用层

应用层表示开发者使用 JS UI 框架开发的 FA 应用，这里的 FA 应用特指 JS FA 应用。使用 Java 开发 FA 应用请参考 Java UI 框架。

2．前端框架层

前端框架层主要完成前端页面解析，提供 MVVM（Model-View-ViewModel）开发模式、页面路由机制和自定义组件等能力。

3．引擎层

引擎层主要提供动画解析、文档对象模型（Document Object Model，DOM）树构建、布局计算、渲染命令构建与绘制、事件管理等能力。

4．平台适配层

平台适配层主要完成对平台层的抽象，提供抽象接口，可以对接系统平台。比如事件对接、渲染管线对接和系统生命周期对接等。

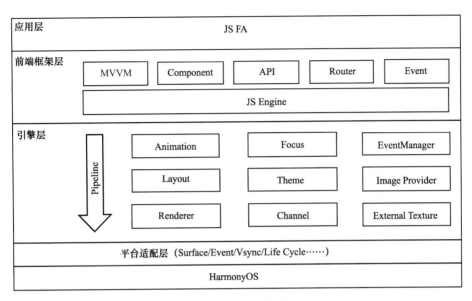

图 4-1　JS UI 架构

4.1.3　ViewModel 与单向数据流

HarmonyOS 的 JS UI 框架延用的是一种类小程序和 vue 的 Web 开发方式，与 vue 中 MVVM 不同的是，HarmonyOS 的 JS UI 框架是以单向数据流的形式连通 JS 脚本变量与标记语言实现的页面。

View：展现出来的用户页面。

Model：业务逻辑相关的数据对象。

ViewModel：与页面对应的 Model，ViewModel 的职责就是把 Model 对象封装成可以显示和接受输入的页面数据对象。

单向数据流：JS UI 框架中采用单向数据流的方式来管理视图和数据对象的绑定，如图 4-2 所示。

图 4-2　单向数据流

单向数据流将对象状态化，只要对象状态发生变化，就通知页面更新视图元素，步骤如下。

① 识别哪个 UI 组件绑定了相应的对象。

② 监视对象状态的变化。

③ 将所有变化传播到绑定的视图上。

注意

数据流向是单向的，即视图变化不会影响对象状态。

示例如下。

```
<!-- 页面布局 xxx.hml -->
<div class="container">
    <text>计数: {{ count }}</text>
    <button value="增加" onclick="add"></button>
</div>
```

```
export default {
    data: {
        count:1
    },
    add() {
        this.count++;
    }
}
```

上述示例中，单击"增加"按钮之后，text 文本组件上的内容会自动更新，这里并没有直接操作 DOM 元素，而是只在 JS 中改变了数据对象 count 的值，而 text 文本又和 count 进行了绑定。

因此，我们在设计的时候只需要考虑 UI 视图中的哪些组件需要绑定哪些数据对象，后续与数据相关的逻辑只需在 JS 中进行操作，而不用频繁地操作 DOM。

4.2　JS FA 概述

JS UI 框架支持纯 JavaScript 以及 JavaScript 和 Java 混合语言开发。JS FA 是指基于 JavaScript 或 JavaScript 和 Java 混合开发的 FA，本节主要介绍 JS FA 在 HarmonyOS 上运行时需要的基类 AceAbility、加载 JS FA 主体的方法、JS FA 开发目录。

4.2.1　AceAbility

AceAbility 是 JS FA 在 HarmonyOS 上运行环境的基类，继承自 Ability。开发者的应用运行入口类应该从该类派生，代码示例如下。

```
public class MainAbility extends AceAbility {
    @Override
    public void onStart(Intent intent) {
        super.onStart(intent);
    }

    @Override
    public void onStop() {
        super.onStop();
    }
}
```

4.2.2　加载 JS FA 主体的方法

JS FA 生命周期事件分为应用生命周期和页面生命周期，应用通过 AceAbility 类中的 setInstanceName()接口设置该 Ability 的实例资源，并通过 AceAbility 窗口进行显示并全局应用生命周期管理。

setInstanceName(String name)的参数 name 指实例名称，实例名称与 config.json 文件

中 module.js.name 的值对应。若开发者未修改实例名，而使用了缺省值 default，则无须调用此接口。若开发者修改了实例名，则要在应用 Ability 实例的 onStart()中调用此接口，并将参数 name 设置为修改后的实例名称。

 多实例应用的 module.js 字段中有多个实例项，使用时请选择相应的实例名称。

setInstanceName()接口使用方法：在 MainAbility 的 onStart()中的 super.onStart()前调用此接口。以 JSComponentName 作为实例名称，代码示例如下。

```
public class MainAbility extends AceAbility {
    @Override
    public void onStart(Intent intent) {
        setInstanceName("JSComponentName");  // config.json 配置文件中 module.js.name
的标签值。
        super.onStart(intent);
    }
}
```

 需在 super.onStart(Intent)前调用此接口。

4.2.3　JS FA 开发目录

新建工程的 JS FA 目录如图 4-3 所示。

图 4-3　JS FA 目录

在工程目录中：i18n 下存放多语言的 JSON 文件；pages 文件夹下存放多个页面，每个页面由 HTML、CSS 和 JS 文件组成。

① main→js→default→i18n→en-US.json：定义了在英文模式下页面显示的变量内容。

```
{
  "strings": {
    "hello": "Hello",
    "world": "World"
  }
}
```

同理，zh-CN.json 则定义了中文模式下的页面内容。

② main→js→default→pages→index→index.html：定义了 index 页面的布局、index 页面中用到的组件，以及这些组件的层级关系，例如，index.html 文件中包含了一个 text 组件，内容为"Hello World"文本。

```
<div class = "container">
  <text class = "title">
    {{ $t('strings.hello') }} {{title}}
  </text>
</div>
```

③ main→js→default→pages→index→index.css：定义了 index 页面的样式，例如，index.css 文件定义了"container"和"title"的样式。

```
.container {
  flex-direction: column;
  justify-content: center;
  align-items: center;
}
.title {
  font-size: 100px;
}
```

④ main→js→default→pages→index→index.js：定义了 index 页面的业务逻辑，如数据绑定、事件处理等，例如，变量"title"赋值为字符串"World"。

```
export default {
  data: {
    title: '',
  },
  onInit() {
    this.title = this.$t('strings.world');
  },
}
```

4.3　JS FA 开发语法参考

4.3.1　HML 语法参考

HML（HarmonyOS Markup Language）是一套类 HTML 的标记语言，通过组件、事件构建出页面的内容。页面具备数据绑定、事件绑定、列表渲染、条件渲染和逻辑控制等高级能力。

1．页面结构

```
<!-- xxx.html -->
<div class="item-container">
  <text class="item-title">Image Show</text>
  <div class="item-content">
    <image src="/common/xxx.png" class="image"></image>
  </div>
</div>
```

HML 中注释的格式为<!--　XXXX　-->，添加单行注释的快捷键为"Ctrl+/"，添加多行注释的快捷键为"Ctrl+Shift+/"。

2．数据绑定

在 JS 文件的 data 属性中定义需要绑定的数据变量，在 HML 视图中需要进行数据映射的地方绑定该变量。当 JS 中的数据发生变化时，HML 视图会发生变化。数据绑定的 HML 文件和 JS 文件的文件名前缀必须相同。

（1）普通类型数据绑定（字符串、数值、布尔型）

```
<!-- xxx.html -->
<div class="container">
```

```
    <text class="title">
        {{ $t('strings.hello') }} {{ title }}
    </text>
</div>
```

```
// xxx.js
export default {
    data: {
        title: ""
    },
    onInit() {
        this.title = this.$t('strings.world');
    }
}
```

上面代码在 JS 文件的 data 属性中定义了需要绑定的数据变量为 title，变量类型为字符串，然后在生命周期初始化方法 onInit 中对其进行了赋值，this.$t('strings.world') 取的是国际化字符串资源里的数据，国际化资源的引用请查看 3.3.3 节。

在 HML 文件中，在文本组件 text 上绑定映射的 title 变量数据，普通数据类型直接用{{ xxx }}语法进行绑定即可。xxx 为对应 JS 中定义的数据变量。

（2）数组类型数据绑定

```
<!-- xxx.html -->
<div class="container">
    <text> {{content[1]}} </text>
</div>
```

```
// xxx.js
export default {
    data: {
        content: ['Hello World!', 'Welcome to my world!']
    }
}
```

在 JS 文件的 data 属性中定义要绑定的数组类型数据，上面的代码定义了一个数组 content。

HML 中使用{{ xxx[数组下标] }}进行数据绑定，数组下标从 0 开始。

数组类型数据绑定预览效果如图 4-4 所示。

图 4-4　数组类型数据绑定预览效果

（3）对象类型数据绑定

```
<!-- xxx.html -->
<div class="container">
    <text> 姓名：{{student.name}} </text>
    <text> 性别：{{student.gender}} </text>
    <text> 年龄：{{student.age}} </text>
</div>
```

```
// xxx.js
export default {
    data: {
        student: {
            name: "Jordan",
            age: 30,
            gender: "男"
        }
    }
}
```

上述代码在 JS 文件的 data 属性中定义了一个对象类型数据变量 student。

在 HML 文件中用{{xxx.属性名}}的方式进行获取。如果对象存在多层级嵌套，则可以采用{{xxx.属性名.属性名}}的方式进行逐层级获取。

在 DevEco Studio 中编辑时，绑定数据变量会有智能提醒，如图 4-5 所示。

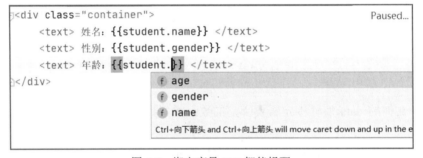

图 4-5　绑定变量 IDE 智能提醒

对象类型数据绑定的预览效果如图 4-6 所示。

图 4-6　对象类型数据绑定预览效果

3．普通事件绑定

事件通过 on 或者@绑定在组件上，组件触发事件时会执行 JS 文件中对应的事件处理函数。

事件支持的写法如下。

① "funcName"：事件回调函数名（在 JS 文件中定义相应的函数实现）。

② "funcName(a,b)"：函数参数（例如 a、b）可以是常量，或者是在 JS 文件中的 data 中定义的变量（前面不用写 this.）。

示例代码如下。

```html
<!-- xxx.hml -->
<div class="container">
    <text class="title">{{count}}</text>
    <div class="box">
        <input type="button" class="btn" value="increase" onclick="increase" />
        <input type="button" class="btn" value="decrease" @click="decrease" />
        <!-- 传递额外参数 -->
        <input type="button" class="btn" value="double" @click="multiply(2)" />
        <input type="button" class="btn" value="decuple" @click="multiply(10)" />
        <input type="button" class="btn" value="square" @click="multiply(count)" />
    </div>
</div>
```

```javascript
/* xxx.js */
export default {
  data: {
    count: 0
  },
  increase() {
    this.count++;
  },
  decrease() {
    this.count--;
  },
  multiply(multiplier) {
    this.count = multiplier * this.count;
  }
};
```

```css
/* xxx.css */
.container {
    display: flex;
    flex-direction: column;
    justify-content: center;
    align-items: center;
    left: 0px;
    top: 0px;
    width: 454px;
    height: 454px;
}
.title {
    font-size: 30px;
    text-align: center;
    width: 200px;
    height: 100px;
}
.box {
    width: 454px;
    height: 200px;
    justify-content: center;
    align-items: center;
```

```
   flex-wrap: wrap;
}
.btn {
   width: 200px;
   border-radius: 0;
   margin-top: 10px;
   margin-left: 10px;
}
```

普通事件绑定预览效果如图 4-7 所示，可以单击页面上的不同按钮观察页面数据变化。

图 4-7　普通事件绑定预览效果

4．列表渲染

示例代码如下。

```html
<!-- xxx.html -->
<div class="container">
<!-- div 列表渲染 -->
<!-- 默认$item 代表数组中的元素, $idx 代表数组中的元素索引 -->
   <text>默认名称和索引</text>
   <div for="{{array}}" tid="id" onclick="changeText">
      <text>{{$idx}}.{{$item.name}}</text>
   </div>
<!-- 自定义元素变量名称 -->
   <text>自定义元素变量名称</text>
   <div for="{{value in array}}" tid="id">
      <text>{{$idx}}.{{value.name}}</text>
   </div>
<!-- 自定义元素变量、索引名称 -->
   <text>自定义元素变量、索引名称</text>
   <div for="{{(index, value) in array}}" tid="id">
      <text>{{index}}.{{value.name}}</text>
   </div>
</div>
```

```javascript
// xxx.js
export default {
   data: {
      array: [
         {id: 1, name: 'jack', age: 18},
         {id: 2, name: 'tony', age: 20},
         {id: 3, name: 'Kobe', age: 22},
      ],
   }
}
```

列表渲染预览效果如图 4-8 所示。

图 4-8 列表渲染预览效果

tid 属性主要用来加速 for 循环的重渲染，旨在当列表中的数据有变更时，提高重新渲染的效率。tid 属性被用来指定数组中每个元素的唯一标识，如果未指定，数组中每个元素的索引为该元素的唯一 id。例如，上述 tid="id"表示数组中的每个元素的 id 属性为该元素的唯一标识。for 循环支持的写法如下。

① for="array"：其中 array 为数组对象，array 的元素变量默认为$item。

② for="v in array"：其中 v 为自定义的元素变量，元素索引默认为$idx。

③ for="(i, v) in array"：其中元素索引为 i，元素变量为 v，遍历数组对象 array。

- 数组中的每个元素必须存在 tid 指定的数据属性，否则可能会导致运行异常。
- 数组中被 tid 指定的属性要保证唯一性，如果属性不唯一，则会造成性能损耗。比如，示例中只有 id 和 name 可以作为 tid 字段，因为它们属于唯一字段。
- tid 不支持表达式。

5. 条件渲染

条件渲染分为 2 种：if/elif/else 和 show。

这两种写法的区别在于：当第一种写法里的 if 表达式的值为 false 时，组件不会在 vdom 中构建，也不会渲染；当第二种写法里的 show 表达式的值为 false 时，组件虽然也不会渲染，但会在 vdom 中构建。另外，当使用 if/elif/else 写法时，节点必须是兄弟节点，否则编译无法通过。示例代码如下。

```
<!-- xxx.html -->
<div class="container">
  <button class="btn" type="capsule" value="toggleShow" onclick="toggleShow"> </button>
  <button class="btn" type="capsule" value="toggleDisplay" onclick="toggleDisplay"></button>
  <text if="{{visible}}"> Hello-TV </text>
  <text elif="{{display}}"> Hello-Wearable </text>
  <text else> Hello World </text>
</div>
```

```
/*xxx.css*/
.container{
  flex-direction: column;
  align-items: center;
}
.btn{
  width: 280px;
  font-size: 26px;
  margin: 10px 0;
}
```

```
// xxx.js
export default {
  data: {
    visible: false,
    display: true,
  },
  toggleShow: function() {
    this.visible = !this.visible;
  },
  toggleDisplay: function() {
    this.display = !this.display;
  }
}
```

if/elif/else 条件渲染预览效果如图 4-9 所示，单击按钮可以查看渲染效果变化。

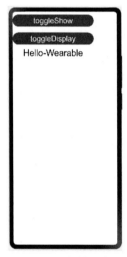

图 4-9   if/elif/else 条件渲染预览效果

渲染优化使用的是 show 方法。当 show 表达式的值为 true 时，节点正常渲染；当 show 表达式的值为 false 时，节点也会正常渲染，只是将显示其样式设置为隐藏。示例代码如下。

```
<!-- xxx.html -->
<div class="container">
  <button class="btn" type="capsule" value="toggle" onclick="toggle"></button>
  <text show="{{visible}}" > Hello World </text>
</div>
```

```
/*xxx.css*/
.container {
    flex-direction: column;
    align-items: center;
}
```

```
.btn {
    width: 280px;
    font-size: 26px;
    margin: 10px 0;
}
```

```
// xxx.js
export default {
  data: {
    visible: false,
  },
  toggle: function() {
    this.visible = !this.visible;
  },
}
```

show 条件渲染预览效果如图 4-10 所示，单击按钮可以查看渲染效果变化。

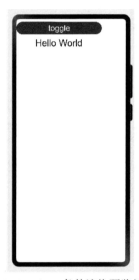

图 4-10　show 条件渲染预览效果

 禁止在同一个元素上同时设置 for 和 if 属性。

6. 逻辑控制块

<block>控制块使得循环渲染和条件渲染变得更加灵活；block 在构建时不会被当作真实的节点编译。注意，block 标签只支持 for 和 if 属性。

```
<!-- xxx.html -->
<list>
  <block for="glasses">
    <list-item type="glasses">
      <text>{{$item.name}}</text>
    </list-item>
    <block for="$item.kinds">
      <list-item type="kind">
        <text>{{$item.color}}</text>
      </list-item>
    </block>
  </block>
</list>
```

```
// xxx.js
export default {
  data: {
    glasses: [
      {name:'sunglasses', kinds:[{name:'XXX',color:'XXX'},{name:'XXX',color:'XXX'}]},
      {name:'nearsightedness mirror', kinds:[{name:'XXX',color:'XXX'}]},
    ],
  },
}
```

7．模板引用

HML 可以通过 element 引用模板文件，详细介绍可参考 4.6 节。

```
<!-- template.hml -->
<div class="item">
  <text>Name: {{name}}</text>
  <text>Age: {{age}}</text>
</div>
```

```
<!-- index.hml -->
<element name='comp' src='../../common/template.hml'></element>
<div>
  <comp name="Tony" age="18"></comp>
</div>
```

8．冒泡事件绑定

冒泡事件指一个组件接收事件后，会把接收的事件传给自己的父级。

例如，在一个 div（divsion，层叠样式表单元的位置和层次）组件下放一个 text 组件，并且给 text 绑定一个 onclick 事件，在该事件中打印一条日志"单击了 text"，在 div 组件上也绑定一个 onclick 事件，在该事件中打印一条日志"单击了 div"。如果 HML 支持冒泡事件，当单击 text 的时候，两条日志都会被打印出来，否则只打印一条日志。

（1）目前支持冒泡的事件

支持冒泡的事件见表 4-1。

表 4-1　支持冒泡的事件

事件	描述	支持冒泡的 API 版本
touchstart	手指刚触摸屏幕时触发该事件	SDK5 及以上
touchmove	手指触摸屏幕后移动时触发该事件	SDK5 及以上
touchcancel	手指触摸屏幕中动作被打断时触发该事件	SDK5 及以上
touchend	手指触摸结束离开屏幕时触发该事件	SDK5 及以上
click	单击动作触发该事件	SDK7 及以上

（2）在 SDK6 上绑定 touchstart 的冒泡事件案例

```
<!-- xxx.hml -->
<div class="container">
<!-- 使用事件冒泡模式绑定事件回调函数。-->
  <div class="bubble" on:touchstart.bubble="onDivClick">
      <button on:touchstart="onBtnClick">冒泡按钮</button>
  </div>
</div>
```

```
// xxx.js
export default {
    data: {
    },
    onBtnClick() {
      console.info("按钮被单击了");
    },
    onDivClick() {
        console.info("div 被单击了");
    }
}
```

```
/*xxx.css*/
.container {
    flex-direction: column;
    justify-content: center;
    align-items: center;
    width: 100%;
    height: 100%;
}

.bubble{
    width: 200px;
    height: 200px;
    background-color: aqua;
    justify-content: center;
    align-items: center;
}
```

绑定 touchstart 冒泡事件预览效果如图 4-11 所示，单击按钮观察预览器中的日志打印。

图 4-11　绑定 touchstart 冒泡事件预览效果

单击按钮之后的日志打印内容如图 4-12 所示。

图 4-12　touchstart 冒泡事件案例日志打印

（3）在 SDK7 上绑定 click 的冒泡事件案例

目前 button 按钮的 click 的冒泡事件只支持最新的 SDK，即 SDK7，而 SDK7 目前只能支持 OpenHarmony 开发，因此需要创建一个 OpenHarmony 的工程，编写代码如下。

```
<!-- xxx.hml -->
<div class="container">
    <!-- 使用事件冒泡模式绑定事件回调函数。 -->
    <div class="bubble" on:click.bubble="onDivClick">
        <button on:click="onBtnClick">冒泡按钮</button>
    </div>
</div>
```

```
// xxx.js
export default {
    data: {
    },
    onBtnClick() {
        console.info("按钮被单击了");
    },
    onDivClick() {
        console.info("div 被单击了");
    }
}
```

单击按钮之后的日志打印内容如图 4-13 所示。

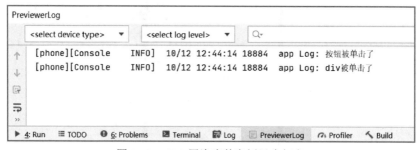

图 4-13　click 冒泡事件案例日志打印

9．捕获事件绑定

Touch 触摸类事件支持捕获，捕获阶段位于冒泡阶段之前，捕获事件先到达父组件，再到达子组件。

捕获事件绑定包括以下两部分。

① 绑定捕获事件：on:{event}.capture。

② 绑定并阻止事件向下传递：grab:{event}.capture。

示例如下。

```
<!-- xxx.html -->
<div class="container">
    <!-- 使用事件捕获模式绑定事件回调函数，并阻止事件向下传递。-->
    <div class="bubble"  grab:touchstart.capture="onDivClick">
        <button on:touchstart="onBtnClick">冒泡按钮</button>
    </div>
</div>
```

```
// xxx.js
export default {
    data: {
    },
    onBtnClick() {
        console.info("按钮被单击了");
    },
    onDivClick() {
        console.info("div被单击了");
    }
}
```

此时单击按钮，touch 触摸事件首先被 div 捕获，然后绑定 onDivClick 函数，进行日志打印，而采用 grab 进行了阻止事件向下传递，因此 button 捕获不到触摸事件，因此不会触发 onBtnClick 函数，所以只会打印日志"div 被单击了"，如图 4-14 所示。

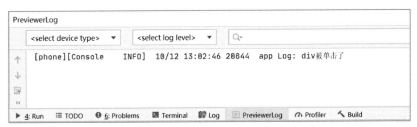

图 4-14　捕获事件绑定案例日志打印

4.3.2　CSS 语法参考

CSS 是描述 HTML 页面结构的样式语言。所有组件均存在系统默认样式，也可在页面 CSS 样式文件中对组件、页面自定义不同的样式。

1. 尺寸单位

（1）逻辑像素（px）

默认屏幕具有的逻辑宽度为 720px，该宽度是在 config.json 中配置的，如图 4-15 所示。

```
"js": [
  {
    "pages": [
      "pages/index/index"
    ],
    "name": "default",
    "window": {
      "designWidth": 720,
      "autoDesignWidth": true
    }
  }
]
```

图 4-15　屏幕默认逻辑宽度配置

实际显示时会将页面布局缩放至屏幕实际宽度，如 100px 在实际宽度为 1440 物理像素的屏幕上，实际渲染为 200 物理像素（从 720px 到 1440 物理像素，所有尺寸放大 2 倍）。

额外配置 autoDesignWidth 为 true 时，逻辑像素 px 将按照屏幕密度进行缩放，如，100px 在屏幕密度为 3 的设备上，实际渲染为 300 物理像素。当应用需要适配多种设备时，建议采用此方法。

（2）百分比

百分比被用来表示某组件占父组件尺寸的比例，如，将组件的 width 设置为 50%，代表其宽度为父组件的 50%。

2．样式导入

为了模块化管理和代码复用，CSS 样式文件支持 @import 语句，导入 CSS 文件。示例如下。

```
@import '../../common/style.css';
```

3．声明样式

每个页面目录下存在一个与布局 HML 文件同名的 CSS 文件，该文件用来描述该HML 页面中组件的样式，决定组件应该如何显示。

（1）内部样式

```
<!-- index.hml -->
<div class="container">
  <text style="color: red">Hello World</text>
</div>
```

```
/* index.css */
.container {
  justify-content: center;
}
```

（2）导入外部样式

例如，在 common 目录中定义样式文件 style.css，并在 index.css 文件首行中导入。

```
/* style.css */
.title {
  font-size: 50px;
}
/* index.css */
@import '../../common/style.css';
.container {
  justify-content: center;
}
```

4．选择器

CSS 选择器用于选择需要添加样式的元素，支持的选择器见表 4-2。

表 4-2　CSS 选择器

选择器	样例	样例描述
.class	.container	用于选择 class="container"的组件
#id	#titleId	用于选择 id="titleId"的组件
tag	text	用于选择 text 组件
,	.title, .content	用于选择 class="title"和 class="content"的组件

表 4-2　CSS 选择器（续）

选择器	样例	样例描述
#id .class tag	#containerId .content text	非严格父子关系的后代选择器，选择 id= "containe-rId" 作为祖先元素、class="content"作为次级祖先元素的所有 text 组件。如需使用严格的父子关系，可以使用 ">" 代替空格，如：#containerId>.content

选择器的优先级计算规则与万维网标准（World Wide Web Consortium，W3C）保持一致（只支持：内联样式、id、class、tag、后代和直接后代），其中内联样式为在元素 style 属性中声明的样式。

当多条选择器声明匹配到同一元素时，各类选择器优先级顺序由高到低为：内联样式 > id > class > tag。

示例如下。

```
<!-- 页面布局 xxx.hml -->
<div id="containerId" class="container">
  <text id="titleId" class="title">标题</text>
  <div class="content">
    <text id="contentId">内容</text>
  </div>
</div>
```

```
/* 页面样式 xxx.css */
/* 对 class="container"的组件设置样式 */
.container {
    flex-direction: column;
    justify-content: center;
    align-items: center;
    width: 100%;
    height: 100%;
}
/* 对所有 div 组件设置样式 */
div {
    flex-direction: column;
}
/* 对 class="title"的组件设置样式 */
.title {
    font-size: 30px;
}
/* 对 id="contentId"的组件设置样式 */
#contentId {
    font-size: 20px;
}
/* 对所有 class="title"以及 class="content"的组件都设置 padding 为 5px */
.title, .content {
    padding: 5px;
}
/* 对 class="container"的组件下的所有 text 设置样式 */
.container text {
    color: #007dff;
}
/* 对 class="container"的组件下的直接后代 text 设置样式 */
.container > text {
    color: #fa2a2d;
}
```

CSS 范例运行效果如图 4-16 所示。

图 4-16　CSS 范例运行效果

其中，".container text"将"标题"和"内容"设置为蓝色，而".container > text"直接后代选择器将"标题"设置为红色。两者优先级相同，但直接后代选择器声明顺序靠后，将前者样式覆盖。

5．伪类

CSS 伪类是选择器中的关键字，用于指定要选择元素的特殊状态。例如，:disabled 状态可以用来设置元素的 disabled 属性变为 true 时的样式。

CSS 除了支持单个伪类，还支持伪类的组合，例如，:focus:checked 状态可以用来设置元素的 focus 属性和 checked 属性同时为 true 时的样式。CSS 支持的单个伪类见表 4-3（按照优先级降序排列）。

表 4-3　CSS 支持的单个伪类

伪类	支持组件	描述
:disabled	支持 disabled 属性的组件	表示 disabled 属性变为 true 时的元素（不支持动画样式的设置）
:focus	支持 focusable 属性的组件	表示获取 focus 时的元素（不支持动画样式的设置）
:active	支持 click 事件的组件	表示被用户激活的元素，如：被用户按下的按钮、被激活的 tab-bar 页签（不支持动画样式的设置）
:waiting	button	表示 waiting 属性为 true 的元素（不支持动画样式的设置）
:checked	input[type="checkbox"、type="radio"]、switch	表示 checked 属性为 true 的元素（不支持动画样式的设置）
:hover	支持 mouseover 事件的组件	表示鼠标悬浮时的元素

伪类示例如下，设置按钮的:active 伪类可以控制被用户按下时的样式。

```
<!-- index.html -->
<div class="container">
  <input type="button" class="button" value="Button"></input>
</div>
```

```
/* index.css */
.button:active {
  background-color: #888888;/*按钮被激活时，背景颜色变为#888888 */
}
```

注意

　　弹窗类组件及其子元素不支持伪类效果，包括 popup、dialog、menu、option、picker。

6. 样式预编译

　　预编译提供了利用特有语法生成 CSS 的程序，可以提供变量、运算等功能，令开发者更便捷地定义组件样式，目前支持 less、sass 和 scss 的预编译。使用样式预编译时，需要将原 CSS 文件后缀改为 less、sass 或 scss，如将原 index.css 改为 index.less、index.sass 或 index.scss。

　　① 当前文件使用样式预编译，例如，将原 index.css 改为 index.less。

```
/* index.less */
/* 定义变量 */
@colorBackground: #000000;
.container {
  background-color: @colorBackground; /* 使用当前 less 文件中定义的变量 */
}
```

　　② 引用预编译文件，例如，common 中存在 style.scss 文件，将原 index.css 改为 index.scss，并引入 style.scss。

```
/* style.scss */
/* 定义变量 */
$colorBackground: #000000;
```

　　在 index.scss 中引用外部 SCSS 文件。

```
/* index.scss */
/* 引入外部 SCSS 文件 */
@import '../../common/style.scss';
.container {
  background-color: $colorBackground; /* 使用 style.scss 中定义的变量 */
}
```

注意

　　建议将引用的预编译文件放在 common 目录进行管理。

7. CSS 样式继承

　　CSS 样式继承提供了子节点继承父节点样式的能力，子节点继承下来的样式在多选择器样式匹配的场景下，优先级排最低，当前支持以下样式的继承。

　　① font-family。

　　② font-weight。

　　③ font-size。

　　④ font-style。

　　⑤ text-align。

　　⑥ line-height。

　　⑦ letter-spacing。

　　⑧ color。

　　⑨ visibility。

4.3.3　JS 语法参考

JS 文件用来定义 HML 页面的业务逻辑，支持欧洲计算机制造商协会（European Computer Manufactures Association，ECMA）规范的 JavaScript 语言。JS 文件基于 JavaScript 语言的动态化能力，可以使应用更加富有表现力，具备更加灵活的设计能力。下面讲述 JS 文件的编译和运行的支持情况。

1．语法基础

支持 ES6 语法。

（1）模块声明

使用 import 方法引入功能模块。

```
import router from '@system.router';
```

（2）代码引用

使用 import 方法导入 JS 代码。

```
import utils from '../../common/utils.js';
```

2．常用属性

（1）data 属性

data 属性是页面的数据模型，其类型是对象或者函数，如果类型是函数，返回值必须是对象。属性名不能以$或_开头，不要使用保留字 for、if、show、tid。

（2）private 属性

private 属性是页面的数据模型，private 下的数据属性只能由当前页面修改，写法和 data 属性类似。

（3）public 属性

public 属性是页面的数据模型，public 下的数据属性的行为与 data 属性保持一致，写法和 data 属性类似。

- 实际项目开发中基本只用 data 属性。
- data 属性与 private 属性、public 属性不能重合使用。

（4）$def 属性

$def 为应用全局对象，类型为对象或者函数，使用 this.$app.$def 获取在 app.js 中暴露的对象或者函数。

示例代码如下。

```
// app.js
export default {
    onCreate() {
        console.info('AceApplication onCreate');
    },
    onDestroy() {
        console.info('AceApplication onDestroy');
    },
    //定义一个全局对象
    globalData: {
        appData: 'appData',
        appVersion: '2.0',
    },
    //定义一个全局方法
```

```
    globalMethod() {
        console.info('This is a global method!');
        this.globalData.appVersion = '3.0';
    }
};
```

```
// index.js 页面逻辑代码
export default {
    data: {
        appData: 'localData',
        appVersion:'1.0',
    },
    onInit() {
        this.appData = this.$app.$def.globalData.appData;
        this.appVersion = this.$app.$def.globalData.appVersion;
    },
    invokeGlobalMethod() {
        //调用全局方法
        this.$app.$def.globalMethod();
        this.getAppVersion();
    },
    getAppVersion() {
        //调用全局对象
        this.appVersion = this.$app.$def.globalData.appVersion;
    }
}
```

```
<!-- 页面布局 xxx.hml -->
<div class="container">
    <text>appVersion: {{ appVersion }}</text>
    <button value="更新" onclick="invokeGlobalMethod"></button>
</div>
```

初始运行效果如图 4-17 所示，单击"更新"按钮之后，运行效果如图 4-18 所示。

图 4-17　初始运行效果

图 4-18　单击"更新"按钮后的运行效果

3．方法

（1）数据方法

数据方法通常为我们提供在 JS 文件中动态修改 data 中的数据属性，比如新增或者删除属性。数据方法描述见表 4-4。

表 4-4　数据方法描述

方法	参数	描述
$set	key: string, value: any	添加新的数据属性或者修改已有数据属性。 用法为： this.$set('key',value)：添加数据属性
$delete	key: string	删除数据属性。 用法为： this.$delete('key')：删除数据属性

示例代码如下。

```
export default {
    data: {
        keyMap: {
            OS: 'HarmonyOS',
            Version: '2.0',
        },
    },
    onInit(){
      this.getAppVersion();
    },
    getAppVersion() {
        this.$set('keyMap.Version', '3.0');
        console.info("keyMap.Version = " + this.keyMap.Version); // keyMap.Version = 3.0

        this.$delete('keyMap');
        console.info("keyMap.Version = " + this.keyMap); // log print: keyMap.Version
= undefined
    }
}
```

使用预览器运行的日志打印如图 4-19 所示。

```
[phone][Console    INFO]  10/12 19:04:27 23040   app Log: keyMap.Version = 3.0
[phone][Console    INFO]  10/12 19:04:27 23040   app Log: keyMap.Version = undefined
```

图 4-19　数据方法案例演示

（2）获取 DOM 元素方法

在项目开发中，不推荐操作 DOM 元素，除非必须操作 DOM 元素才能解决问题。
获取 DOM 元素的方法见表 4-5。

表 4-5　获取 DOM 元素的方法

方法	参数	描述
$element	id: string	获得指定 id 的组件对象，如果无指定 id，则返回根组件对象。 用法为： <div id='xxx'></div> this.$element('xxx')，获得 id 为 xxx 的组件对象。 this.$element()，获得根组件对象
$rootElement	无	获取根组件对象。 用法为：this.$rootElement().scrollTo({ duration: 500, position: 300 })，页面在 500ms 内滚动 300px

同时还可以使用$ref 属性的方式获取 DOM 元素。

用法如下。

```
<div ref='xxx'></div>
this.$refs.xxx;//获取 ref 属性为 xxx 的 DOM 元素
```

（3）获取 ViewModel 的方法

获取 ViewModel 的方法有下面 3 种方式，见表 4-6。

表 4-6　获取 ViewModel 的方法

方法	参数	描述
$root	无	获得顶级 ViewModel 实例。 用法为：this.$root()
$parent	无	获得父级 ViewModel 实例。 用法为：this.$parent()
$child	id: string	获得指定 id 的子级自定义组件的 ViewModel 实例。 用法为：this.$child('xxx')，获取 id 为 xxx 的子级自定义组件的 ViewModel 实例

创建一个根节点页面，代码如下。

```
<!-- root.html -->
<element name='parentComp' src='../../common/component/parent/parent.html'> </element>
<div class="container">
  <div class="container">
    <text>{{text}}</text>
    <parentComp></parentComp>
  </div>
</div>
```

```
// root.js
export default {
  data: {
    text: 'I am root!',
  },
}
```

自定义一个 parent 组件，代码如下。

```
<!-- parent.html -->
<element name='childComp' src='../child/child.hml'></element>
<div class="item" onclick="textClicked">
  <text class="text-style" onclick="parentClicked">parent component click</text>
  <text class="text-style" if="{{show}}">hello parent component!</text>
  <childComp id = "selfDefineChild"></childComp>
</div>
```

```
// parent.js
export default {
  data: {
    show: false,
    text: 'I am parent component!',
  },
  parentClicked() {
    this.show = !this.show;
    console.info('parent component get parent text');
    console.info('${this.$parent().text}');
    console.info("parent component get child function");
    console.info('${this.$child('selfDefineChild').childClicked()}');
```

```
    },
}
```

自定义一个 child 组件，代码如下。

```
<!-- child.hml -->
<div class="item" onclick="textClicked">
  <text class="text-style" onclick="childClicked">child component clicked</text>
  <text class="text-style" if="{{show}}">hello child component</text>
</div>
```

```
// child.js
export default {
  data: {
    show: false,
    text: 'I am child component!',
  },
  childClicked() {
    this.show = !this.show;
    console.info('child component get parent text');
    console.info('${this.$parent().text}');
    console.info('child component get root text');
    console.info('${this.$root().text}');
  },
}
```

4. 事件方法

事件方法见表 4-7。

表 4-7　事件方法

方法	参数	描述
$watch	data: string, callback: string | Function	观察 data 中的属性变化，如果属性值改变，触发绑定的事件。示例参见 4.6 节。 用法为：this.$watch ('key', callback)

5. 页面方法

页面方法见表 4-8。

表 4-8　页面方法

方法	参数	描述
scrollTo	scrollPageParam	将页面滚动到目标位置，可以通过 id 选择器或者滚动距离指定

ScrollPageParam 参数见表 4-9。

表 4-9　ScrollPageParam 参数

参数	类型	默认值	描述
position	number	—	指定滚动位置
id	string	—	指定需要滚动到的元素 id
duration	number	300	指定滚动时长，单位为毫秒
timingFunction	string	ease	指定滚动动画曲线
complete	() => void	—	指定滚动完成后需要执行的回调函数

示例如下。

```
this.$rootElement.scrollTo({position: 0})
this.$rootElement.scrollTo({id: 'id', duration: 200, timingFunction: 'ease-in',
complete: ()=>void})
```

4.3.4　生命周期

1. 生命周期流程

生命周期流程如图 4-20 所示。

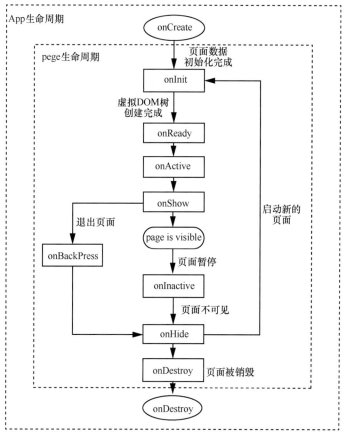

图 4-20　生命周期流程

页面 A 的生命周期接口的调用顺序如下。

① 打开页面 A：onInit()→onReady()→onShow()。

② 在页面 A 打开页面 B：onHide()。

③ 从页面 B 返回页面 A：onShow()。

④ 退出页面 A：onBackPress()→onHide()→onDestroy()。

⑤ 将页面隐藏到后台运行：onInactive()→onHide()。

⑥ 将页面从后台运行恢复到前台：onShow()→onActive()。

2. 应用生命周期

在 app.js 中可以定义表 4-10 中的应用生命周期函数。

表 4-10　应用生命周期函数

函数属性	类型	描述	触发时机
onCreate	() => void	应用创建	当应用创建时调用
onShow	() => void	应用处于前台	当应用处于前台时触发
onHide	() => void	应用处于后台	当应用处于后台时触发
onDestroy	() => void	应用销毁	当应用退出时触发

3．页面生命周期

在页面 JS 文件中，可以定义表 4-11 中的页面生命周期函数。

表 4-11　页面生命周期函数

函数属性	类型	描述	触发时机
onInit	() => void	页面初始化	页面数据初始化完成时触发，只触发一次
onReady	() => void	页面创建完成	页面创建完成时触发，只触发一次
onShow	() => void	页面显示	页面显示时触发
onHide	() => void	页面消失	页面消失时触发
onDestroy	() => void	页面销毁	页面销毁时触发
onBackPress	() => boolean	返回按钮动作	当用户单击"返回"按钮时触发
			返回 true，表示页面自己处理返回逻辑
			返回 false，表示使用默认的返回逻辑
			没有返回值，会作为 false 处理
onActive()	() => void	页面激活	页面激活时触发
onInactive()	() => void	页面暂停	页面暂停时触发
onNewRequest()	() => void	FA 重新请求	FA 已经启动时收到新的请求后触发
onStartContinuation()	() => boolean	分布式能力接口，详细解释见 7.3.3 节	分布式能力接口，详细解释见 7.3.3 节
onSaveData(OBJECT)	(value: Object) => void		
onRestoreData (OBJECT)	(value: Object) => void		
onCompleteContinuation (code)	(code: number) => void		
onConfigurationUpdated (configuration)	(configuration: Configuration) => void	配置变更回调	当相应的系统配置发生变更时触发该回调，如系统字体大小，语言地区等。 说明：onConfigurationUpdated 页面事件需要在 config.json 中配置相应的 configChanges 标签

表 4-12、表 4-13 对 config.json 配置文件进行了说明。

表 4-12　Configuration 对象说明

对象	类型	描述
locale	Locale	国际化相关信息,如语言、文字布局方向等
fontScale	number	当前系统字体的放大倍数

表 4-13　Locale 对象说明

对象	类型	描述
language	string	语言,例如:zh
countryOrRegion	string	国家或地区,例如:CN
dir	string	文字布局方向,取值范围如下。 ltr:从左到右。 rtl:从右到左
unicodeSetting	Object	语言环境定义的 Unicode 语言环境键集,如果此语言环境没有特定键集,则返回空集。 例如:{"nu": "arab"}表示当前环境下的数字采用阿拉伯数字

4.4　JS UI 常用组件

4.4.1　组件介绍

组件是构建页面的核心,每个组件通过对数据和方法的简单封装,实现独立的可视、可交互功能单元。组件之间相互独立,随取随用,也可以在需求相同的地方重复使用。

根据功能,组件可以分为以下四大类,具体见表 4-14。

表 4-14　组件分类

组件类型	组件
容器组件	div、stack、form、panel、list、list-item、list-item-group、refresh、swiper、tabs、tab-bar、tab-content、dialog、popup、stepper、stepper-item、badge
基础组件	text、span、textarea、richtext、label、button、marquee、switch、input、image、image-animator、divider、picker、picker-view、select、menu、option、piece、progress、slider、rating、search、chart、toolbar、toolbar-item、toggle、web
媒体组件	camera、video
画布组件	canvas

4.4.2　通用属性

1. 常规属性

常规属性指的是组件普遍支持的用来设置组件基本标识和外观显示特征的属性,具体见表 4-15。

表 4-15　常规属性

属性	类型	默认值	必填	描述
id	string	—	否	组件的唯一标识
style	string	—	否	组件的样式声明
class	string	—	否	组件的样式类，用于引用样式表
ref	string	—	否	用来指定指向子元素或子组件的引用信息，该引用将注册到父组件的$refs 属性对象上
disabled	boolean	FALSE	否	当前组件是否被禁用，在禁用场景下，组件将无法响应用户交互
focusable	boolean	FALSE	否	当前组件是否可以获取焦点。当 focusable 设置为 true 时，组件可以响应焦点事件和按键事件。当组件额外设置了按键事件或者单击事件时，框架会设置该属性为 true
data-*	string	—	否	给当前组件设置 data-*属性时，进行相应的数据存储和读取。对大小写不做要求，如 data-A 和 data-a 默认相同。在 JS 文件中： 在事件回调中使用 e.target.dataSet.a 读取数据，e 为事件回调函数入参； 使用$element 或者$refs 获取 DOM 元素后，通过 dataSet.a 进行访问
click-effect	string	—	否	通过这个属性可以设置组件的弹性单击效果，当前支持以下 3 种效果。 Spring-small：建议小面积组件设置，缩放（90%）。 Spring-medium：建议中面积组件设置，缩放（95%）。 Spring-large：建议大面积组件设置，缩放（95%）
dir	string	auto	否	设置元素布局模式，支持设置 rtl、ltr 和 auto 这 3 种属性值。 rtl：使用从右往左布局模式。 ltr：使用从左往右布局模式。 auto：跟随系统语言环境

2．渲染属性

渲染属性指组件普遍支持的用来设置组件是否渲染的属性，见表 4-16。

表 4-16　渲染属性

属性	类型	默认值	描述
for	Array	—	根据设置的数据列表，展开当前元素
if	boolean	—	根据设置的boolean 值，添加或移除当前元素
show	boolean	—	根据设置的boolean 值，显示或隐藏当前元素

注意

属性和样式不能混用，不能在属性字段中进行样式设置。

4.4.3　通用样式与 Flex 布局

通用样式指的是组件普遍支持的可以在 style 或 CSS 中进行设置的外观样式。

1．常用样式

表 4-17 中列举了常用的通用样式，通用样式都不是必填项。

表 4-17　常见通用样式

样式	类型	默认值	描述
width	\<length\> | \<percentage\>	—	设置组件自身的宽度。 缺省时使用元素自身内容需要的宽度
height	\<length\> | \<percentage\>	—	设置组件自身的高度。 缺省时使用元素自身内容需要的高度
padding	\<length\> | \<percentage\>	0	使用简写属性设置所有的内边距属性。 该属性可以有 1～4 个值。 指定一个值时，该值指定 4 个边的内边距。 指定两个值时，第 1 个值指定上下两边的内边距，第 2 个值指定左右两边的内边距。 指定 3 个值时，第 1 个值指定上边的内边距，第 2 个值指定左右两边的内边距，第 3 个值指定下边的内边距。 指定 4 个值时，分别为上、右、下、左边的内边距（顺时针顺序）
padding-[left|top|right|bottom]	\<length\> | \<percentage\>	0	设置左、上、右、下内边距属性
padding-[start|end]	\<length\> | \<percentage\>	0	设置起始和末端内边距属性
margin	\<length\> | \<percentage\>	0	使用简写属性设置所有的外边距属性，该属性可以有 1～4 个值。 只有一个值时，这个值会被指定给全部的 4 个边。 有两个值时，第 1 个值被匹配给上、下内边距，第 2 个值被匹配给左、右内边距。 有 3 个值时，第 1 个值被匹配给上内边距，第 2 个值被匹配给左、右内边距，第 3 个值被匹配给下内边距。 有 4 个值时，会依次按上、右、下、左的顺序匹配（即顺时针顺序）
margin-[left|top|right|bottom]	\<length\> | \<percentage\>	0	设置左、上、右、下外边距属性
margin-[start|end]	\<length\> | \<percentage\>	0	设置起始和末端外边距属性
border	—	0	使用简写属性设置所有的边框属性，包含边框的宽度、样式、颜色属性，顺序设置为 border-width、border-style、border-color，不设置边框属性时，各属性值为默认值

表 4-17 常见通用样式（续）

样式	类型	默认值	描述
border-style	string	solid	使用简写属性设置所有边框的样式，可选值如下。 dotted：显示为一系列圆点，圆点半径为 border-width 的一半。 dashed：显示为一系列短的方形虚线。 solid：显示为一条实线
border-[left|top|right|bottom]-style	string	solid	分别设置左、上、右、下 4 个边框的样式，可选值为 dotted、dashed、solid
border-[left|top|right|bottom]	—	—	使用简写属性设置对应位置的边框属性，包含边框的宽度、样式、颜色属性，顺序设置为 border-width、border-style、border-color，不设置边框属性时，各属性值为默认值
border-width	<length>	0	使用简写属性设置元素的所有边框宽度，或者单独为各边边框设置宽度
border-[left|top|right|bottom]-width	<length>	0	分别设置左、上、右、下 4 个边框的宽度
border-color	<color>	black	使用简写属性设置元素的所有边框颜色，或者单独为各边边框设置颜色
border-[left|top|right|bottom]-color	<color>	black	分别设置左、上、右、下 4 个边框的颜色
border-radius	<length>	—	border-radius 属性设置元素的外边框圆角半径。设置 border-radius 时不能单独设置某一个方向的 border-[left|top|right|bottom]-width、border-[left|top|right|bottom]-color、border-[left|top|right|bottom]-style，如果要设置 color、width 和 style，需要将 4 个方向一起设置（border-width、border-color、border-style）
border-[top|bottom]-[left|right]-radius	<length>	—	分别设置左上、右上、右下和左下 4 个角的圆角半径
background	<linear-gradient>	—	仅支持设置渐变样式，与 background-color、background-image 不兼容
background-color	<color>	—	设置背景颜色
background-image	string	—	设置背景图片，与 background-color、background 不兼容，支持网络图片资源和本地图片资源地址。 示例如下。 background-image: url ("/common/background.png")
background-size	string <length> <length> <percentage> <percentage>	auto	设置背景图片的大小。 string 可选值如下。 contain：把图片扩展至最大尺寸，以使其高度和宽度完全适用内容区域。 cover：把背景图片扩展至足够大，以使背景图片完全覆盖背景区域；背景图片的某些部分也许无法显示在背景定位区域中。 auto：保持原图的比例不变。

表 4-17　常见通用样式（续）

样式	类型	默认值	描述
background-size	string <length> <length> <percentage> <percentage>	auto	length 值参数描述如下。 设置背景图片的高度和宽度。第一个值设置宽度，第二个值设置高度。如果只设置一个值，则第二个值会被设置为"auto"。 percentage 参数描述如下。 以父元素的百分比来设置背景图片的宽度和高度。第一个值设置宽度，第二个值设置高度。如果只设置一个值，则第二个值会被设置为"auto"
background-repeat	string	repeat	针对重复背景图片样式进行设置，背景图片默认在水平和垂直方向上重复。 repeat：在水平轴和竖直轴上同时重复绘制图片。 repeat-x：只在水平轴上重复绘制图片。 repeat-y：只在竖直轴上重复绘制图片。 no-repeat：不会重复绘制图片
opacity	number	1	元素的透明度，取值范围为 0～1，1 表示不透明，0 表示完全透明
display	string	flex	确定一个元素所产生的框的类型，可选值如下。 flex：弹性布局。 none：不渲染此元素
visibility	string	visible	是否显示元素所产生的框。不可见的框会占用布局（将 display 属性设置为 none 来完全去除框），可选值如下。 visible：元素正常显示。 hidden：隐藏元素，但是其他元素的布局不改变，相当于此元素变成透明。 说明：同时设置 visibility 和 display 样式时，仅 display 生效
flex	number | string	—	规定当前组件如何适应父组件中的可用空间。 flex 可以指定 1 个、2 个或 3 个值。 单值语法如下。 一个无单位数：用来设置组件的 flex-grow。 一个有效的宽度值：用来设置组件的 flex-basis。 双值语法如下。 第一个值必须是无单位数，用来设置组件的 flex-grow。第二个值是以下之一。 ① 一个无单位数：用来设置组件的 flex-shrink。 ② 一个有效的宽度值：用来设置组件的 flex-basis。 三值语法如下。 第一个值必须是无单位数，用来设置组件的 flex-grow；第二个值必须是无单位数，用来设置组件的 flex-shrink；第三个值必须是一个有效的宽度值，用来设置组件的 flex-basis。 说明：仅父容器为<div>、<list-item>、<tabs>、<refresh>、<stepper-item>时生效

表 4-17　常见通用样式（续）

样式	类型	默认值	描述
flex-grow	number	0	设置组件的拉伸样式，指定父组件容器主轴方向上剩余空间（容器本身大小减去所有 flex 子元素占用的大小）的分配权重，0 为不伸展。 说明：仅父容器为\<div\>、\<list-item\>、\<tabs\>、\<refresh\>、\<stepper-item\>时生效
flex-shrink	number	1	设置组件的收缩样式，元素仅在默认宽度之和大于容器的时候才会发生收缩，0 为不收缩。 说明：仅父容器为\<div\>、\<list-item\>、\<tabs\>、\<refresh\>、\<stepper-item\>时生效
flex-basis	\<length\>	—	设置组件在主轴方向上的初始大小。 说明：仅父容器为\<div\>、\<list-item\>、\<tabs\>、\<refresh\>、\<stepper-item\>时生效
align-self	string	—	设置自身在父元素交叉轴上的对齐方式，该样式会覆盖父元素的 align-items 样式，仅在父容器为\<div\>、\<list\>时有效。可选值如下。 stretch：弹性元素在交叉轴方向被拉伸到与容器相同的高度或宽度。 flex-start：元素向交叉轴起点对齐。 flex-end：元素向交叉轴终点对齐。 center：元素在交叉轴居中。 baseline：元素在交叉轴基线对齐
position	string	relative	设置元素的定位类型，不支持动态变更。 fixed：相对于整个页面进行定位。 absolute：相对于父元素进行定位。 relative：相对于其正常位置进行定位。 说明：absolute 属性仅在父容器为\<div\>、\<stack\>时生效
[left|top|right|bottom]	\<length\> | \<percentage\>	—	left|top|right|bottom 需要配合 position 样式使用，来确定元素的偏移位置。 left 属性规定元素的左边缘。该属性定义了定位元素左外边距边界与其包含的块左边界之间的偏移。 top 属性规定元素的顶部边缘。该属性定义了定位元素的上外边距边界与其包含的块上边界之间的偏移。 right 属性规定元素的右边缘。该属性定义了定位元素右外边距边界与其包含的块右边界之间的偏移。 bottom 属性规定元素的底部边缘。该属性定义了定位元素的下外边距边界与其包含的块下边界之间的偏移

表 4-17　常见通用样式（续）

样式	类型	默认值	描述
[start | end]	\<length\> | \<percentage\>	—	start | end 需要配合 position 样式使用，来确定元素的偏移位置。 start 属性规定元素的起始边缘。该属性定义了定位元素起始外边距边界与其包含的块起始边界之间的偏移。 end 属性规定元素的结尾边缘。该属性定义了定位元素的结尾边距边界与其包含的块结尾边界之间的偏移
z-index	number	—	表示对于同一父节点，其子节点的渲染顺序。数值越大，渲染数据越靠后。 说明：z-index 不支持 auto，并且 opacity 等其他样式不会影响 z-index 的渲染顺序

2．Flex 布局

Flex 布局又名"弹性布局"，用来为盒状模型提供最大的灵活性。它与传统的 W3C 中的 Flex 布局大部分类似，但是有少部分属性不一样或者不支持。

（1）重要概念

采用 Flex 布局的元素，被称为 Flex 布局容器。它的所有子元素自动成为容器成员，被称为 Flex 成员组件。Flex 布局模型如图 4-21 所示。

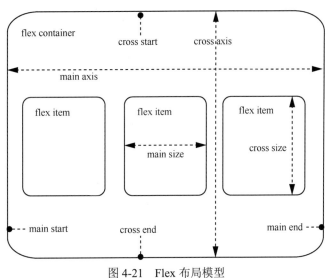

图 4-21　Flex 布局模型

Flex 布局容器默认存在两根轴，即水平主轴（main axis）和垂直的交叉轴（cross axis），这是默认的设置，当然我们也可以通过修改样式使垂直方向变为主轴，使水平方向变为交叉轴。

（2）Flex 布局容器的属性

flex-direction 属性如图 4-22 所示。

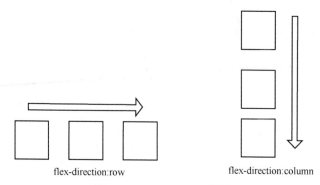

flex-direction:row　　　　flex-direction:column

图 4-22　flex-direction 属性

1）flex-direction 属性

flex-direction 属性决定主轴的方向（即项目的排列方向）。它的值可选以下选项。

① row（默认属性值）：水平方向从左到右。

② column：垂直方向从上到下。

2）flex-wrap 属性

Flex 容器可单行或多行显示，该值暂不支持动态修改。该值可选以下选项。

① nowrap（默认值）：不换行，单行显示。

② wrap：换行，多行显示。

flex-wrap 属性如图 4-23 所示。

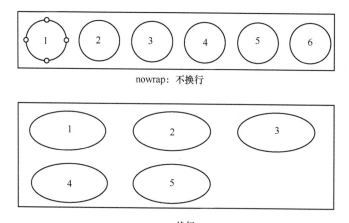

nowrap：不换行

wrap：换行

图 4-23　flex-wrap 属性

3）justify-content 属性

justify-content 属性定义了项目在主轴上的对齐方式。该属性可选以下选项。

① flex-start（默认值）：项目位于容器的开头。

② flex-end：项目位于容器的结尾。

③ center：项目位于容器的中心。

④ space-between：项目位于各行之间留有空白的容器内。

⑤ space-around：项目位于各行之前、之间、之后都留有空白的容器内。

⑥ space-evenly：均匀排列每个元素，每个元素之间的间隔相等。

justify-content 属性如图 4-24 所示。

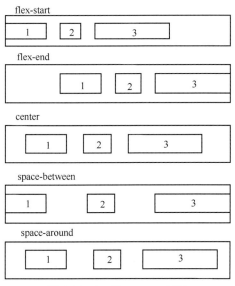

图 4-24　justify-content 属性

4）align-items 属性

align-items 属性定义了 Flex 容器当前行的交叉轴对齐格式，该属性的可选值如下。

① stretch（默认值）：弹性元素在交叉轴方向被拉伸到与容器相同的高度或宽度。

② flex-start：元素向交叉轴起点对齐。

③ flex-end：元素向交叉轴终点对齐。

④ center：元素在交叉轴居中。

align-items 属性如图 4-25 所示。

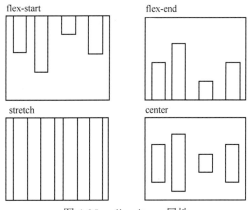

图 4-25　align-items 属性

5）align-content 属性

align-content 属性表示交叉轴中有额外的空间时，多行内容对齐格式，可选值如下。

① flex-start：所有行从交叉轴起点开始填充；第一行的交叉轴起点边和容器的交叉

轴起点边对齐；接下来的每一行紧跟前一行。

② flex-end：所有行从交叉轴末尾开始填充；最后一行的交叉轴终点和容器的交叉轴终点对齐；同时所有后续行与前一行对齐。

③ center：所有行朝向容器的中心填充；每行互相紧挨，相对于容器居中对齐；容器的交叉轴起点边和第一行的距离等于容器的交叉轴终点边和最后一行的距离。

④ space-between：所有行在容器中平均分布；相邻两行间距相等；容器的交叉轴起点边和终点边分别与第一行和最后一行的边对齐。

⑤ space-around：所有行在容器中平均分布，相邻两行间距相等；容器的交叉轴起点边和终点边分别与第一行和最后一行的距离是相邻两行间距的一半。

align-content 属性如图 4-26 所示。

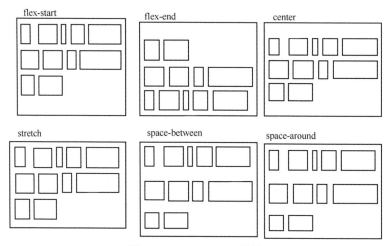

图 4-26　align-content 属性

（3）Flex 成员组件的属性

1）flex-grow 属性

flex-grow 属性定义布局容器内部的成员组件的放大比例，放大比例默认为 0，即使存在剩余空间，成员组件也不放大。

如果所有成员组件的 flex-grow 属性都为 1，则它们将等分剩余空间（如果有剩余空间），如果一个成员组件的 flex-grow 属性为 2，其他都为 1，则前者占据的剩余空间将比其他项多一倍。flex-grow 属性如图 4-27 所示。

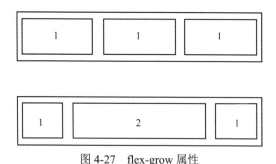

图 4-27　flex-grow 属性

2）flex-shrink 属性

flex-shrink 属性可设置组件的收缩样式，元素仅在默认宽度之和大于容器的时候才会发生收缩，0 为不收缩，默认值为 1。

如果一个成员组件的 flex-shrink 属性为 0，其他成员组件都为 1，则当空间不足时，前者不缩小，其他组件都等比例缩小。flex-shrink 属性如图 4-28 所示。

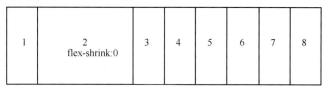

图 4-28　flex-shrink 属性

3）flex-basis 属性

flex-basis 属性可设置组件在主轴方向上的初始大小。

4）flex 属性

flex 属性是 flex-grow、flex-shrink 和 flex-basis 的简写，后两个属性可选。

5）align-self 属性

align-self 属性允许单个项目有与其他项目不一样的对齐方式，默认继承父元素的 align-items 属性，如果没有父元素，则等同于 stretch。该属性仅在父容器为<div>、<list> 时生效。可选值如下。

stretch：弹性元素在交叉轴方向被拉伸到与容器相同的高度或宽度。

flex-start：元素向交叉轴起点对齐。

flex-end：元素向交叉轴终点对齐。

center：元素在交叉轴居中。

baseline：元素在交叉轴基线对齐。

align-self 属性如图 4-29 所示。

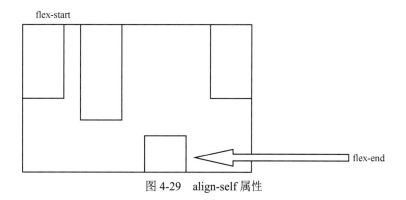

图 4-29　align-self 属性

4.4.4　通用事件

1. 事件说明

① 事件绑定在组件上，当组件达到事件触发条件时，会执行 JS 中对应的事件回调

函数，实现页面 UI 视图和页面 JS 逻辑层的交互。

② 事件回调函数通过参数可以携带额外的信息，如组件上的数据对象 dataset 是事件特有的回调参数。

相对于私有事件，大部分组件都可以绑定表 4-18 中的事件。

表 4-18　通用事件

事件	参数	描述
touchstart	TouchEvent	手指刚触摸屏幕时触发该事件
touchmove	TouchEvent	手指触摸屏幕后移动时触发该事件
touchcancel	TouchEvent	手指触摸屏幕中动作被打断时触发该事件
touchend	TouchEvent	手指触摸结束离开屏幕时触发该事件
click	—	单击动作触发该事件
longpress	—	长按动作触发该事件
focus	—	获得焦点时触发该事件，span 组件无法获取焦点
blur	—	失去焦点时触发该事件，span 组件无法失去焦点
key	KeyEvent	智慧屏特有的按键事件，当用户操作遥控器按键时触发。返回 true 表示页面自己处理按键事件。返回 false 表示使用默认的按键事件逻辑。没有返回值，则作为 false 处理
swipe	SwipeEvent	组件上快速滑动后触发该事件
attached	—	当前组件节点挂载在渲染树后触发
detached	—	当前组件节点从渲染树中移除后触发

2. 事件对象

当组件触发事件后，事件回调函数默认会收到一个事件对象，通过该事件对象可以获取相应的信息。

通用事件的事件对象相关属性说明见表 4-19～表 4-25。

表 4-19　BaseEvent 对象属性说明

属性	类型	说明
type	string	当前事件的类型，比如 click、longpress 等
timestamp	number	该事件触发时的时间戳
deviceId	number	触发该事件的设备 ID 信息

表 4-20　TouchEvent 对象属性说明（继承 BaseEvent）

属性	类型	说明
touches	Array<TouchInfo>	触摸事件时的属性集合，包含屏幕触摸点的信息数组
changedTouches	Array<TouchInfo>	触摸事件时的属性集合，包括产生变化的屏幕触摸点的信息数组。数据格式和 touches 相同。该属性表示有变化的触摸点，包括从无变有、位置变化、从有变无，例如用户手指刚接触屏幕时，touches 数组中有数据，但 changedTouches 中无数据

表 4-21 TouchInfo 对象属性说明

属性	类型	说明
globalX	number	距离屏幕左上角（不包括状态栏）的横向距离。屏幕的左上角为原点
globalY	number	距离屏幕左上角（不包括状态栏）的纵向距离。屏幕的左上角为原点
localX	number	距离被触摸组件左上角的横向距离。组件的左上角为原点
localY	number	距离被触摸组件左上角的纵向距离。组件的左上角为原点
size	number	触摸接触面积
force	number	接触力信息

表 4-22 KeyEvent 对象属性说明（继承 BaseEvent）

属性	类型	说明
code	number	智慧屏遥控器的按键值，常用按键值详见表 4-23
action	number	按键事件的按键类型如下。 0：down。 1：up。 2：multiple。 用户按下一个遥控器按键，通常会触发两次 key 事件，先触发 down 事件，再触发 up 事件。 当用户按下按键不放手时，action 为 2，此时 repeatCount 将返回次数
repeatCount	number	按键重复次数
timestampStart	number	按键按下时的时间戳

表 4-23 常用按键值

按键值	行为	物理按键
19	上	向上方向键
20	下	向下方向键
21	左	向左方向键
22	右	向右方向键
23	确定	智慧屏遥控器的确认键
66	确定	键盘的回车键
160	确定	键盘的小键盘回车键

表 4-24　SwipeEvent 基础事件对象属性说明（继承 BaseEvent）

属性	类型	说明
direction	string	滑动方向，可能值如下。 left：向左滑动。 right：向右滑动。 up：向上滑动。 down：向下滑动
distance	number	在滑动方向上的滑动距离

表 4-25　target 对象属性说明

属性	类型	说明
dataSet	Object	组件上通过通用属性设置的 data-*的自定义属性组成的集合

3．示例

代码如下。

```html
<!-- xxx.html -->
<div class="container">
    <div data-a="dataA" data-b="dataB"
        style="width: 100%; height: 50%; background-color: saddlebrown;"
        on:touchstart='touchstartfunc'></div>
</div>
```

```js
//xxx.js
export default {
    data: {
        title: "",
    },
    onInit() {
        this.title = this.$t('strings.world');
    },
    touchstartfunc(event) {
        console.info(JSON.stringify(event));
        console.info('on touch start, point is: ${event.touches[0].globalX}');
        console.info('on touch start, data is: ${event.target.dataSet.a}');
    }
}
```

使用预览器或者模拟器运行之后单击设置了背景色的 div，则会打印以下 log。

```
[phone][Console   INFO]  10/13 09:58:20 12404  app Log:
{"touches":[{"globalX":187.666672,"globalY":297.666656,"localX":187.666672,"localY":
102.666656,"size":0,"force":2.303389}],"deviceId":5369990328,"changedTouches":
[{}],"type":"touchstart","target":{"ref":"10","type":"div","attr":{"debugLine":
"pages/index/index:3"},"style":{"width":"100%","height":"50%","backgroundColor":
"#8B4513"},"customerComponent":false,"event":["touchstart"]},"currentTarget":
{"ref":"10","type":"div","attr":{"debugLine":"pages/index/index:3"},"style":
{"width":"100%","height":"50%","backgroundColor":"#8B4513"},"customerComponent":
false,"event":["touchstart"]},"timestamp":1634090300727}
[phone][Console   INFO]  10/13 09:58:20 12404  app Log: on touch start, point is:
187.666672
[phone][Console   INFO]  10/13 09:58:20 12404   app Log: on touch start, data is: dataA
```

从 log 中可以非常清晰地看到默认传递过来的事件对象中的所有属性的值，可以通过该打印信息并对照事件对象的参考表进行理解。

4.4.5　通用方法

当组件通过 ID 属性标识后，可以使用该 ID 获取组件对象并调用相关组件方法，通用方法见表 4-26。

表 4-26　通用方法

方法	参数	必填	返回值	描述
focus	FocusParam	否	—	组件请求或者取消焦点，该方法参数可缺省，缺省时默认请求焦点。 说明：支持 focusable 属性的组件支持该方法。focus 方法使输入框获焦，在首页的生命周期方法内不生效，可在 onActive 中延迟（100～500ms）调用 focus 方法，实现输入框在首页中自动获焦
rotation	FocusParam	否	—	组件请求或者取消旋转表冠焦点，该方法参数可缺省，缺省时默认请求旋转表冠焦点。 说明：旋转表冠为穿戴设备特有硬件，用户可以通过旋转电源键来进行页面交互。 仅有组件 picker-view、list、slider、swiper 支持该方法
animate	keyframes: Keyframes, options: Options	是	—	在组件上创建和运行动画的快捷方式。输入动画所需的 keyframes 和 options，返回 animation 对象实例
getBounding ClientRect	—	—	Rect	获取元素的大小及其相对于窗口的位置
createIntersec-tionObserver	ObserverParam		Observer	返回 Observer 对象，用于监听组件在当前页面的变化

FocusParam 对象属性说明见表 4-27。

表 4-27　FocusParam 对象属性说明

属性	类型	说明
focus	boolean	当 focus 为 true 时，表示请求焦点；当 focus 为 false 时，表示取消焦点

Rect 对象属性说明见表 4-28。

表 4-28　Rect 对象属性说明

属性	类型	描述
width	number	该元素的宽度
height	number	该元素的高度
left	number	该元素左边界距离窗口的偏移
top	number	该元素上边界距离窗口的偏移

ObserverParam 对象属性说明见表 4-29。

表 4-29　ObserverParam 对象属性说明

属性	类型	描述
ratios	Array<number>	组件超出或小于范围时触发 observer 的回调

Observer 对象支持的方法见表 4-30。

表 4-30　Observer 对象支持的方法

方法	参数	描述
observe	callback: function	开启 observer 的订阅方法，超出或小于阈值时触发 callback
unobserve		取消 observer 的订阅方法

4.4.6　常用容器组件

1. div

基础容器被用作页面结构的根节点或将内容进行分组。

基础容器是页面开发中最常用的组件，简单地讲，就是把它看成一个盒子，这个盒子可以设置宽、高、颜色，还可以添加其他组件，图形、文字或者其他容器组件都可以被添加进这个 div 盒子里面，如果有多个盒子，可以对它们进行排版，进行上、下、左、右排列及设置外边距、内边距的操作。

支持设备如下。

手机	平板电脑	智慧屏	智能穿戴设备
支持	支持	支持	支持

（1）示例：Flex 横向布局

```html
<!-- xxx.hml -->
<div class="container">
   <div class="flex-box">
      <div class="flex-item color-primary"></div>
      <div class="flex-item color-warning"></div>
      <div class="flex-item color-success"></div>
   </div>
</div>
```

```css
/* xxx.css */
.container {
   flex-direction: column;
   justify-content: center;
   align-items: center;
   width: 454px;
   height: 454px;
}
.flex-box {
   justify-content: space-around;
   align-items: center;
   width: 400px;
   height: 140px;
   background-color: #ffffff;
}
.flex-item {
   width: 120px;
   height: 120px;
```

```
    margin-left: 10px;
    margin-right: 10px;
    border-radius: 16px;
}
.color-primary {
    background-color: #007dff;
}
.color-warning {
    background-color: #ff7500;
}
.color-success {
    background-color: #41ba41;
}
```

运行效果如图 4-30 所示。

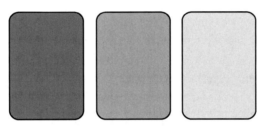

图 4-30　Flex 横向布局

（2）示例：Grid（网格）布局

```
<!-- xxx.hml -->
<div class="common grid-parent">
    <div class="grid-child grid-left-top"></div>
    <div class="grid-child grid-left-bottom"></div>
    <div class="grid-child grid-right-top"></div>
    <div class="grid-child grid-right-bottom"></div>
</div>
```

```
/* xxx.css */
.common {
    width: 400px;
    height: 400px;
    background-color: #ffffff;
    align-items: center;
    justify-content: center;
    margin: 24px;
}
.grid-parent {
    display: grid;
    grid-template-columns: 35% 35%;
    grid-columns-gap: 24px;
    grid-rows-gap: 24px;
    grid-template-rows: 35% 35%;
}
.grid-child {
    width: 100%;
    height: 100%;
    border-radius: 8px;
}
.grid-left-top {
    grid-row-start: 0;
    grid-column-start: 0;
    grid-row-end: 0;
    grid-column-end: 0;
    background-color: #3f56ea;
}
.grid-left-bottom {
    grid-row-start: 1;
```

```
    grid-column-start: 0;
    grid-row-end: 1;
    grid-column-end: 0;
    background-color: #00aaee;
}
.grid-right-top {
    grid-row-start: 0;
    grid-column-start: 1;
    grid-row-end: 0;
    grid-column-end: 1;
    background-color: #00bfc9;
}
.grid-right-bottom {
    grid-row-start: 1;
    grid-column-start: 1;
    grid-row-end: 1;
    grid-column-end: 1;
    background-color: #47cc47;
}
```

2. stack

堆叠容器可在子组件按照顺序依次入栈后，用后一个子组件覆盖前一个子组件。
支持设备如下。

手机	平板电脑	智慧屏	智能穿戴设备
支持	支持	支持	支持

示例如下。

```
<!-- xxx.hml -->
<stack class="stack-parent">
    <div class="back-child bd-radius"></div>
    <div class="positioned-child bd-radius"></div>
    <div class="front-child bd-radius"></div>
</stack>
```

```
/* xxx.css */
.stack-parent {
    width: 400px;
    height: 400px;
    background-color: #ffffff;
    border-width: 1px;
    border-style: solid;
}
.back-child {
    width: 300px;
    height: 300px;
    background-color: #3f56ea;
}
.front-child {
    width: 100px;
    height: 100px;
    background-color: #00bfc9;
}
.positioned-child {
    width: 100px;
    height: 100px;
    left: 50px;
    top: 50px;
    background-color: #47cc47;
}
.bd-radius {
    border-radius: 16px;
}
```

3. form

表单容器支持容器内 input 元素的内容提交和重置。

支持设备如下。

手机	平板电脑	智慧屏	智能穿戴设备
支持	支持	支持	支持

示例如下。

```html
<!-- xxx.hml -->
<form onsubmit='onSubmit' onreset='onReset'>
    <div class="container">
        <text class="title">用户注册</text>
        <div class="row">
            <label class="label" target="username">用户名: </label>
            <input class="input" id="username" type='text' name='username'></input>
        </div>
        <div class="row">
            <label class="label" target="password">密码: </label>
            <input class="input" id="password" type='password' name='password'>
</input>
        </div>
        <div class="row">
            <label class="label" target="password1">确认密码: </label>
            <input class="input" id="password1" type='password' name='password1'>
</input>
        </div>
        <div class="row">
            <label class="label">性别: </label>
            <input id="radio1" type='radio' name='radioGroup' value='男'></input>
            <label target="radio1">男</label>
            <input id="radio2" type='radio' name='radioGroup' value='女'></input>
            <label target="radio2">女</label>
        </div>
        <div class="row center">
            <input type='submit'>提交</input>
            <input type='reset'>重置</input>
        </div>
    </div>
</form>
```

```css
/*xxx.css*/
.container {
    flex-direction: column;
    justify-content: center;
    width: 100%;
    height: 100%;
    font-size: 16px;
}

.title {
    width: 100%;
    text-align: center;
    font-size: 40px;
    color: #000000;
    opacity: 0.9;
    margin-bottom: 50px;
}
```

```
.row {
    flex-direction: row;
    padding: 10px;
}
.center{
    justify-content: center;
}
.center>input{
    margin: 20px;
}
.label {
    width: 100px;
    flex-shrink: 0;
    text-align: center;
}
.input {
    margin-left: 5px;
}
```

```
// xxx.js
export default{
    onSubmit(result) {
        console.info("onSubmit");
        console.info(result.value.username)
        console.info(result.value.password)
        console.info(result.value.radioGroup)
    },
    onReset() {
        console.info('reset all value')
    }
}
```

预览器不支持字符输入，此处需要用模拟器运行，运行效果如图 4-31 所示。

图 4-31   form 表单运行效果

输入数据之后，单击"提交"按钮，观察日志打印，如图 4-32 所示。

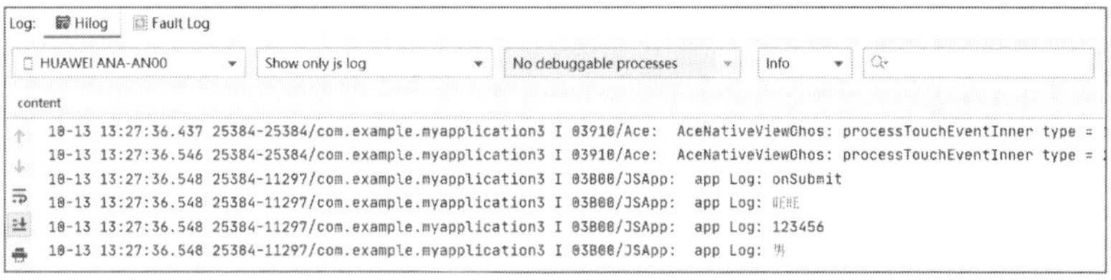

图 4-32　form 表单示例日志打印

单击"重置"按钮，会清空表单填写内容。

4．list 与 list-item

list 列表组件包含一系列相同宽度的列表项，适合连续、多行呈现同类数据，例如图片和文本。list 列表的组件仅支持 list-item-group 和 list-item 两个子组件。

list-item 为 list 的子组件，用来展示列表的具体 item。

支持设备如下。

手机	平板电脑	智慧屏	智能穿戴设备
支持	支持	支持	支持

示例如下。

```html
<!--xxx.html-->
<div class="container">
    <text>通讯录</text>
    <list indexer="true" divider="true" style="divider-color: red; ">
        <list-item for="{{contactList}}" class="item" section="{{$item.section}}">
            <image class="portrait" src="{{$item.img}}"/>
            <text class="todo-title">{{$item.name}}</text>
        </list-item>
    </list>
</div>
```

```css
/*xxx.css*/
.container {
    flex-direction: column;
    justify-content: center;
    align-items: center;
    width: 100%;
    height: 100%;
}

.title {
    font-size: 40px;
    color: #000000;
    opacity: 0.9;
}

.item {
    align-items: center;
}

.portrait{
    width: 64px;
    height: 64px;
    margin: 10px;
}
```

```
//xxx.js
export default {
    data: {
        contactList: [
            {
                "name": "奥特曼", "img": "/common/images/icon.png", "section": "A"
            },
            {
                "name": "包青天", "img": "/common/images/icon.png", "section": "B"
            },
            {
                "name": "曹操", "img": "/common/images/icon.png", "section": "C"
            },
            {
                "name": "大伯", "img": "/common/images/icon.png", "section": "D"
            },
            {
                "name": "二叔", "img": "/common/images/icon.png", "section": "E"
            },
            {
                "name": "哥哥", "img": "/common/images/icon.png", "section": "G"
            },
            {
                "name": "韩愈", "img": "/common/images/icon.png", "section": "H"
            },
            {
                "name": "李四", "img": "/common/images/icon.png", "section": "L"
            }, {
                "name": "王五", "img": "/common/images/icon.png", "section": "W"
            }, {
                "name": "张三", "img": "/common/images/icon.png", "section": "Z"
            }]
    }
}
```

运行效果如图 4-33 所示。

图 4-33　list 实现的通讯录

注意
　　如果需要测试单击索引切换的效果，需要多添加 list 的数据，list 列表需要存在不可见部分，单击索引效果才会生效。

list 常用属性见表 4-31。

表 4-31　list 常用属性

属性	类型	默认值	必填	描述
divider	boolean	false	否	item 是否自带分隔线。 其样式有 divider-color、divider-height、divider-length、divider-origin
indexer	boolean | Array\<string\>	false		是否展示侧边栏快速字母索引栏。当设置为 true 或者自定义索引时，索引栏会显示在列表右边界处，示例如下。 "indexer"："true"表示使用默认字母索引表。 "indexer"："false"表示无索引。 "indexer"：['#','1','2','3','4','5','6','7','8']表示自定义索引表。自定义时"#"必须要存在。 说明：indexer 属性生效需要 flex-direction 属性配合设置为 column，且 columns 属性设置为 1。 单击索引条进行列表项索引需要 list-item 子组件配合设置相应的 section 属性

5. swiper

滑动容器可提供切换子组件显示的能力。

支持设备如下。

手机	平板电脑	智慧屏	智能穿戴设备
支持	支持	支持	支持

（1）属性

swiper 除支持通用属性，还支持其他属性，见表 4-32。

表 4-32　swiper 支持的其他属性

属性	类型	默认值	必填	描述
index	number	0	否	当前在容器中显示的子组件的索引值
autoplay	boolean	FALSE	否	子组件是否自动播放，在自动播放状态下，导航点不可操作
interval	number	3000	否	使用自动播放时播放的时间间隔，单位为 ms
indicator	boolean	TRUE	否	是否启用导航点指示器，默认 true
digital	boolean	FALSE	否	是否启用数字导航点，默认为 false 说明：必须设置 indicator，生效数字导航点才能生效

表 4-32　swiper 支持的其他属性（续）

属性	类型	默认值	必填	描述
indicatormask	boolean	FALSE	否	是否采用指示器蒙版，设置为 true 时，指示器会有渐变蒙版出现 说明：手机上不生效
Indicatordisabled	boolean	FALSE	否	指示器是否禁止用户手势操作，设置为 true 时，指示器不会响应用户的单击拖拽
loop	boolean	TRUE	否	是否开启循环滑动
duration	number	—	否	子组件切换的动画时长
vertical	boolean	FALSE	否	是否为纵向滑动，纵向滑动时采用纵向的指示器

（2）样式

swiper 除支持通用样式，还支持其他样式，见表 4-33。

表 4-33　swiper 支持的其他样式

样式	类型	默认值	必填	描述
indicator-color	<color>	—	否	导航点指示器的填充颜色
indicator-selected-color	<color>	手机：#ff007dff 智慧屏：#ffffffff 智能穿戴设备：#ffffffff	否	导航点指示器选中的颜色
indicator-size	<length>	4px	否	导航点指示器的直径大小
indicator-top|left|right|bottom	<length>|<percentage>	—	否	导航点指示器在 swiper 中的相对位置

（3）事件

swiper 除支持通用事件，还支持其他事件，见表 4-34。

表 4-34　swiper 支持的其他事件

事件	参数	描述
change	{ index: currentIndex }	当前显示的组件索引变化时触发该事件
rotation	{ value: rotationValue }	智能穿戴设备表冠旋转事件触发时的回调

（4）方法

swiper 除支持通用方法，还支持其他方法，见表 4-35。

表 4-35　swiper 支持的其他方法

方法	参数	描述
swipeTo	{ index: number(指定位置) }	切换到 index 位置的子组件
showNext	无	显示下一个子组件
showPrevious	无	显示上一个子组件

示例如下。

```
<!-- xxx.hml -->
<div class="container">
    <swiper class="swiper" id="swiper" index="0" indicator="true" loop="true" digital=
"false">
        <div class = "swiperContent" >
            <text class = "text">First screen</text>
        </div>
        <div class = "swiperContent">
            <text class = "text">Second screen</text>
        </div>
        <div class = "swiperContent">
            <text class = "text">Third screen</text>
        </div>
    </swiper>
    <input class="button" type="button" value="swipeTo" onclick="swipeTo"></input>
    <input class="button" type="button" value="showNext" onclick="showNext"></input>
    <input class="button" type="button" value="showPrevious" onclick= "showPrevious">
</input>
</div>
```

```
/* xxx.css */
.container {
    flex-direction: column;
    width: 100%;
    height: 100%;
    align-items: center;
}
.swiper {
    flex-direction: column;
    align-content: center;
    align-items: center;
    width: 70%;
    height: 130px;
    border: 1px solid #000000;
    indicator-color: #cf2411;
    indicator-size: 14px;
    indicator-bottom: 20px;
    indicator-right: 30px;
    margin-top: 100px;
}
.swiperContent {
    height: 100%;
    justify-content: center;
}
.button {
    width: 70%;
    margin: 10px;
}
.text {
    font-size: 40px;
}
```

```
// xxx.js
export default {
    swipeTo() {
        this.$element('swiper').swipeTo({index: 2});
    },
    showNext() {
        this.$element('swiper').showNext();
    },
    showPrevious() {
        this.$element('swiper').showPrevious();
    }
}
```

6．dialog

dialog 可自定义弹窗容器。

支持设备如下。

手机	平板电脑	智慧屏	智能穿戴设备
支持	支持	支持	支持

（1）属性

弹窗类组件不支持 focusable、click-effect 属性，支持其他通用属性。

（2）样式

dialog 仅支持通用样式中的 width、height、margin、margin-[left|top|right|bottom]、margin-[start|end]样式。

（3）事件

dialog 不支持通用事件，仅支持以下事件。

事件：cancel。参数：无。

事件描述：用户单击非 dialog 区域触发取消弹窗时触发的事件。

（4）方法

dialog 不支持通用方法，仅支持以下方法。

① 方法：show。参数：无。方法描述：弹出对话框。

② 方法：close。参数：无。方法描述：关闭对话框。

dialog 属性、样式均不支持动态更新。

示例如下。

```html
<!-- xxx.hml -->
<div class="doc-page">
    <div class="btn-div">
      <button type="capsule" value="Click here" class="btn" onclick="showDialog">
</button>
    </div>
    <dialog id="simpledialog" class="dialog-main" oncancel="cancelDialog">
       <div class="dialog-div">
          <div class="inner-txt">
             <text class="txt">Simple dialog</text>
          </div>
          <div class="inner-btn">
             <button type="capsule" value="Cancel" onclick="cancelSchedule" class=
"btn-txt"></button>
             <button type="capsule" value="Confirm" onclick="setSchedule" class=
"btn-txt"></button>
          </div>
       </div>
    </dialog>
</div>
```

```css
/* xxx.css */
.doc-page {
  flex-direction: column;
  justify-content: center;
  align-items: center;
}
```

```
.btn-div {
  width: 100%;
  height: 200px;
  flex-direction: column;
  align-items: center;
  justify-content: center;
}
.btn {
  background-color: #F2F2F2;
  text-color: #0D81F2;
}
.txt {
  color: #000000;
  font-weight: bold;
  font-size: 39px;
}
.dialog-main {
  width: 500px;
}
.dialog-div {
  flex-direction: column;
  align-items: center;
}
.inner-txt {
  width: 400px;
  height: 160px;
  flex-direction: column;
  align-items: center;
  justify-content: space-around;
}
.inner-btn {
  width: 400px;
  height: 120px;
  justify-content: space-around;
  align-items: center;
}
.btn-txt {
  background-color: #F2F2F2;
  text-color: #0D81F2;
}
```

```
// xxx.js
import prompt from '@system.prompt';

export default {
  showDialog(e) {
    this.$element('simpledialog').show()
  },
  cancelDialog(e) {
    prompt.showToast({
      message: 'Dialog cancelled'
    })
  },
  cancelSchedule(e) {
    this.$element('simpledialog').close()
    prompt.showToast({
      message: 'Successfully cancelled'
    })
  },
  setSchedule(e) {
    this.$element('simpledialog').close()
    prompt.showToast({
      message: 'Successfully confirmed'
    })
  }
}
```

dialog 运行效果如图 4-34 所示。

图 4-34　dialog 运行效果

7．refresh

refresh 可下拉刷新容器。

支持设备如下。

手机	平板电脑	智慧屏	智能穿戴设备
支持	支持	不支持	支持

（1）属性

refresh 除支持通用属性，还支持其他属性，见表 4-36。

表 4-36　refresh 支持的其他属性

属性	类型	默认值	必填	描述
offset	\<length\>	—	否	刷新组件静止时距离父组件顶部的距离
refreshing	boolean	FALSE	否	用于标识刷新组件当前是否正在刷新
type	string	auto	否	设置组件刷新时的动效，有两个可选值，不支持动态修改。 auto：默认效果，列表页面拉到顶后，列表不移动，下拉后有转圈弹出。 pulldown：列表页面拉到顶后，可以继续往下滑动一段距离触发刷新，刷新完成后有回弹效果（如果子组件含有 list，为了防止下拉效果冲突，需将 list 的 scrolleffect 设置为 no）
lasttime	boolean	FALSE	否	是否显示上次更新时间，字符串格式为"上次更新时间：XXXX"，XXXX 按照时间日期的显示规范显示，不可动态修改（建议 type 为 pulldown 时使用，固定距离位于内容下拉区域底部，使用时注意 offset 属性设置，防止出现重叠）

表 4-36　refresh 支持的其他属性（续）

属性	类型	默认值	必填	描述
timeoffset	\<length\>	—	否	设置更新时间距离父组件顶部的距离
friction	number	手机：42 智能穿戴设备：62	否	下拉摩擦系数，取值范围为 0～100，数值越大，refresh 组件跟手性越高，数值越小 refresh 跟手性越低。说明：仅手机、平板电脑和智能穿戴设备支持

（2）样式

refresh 除支持通用样式，还支持其他样式，见表 4-37。

表 4-37　refresh 支持的其他样式

样式	类型	默认值	必填	描述
background-color	\<color\>	手机：white 智能穿戴设备：black	否	用于设置刷新组件的背景颜色
progress-color	\<color\>	手机：black 智能穿戴设备：white	否	用于设置刷新组件的 loading 颜色

（3）事件

不支持通用事件，仅支持其他事件，见表 4-38。

表 4-38　refresh 支持的其他事件

事件	参数	描述
refresh	{ refreshing: refreshingValue }	下拉刷新状态变化时触发，可能值如下。false：当前处于下拉刷新过程中。true：当前未处于下拉刷新过程中
pulldown	{ state: string }	下拉开始和松手时触发，可能值如下。start：表示开始下拉。end：表示结束下拉

（4）方法

不支持通用方法。

示例如下。

```
<!-- xxx.html -->
<div class="container">
  <refresh refreshing="{{fresh}}" onrefresh="refresh">
    <list class="list" scrolleffect="no">
      <list-item class="listitem" for="list">
        <div class="content">
          <text class="text">{{$item}}</text>
        </div>
      </list-item>
    </list>
  </refresh>
</div>
```

```css
/* xxx.css */
.container {
  flex-direction: column;
  align-items: center;
  width: 100%;
  height: 100%;
}
.list {
  width: 100%;
  height: 100%;
}
.listitem {
  width: 100%;
  height: 150px;
}
.content {
  width: 100%;
  height: 100%;
  flex-direction: column;
  align-items: center;
  justify-content: center;
}
.text {
  font-size: 35px;
  font-weight: bold;
}
```

```javascript
// xxx.js
import prompt from '@system.prompt';
export default {
  data: {
    list:[],
    fresh:false
  },
  onInit() {
    this.list = [];
    for (var i = 0; i <= 3; i++) {
      var item = '列表元素' + i;
      this.list.push(item);
    }
  },
  refresh: function (e) {
    prompt.showToast({
      message: '刷新中...'
    })
    var that = this;
    that.fresh = e.refreshing;
```

```javascript
    setTimeout(function () {
      that.fresh = false;
      var addItem = '更新元素';
      that.list.unshift(addItem);
      prompt.showToast({
        message: '刷新完成!'
      })
    }, 2000)
  }
}
```

refresh 运行效果如图 4-35 所示。

图 4-35　refresh 运行效果

8．badge

应用中如果有需用户关注的新事件提醒，可以采用新事件标记来标识。

支持设备如下。

手机	平板电脑	智慧屏	智能穿戴设备
支持	支持	不支持	不支持

属性：badge 除支持通用属性，还支持其他属性，见表 4-39。

表 4-39　badge 支持的其他属性

属性	类型	默认值	必填	描述
placement	string	rightTop	否	事件提醒的数字标记或者圆点标记的位置，可选值如下。right：位于组件右边框。rightTop：位于组件边框右上角。left：位于组件左边框
count	number	0	否	设置提醒的消息数，默认为 0。当提醒消息数大于 0 时，消息提醒会变成数字标记类型，未设置消息数或者消息数不大于 0 时，消息提醒将采用圆点标记。说明：当数字设置为大于 maxcount 时，将使用 maxcount 显示。count 属性最大支持整数值为 2147483647
visible	boolean	FALSE	否	是否显示消息提醒。当收到新信息提醒时，可以设置该属性为 true，显示相应的消息提醒，如果需要使用数字标记类型，同时需要设置相应的 count 属性

表 4-39　badge 支持的其他属性（续）

属性	类型	默认值	必填	描述
maxcount	number	99	否	最大消息数限制,当收到新信息提醒大于该限制时,标识数字会进行省略,仅显示 maxcount+。 说明：maxcount 属性最大支持整数值为 2147483647
config	BadgeConfig	—	否	设置新事件标记相关配置属性
label	string	—	否	设置新事件提醒的文本值。 说明：使用该属性时,count 和 maxcount 属性不生效

BadgeConfig 属性见表 4-40。

表 4-40　BadgeConfig 属性

属性	类型	默认值	必填	描述
badgeColor	<color>	#fa2a2d	否	新事件标记背景色
textColor	<color>	#ffffff	否	数字标记的数字文本颜色
textSize	<length>	10px	否	数字标记的数字文本大小
badgeSize	<length>	6px	否	圆点标记的默认大小

badge 仅支持单子组件节点,如果使用多子组件节点,默认使用第一个子组件节点。

badge 支持通用样式、事件和方法,但是 badge 组件的子组件大小不能超过 badge 组件本身的大小,否则子组件不会绘制。

示例如下。

```
<!-- xxx.hml -->
<div class="container">
    <div class="badgediv">
        <badge config="{{ badgeconfig }}" placement="rightTop" visible="true"
            count="50" maxcount="99">
            <image class="cimg"
                src="/common/images/msg.png">
            </image>
        </badge>
    </div>
</div>
```

```
/* xxx.css */
.container {
    flex-direction: column;
    justify-content: center;
    align-items: center;
    width: 100%;
    height: 100%;
}
/*badge 外面套的 div 样式*/
.badgediv{
    width: 36px;
    height: 36px;
}
/*菜单项中图片的样式*/
.cimg{
    width: 36px;
    height: 36px;
}
```

```
// xxx.js
import prompt from '@system.prompt';
export default {
    data: {
        badgeconfig: {
            badgeColor: "#fa2a2d",
            textColor: "#ffffff",
        }
    },
}
```

badge 预览效果如图 4-36 所示。

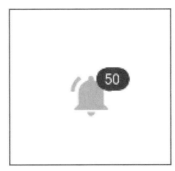

图 4-36　badge 预览效果

4.4.7　基础组件

1. text

文本被用于呈现一段信息，文本的展示内容需要写在元素标签内。

支持设备如下。

手机	平板电脑	智慧屏	智能穿戴设备
支持	支持	支持	支持

text 支持通用的属性、事件和方法。

text 除支持通用样式，还支持其他样式，见表 4-41。

表 4-41　text 支持的其他样式

样式	类型	默认值	必填	描述
color	<color>	手机：#e5000000 智慧屏：#e5ffffff 智能穿戴设备： #ffffffff	否	设置文本的颜色
font-size	<length>	30px	否	设置文本的尺寸
allow-scale	boolean	TRUE	否	文本尺寸是否跟随系统设置字体缩放尺寸进行放大缩小。 说明：如果需要支持动态生效，请参看 config 描述文件中 config-changes 标签

表 4-41 text 支持的其他样式（续）

样式	类型	默认值	必填	描述
letter-spacing	\<length\>	0px	否	设置文本的字符间距
font-style	string	normal	否	设置文本的字体样式，可选值如下。 normal：标准的字体样式。 italic：斜体的字体样式
font-weight	number | string	normal	否	设置文本的字体粗细，number 类型取值为[100, 900]，默认为 400，取值越大，字体越粗。 说明：number 取值必须为 100 的整数倍。 string 类型支持 4 个取值：lighter、normal、bold、bolder
text-decoration	string	none	否	设置文本的文本修饰，可选值如下。 underline：文字下划线修饰。 line-through：穿过文本的修饰线 n。 none：标准文本
text-align	string	start	否	设置文本的文本对齐方式，可选值如下。 left：文本左对齐。 center：文本居中对齐。 right：文本右对齐。 start：根据文字书写相同的方向对齐。 end：根据文字书写相反的方向对齐。 说明：如果文本宽度未指定大小，在文本的宽度和父容器的宽度大小相等的情况下，对齐效果可能会不明显
line-height	\<length\>	0px	否	设置文本的文本行高，当文本行高设置为 0px 时，表示不限制文本行高，自适应字体大小
text-overflow	string	clip	否	在设置了最大行数的情况下生效，可选值如下。 clip：将文本根据父容器大小进行裁剪显示。 ellipsis：根据父容器大小显示，显示不下的文本用省略号代替，需配合 max-lines 使用
font-family	string	sans-serif	否	设置文本的字体列表，用逗号分隔，每个字体用字体名或者字体族名设置。列表中第一个系统中存在的字体或者通过自定义字体指定的字体，会被选中作为文本的字体
max-lines	number	—	否	设置文本的最大行数
min-font-size	\<length\>	—	否	文本最小字号，需要和文本最大字号同时设置，支持文本字号动态变化。设置最大、最小字体样式后，font-size 不生效

表 4-41　text 支持的其他样式（续）

样式	类型	默认值	必填	描述
max-font-size	\<length\>	—	否	文本最大字号，需要和文本最小字号同时设置，支持文本字号动态变化。设置最大、最小字体样式后，font-size 不生效
font-size-step	\<length\>	1px	否	文本动态调整字号时的步长，需要设置最小、最大字号样式生效
prefer-font-sizes	\<array\>	—	否	预设的字号集合。在动态尺寸调整时，优先使用预设字号集合中的字号匹配设置的最大行数，如果预设字号集合未设置，则使用最大、最小和步长调整字号。针对仍然无法满足最大行数要求的情况，使用 text-overflow 设置项进行截断，设置预设尺寸集合后，font-size、max-font-size、min-font-size 和 font-size-step 不生效。 例如，prefer-font-sizes: 12px,14px,16px
word-break	string	normal	否	设置文本折行模式，可选值如下。 normal：默认换行规则，依据各自语言的规则，允许在字间发生换行。 break-all：对于非中文、日文、韩文的文本，可在任意字符间断行。 break-word：与 break-all 相同，但 break-word 要求一个没有断行破发点的词必须保持为一个整体单位

- 字体动态缩放：预设尺寸集合和最小、最大字号调节基于是否满足最大行数要求，预设尺寸集合会按照从左到右的顺序查看是否满足最大行数要求，最小、最大字号调节则基于从大到小的顺序查看是否满足最大行数要求。
- 文本换行：文本可以通过转义字符\r\n 进行换行。
- 文本标签内支持的转义字符有：\a、\b、\f、\n、\r、\t、\v、\'、\"、\0。
- 当使用子组件 span 组成文本段落时，如果 span 属性样式异常，将导致 text 段落无法显示。
- letter-spacing、text-align、line-height、text-overflow 和 max-lines 样式作用于 text 及其子组件（span）组成的文本内容。
- text 组件说明：不支持 text 内同时存在文本内容和 span 子组件（如果同时存在，只显示 span 内的内容）。

示例如下。

```
<!-- xxx.html -->
<div class="container">
    <text class="title">
        Hello {{ title }}
    </text>
</div>
```

```
/* xxx.css */
.container {
    display: flex;
    justify-content: center;
    align-items: center;
}

.title {
    font-size: 60px;
    font-style: italic;
    text-align: center;
    width: 200px;
    height: 200px;
}
```

```
// xxx.js
export default {
    data: {
        title: 'World'
    }
}
```

text 组件运行效果如图 4-37 所示。

Hello
World

图 4-37　text 组件运行效果

2．button

button 提供按钮组件，包括胶囊按钮、圆形按钮、文本按钮、弧形按钮、下载按钮。支持设备如下。

手机	平板电脑	智慧屏	智能穿戴设备
支持	支持	支持	支持

（1）属性

button 除支持通用属性，还支持其他属性，见表 4-42。

表 4-42　button 支持的其他属性

属性	类型	默认值	必填	描述
type	string	—	否	不支持动态修改。如果该属性缺省，展示类胶囊型按钮，不同于胶囊类型按钮，四边圆角可以通过 border-radius 分别指定，如果需要设置该属性，可选值包括以下内容。 capsule：胶囊型按钮，带圆角按钮，有背景色和文本。 circle：圆形按钮，支持放置图标。 text：文本按钮，仅包含文本显示。 arc：弧形按钮，仅支持智能穿戴设备。 download：下载按钮，额外增加下载进度条功能，仅支持手机和智慧屏

表 4-42 button 支持的其他属性

属性	类型	默认值	必填	描述
value	string	—	否	button 的文本值，circle 类型不生效
icon	string	—	否	button 的图标路径，图标格式为 JPG、PNG 和 SVG
placement	string	end	否	仅在 type 属性为缺省时生效，设置图标位于文本的位置，可选值如下。 start：图标位于文本起始处。 end：图标位于文本结束处。 top：图标位于文本上方。 bottom：图标位于文本下方
waiting	boolean	FALSE	否	waiting 状态，waiting 为 true 时展现等待中转圈效果，位于文本左侧。类型为 download 时不生效，不支持智能穿戴设备

（2）样式

type 设置为非 arc 时，除支持通用样式，还支持其他样式，见表 4-43。

表 4-43 button 支持的其他样式

样式	类型	默认值	必填	描述
text-color	<color>	手机：#ff007dff 智慧屏：#e5ffffff 智能穿戴设备：#ff45a5ff	否	按钮的文本颜色
font-size	<length>	手机：16px 智慧屏：18px 智能穿戴设备：16px	否	按钮的文本尺寸
allow-scale	boolean	TRUE	否	按钮的文本尺寸是否跟随系统设置字体缩放尺寸进行放大缩小。 说明：如果在 config 描述文件中针对 Ability 配置了 fontSize 的 config-changes 标签，则应用不会重启而直接生效
font-style	string	normal	否	按钮的字体样式
font-weight	number | string	normal	否	按钮的字体粗细。详见 text 组件 font-weight 的样式属性
font-family	<string>	sans-serif	否	按钮的字体列表，用逗号分隔，每个字体用字体名或者字体族名设置。列表中第一个系统中存在的字体或者自定义指定的字体，会被选中作为文本的字体

表 4-43　button 支持的其他样式（续）

样式	类型	默认值	必填	描述
icon-width	\<length\>	—	否	设置圆形按钮内部图标的宽，默认填满整个圆形按钮。 说明：icon 使用 SVG 图片资源时必须设置该样式
icon-height	\<length\>	—	否	设置圆形按钮内部图标的高，默认填满整个圆形按钮。 说明：icon 使用 SVG 图片资源时必须设置该样式
radius	\<length\>	—	否	圆形按钮半径或者胶囊按钮圆角半径。在圆形按钮类型下该样式优先于通用样式的 width 和 height 样式

- 胶囊按钮（type=capsule）不支持 border 相关样式。
- 圆形按钮（type=circle）不支持文本相关样式。
- 文本按钮（type=text）自适应文本大小，不支持尺寸设置（radius、width、height），背景透明不支持 background-color 样式。

type 设置为 arc 时，除支持通用样式中 background-color、opacity、display、visibility、position、[left|top|right|bottom]，还支持其他样式，见表 4-44。

表 4-44　type 为 arc 时 button 支持的其他样式

样式	类型	默认值	必填	描述
text-color	\<color\>	#de0000	否	弧形按钮的文本颜色
font-size	\<length\>	37.5px	否	弧形按钮的文本尺寸
allow-scale	boolean	TRUE	否	弧形按钮的文本尺寸是否跟随系统设置字体缩放尺寸进行放大缩小
font-style	string	normal	否	弧形按钮的字体样式
font-weight	number | string	normal	否	弧形按钮的字体粗细。见 text 组件 font-weight 的样式属性
font-family	\<string\>	sans-serif	否	按钮的字体列表，用逗号分隔，每个字体用字体名或者字体族名设置。列表中第一个系统中存在的或者自定义指定的字体，会被选中作为文本的字体

button 支持通用事件和方法，类型为 download 时，还支持其他方法，见表 4-45。

表 4-45　类型为 download 时 button 支持的其他方法

方法	参数	描述
setProgress	{ progress:percent }	设定下载按钮进度条进度，取值为 0～100。当设置的值大于 0 时，下载按钮展现进度条；当设置的值大于等于 100 时，取消进度条显示。 说明：浮在进度条上的文字通过 value 值进行变更

示例如下。

```html
<!-- xxx.html -->
<div class="div-button">
    <button class="first" type="capsule" value="Capsule button"></button>
    <button class="button circle" type="circle" icon="common/ic_add_default.png">
</button>
    <button class="button text" type="text">Text button</button>
    <button class="button download" type="download" id="download-btn"
        on:click="showProgress">{{ downloadText }}</button>
    <button class="last" type="capsule" waiting="true">Loading</button>
</div>
```

```css
/* xxx.css */
.div-button {
    flex-direction: column;
    align-items: center;
}
.first{
    background-color: #F2F2F2;
    text-color: #0D81F2;
}
.button {
    margin-top: 15px;
}
.last{
    background-color: #F2F2F2;
    text-color: #969696;
    margin-top: 15px;
    width: 280px;
    height:72px;
}
.button:waiting {
    width: 280px;
}
.circle {
    background-color: #007dff;
    radius: 72px;
    icon-width: 72px;
    icon-height: 72px;
}
.text {
    text-color: red;
    font-size: 40px;
    font-weight: 900;
    font-family: sans-serif;
    font-style: normal;
}
.download {
    width: 280px;
    text-color: white;
    background-color: red;
}
```

```
// xxx.js
export default {
    data: {
        progress: 5,
        downloadText: "Download"
    },
    showProgress(e) {
        this.progress += 10;
        this.downloadText = this.progress + "%";
        this.$element('download-btn').setProgress({ progress: this.progress });
        if (this.progress >= 100) {
            console.log("yy");
            this.downloadText = "Done";
        }
    }
}
```

button 运行效果如图 4-38 所示。

图 4-38   button 运行效果

3．image

图片组件用来渲染展示图片。

支持设备如下。

手机	平板电脑	智慧屏	智能穿戴设备
支持	支持	支持	支持

（1）属性

image 除支持通用属性，还支持其他属性，见表 4-46。

表 4-46   image 支持的其他属性

属性	类型	默认值	必填	描述
src	string	—	否	图片的路径，支持本地和云端路径，图片格式包括 PNG、JPG、BMP、SVG 和 GIF。 支持 Base64 字符串。格式为 data:image/[png｜jpeg｜bmp｜webp];base64, [base64 data]，其中[base64 data]为 Base64 字符串数据。 支持 dataability://的路径前缀，用于访问通过 data ability 提供的图片路径，具体路径信息详见 Data Ability 说明
alt	string	—	否	占位图，当指定图片在加载中时显示

（2）样式

image 除支持通用样式，还支持其他样式，见表 4-47。

表 4-47　image 支持的其他样式

样式	类型	默认值	必填	描述
object-fit	string	cover	否	设置图片的缩放类型。可选值类型说明请见表 4-48 object-fit 类型说明（不支持 SVG 格式）
match-text-direction	boolean	FALSE	否	图片是否跟随文字方向（不支持 SVG 格式）
fit-original-size	boolean	FALSE	否	image 组件在未设置宽、高的情况下是否适应图片资源尺寸（该属性为 true 时 object-fit 属性不生效），SVG 图片资源不支持该属性

object-fit 类型说明见表 4-48。

表 4-48　object-fit 类型说明

类型	描述
cover	保持宽高比进行缩小或者放大，使得图片两边都大于或等于显示边界，居中显示
contain	保持宽高比进行缩小或者放大，使得图片完全显示在显示边界内，居中显示
fill	不保持宽高比进行放大缩小，使得图片填充满显示边界
none	保持原有尺寸进行居中显示
scale-down	保持宽高比居中显示，图片缩小或者保持不变

 使用 SVG 图片资源时，需注意以下事项。

- 建议设置 image 组件的长宽，否则在父组件的长或宽为无穷大的场景下，SVG 将不会绘制。
- 如果 SVG 描述中未指定相应的长宽，则 SVG 将会填满 image 组件区域。
- 如果 SVG 描述中指定了相应的长宽，则 image 组件本身的长宽效果如下：

① 如果 image 组件本身的长宽小于 SVG 中的长宽，SVG 会被裁切，仅显示左上角部分；

② 如果 image 组件本身的长宽大于 SVG 中的长宽，SVG 会被放置在 image 组件的左上角，image 组件其他部分显示空白。

（3）事件

image 除支持通用事件，还支持其他事件，见表 4-49。

表 4-49　image 支持的其他事件

事件	参数	描述
complete(Rich)	{ width：width，height：height }	图片成功加载时触发该回调，返回成功加载的图片资源尺寸
error(Rich)	{ width：width，height：height }	图片加载出现异常时触发该回调，异常时长宽为零

示例如下。

```
<!-- xxx.hml -->
<div class="container">
    <image    src="/common/images/bg-tv.jpg"    style="width:  300px;height:  300px;
object-fit: {{fit}};border: 1px solid red;">
    </image>
    <select class="selects" onchange="change_fit">
        <option for="{{fits}}" value="{{$item}}">{{$item}}</option>
    </select>
</div>
```

```
/* xxx.css */
.container {
    justify-content: center;
    align-items: center;
    flex-direction: column;
    width: 100%;
    height: 100%;
}
.selects{
    margin-top: 20px;
    width:300px;
    border:1px solid #808080;
    border-radius: 10px;
}
```

```
// xxx.js
export default {
    data: {
        fit:"cover",
        fits: ["cover", "contain", "fill", "none", "scale-down"],
    },
    change_fit(e) {
        this.fit = e.newValue;
    },
}
```

运行之后，单击"下拉"按钮切换图片样式，效果如图 4-39 所示。

图 4-39　image 不同 object-fit 状态

4．select

下拉"选择"按钮，可让用户在多个选项之间选择。

支持设备如下。

手机	平板电脑	智慧屏	智能穿戴设备
支持	支持	支持	不支持

（1）样式

select 除支持通用样式，还支持其他样式，见表 4-50。

表 4-50　select 支持的其他样式

样式	类型	默认值	必填	描述
font-family	string	sans-serif	否	字体列表，用逗号分隔，每个字体用字体名或者字体族名设置。列表中第一个系统中存在的或者自定义指定的字体，会被选中作为文本的字体

（2）事件

select 除支持通用事件，还支持其他事件，见表 4-51。

表 4-51　select 支持的其他事件

事件	参数	描述
change	{newValue: newValue}	下拉选择新值后触发该事件，newValue 的值为子组件 option 的 value 属性值

select 组件不支持 click 事件。

示例如下。

```html
<!-- xxx.html -->
<div class="container">
    <text>选择设备</text>
    <select @change="selectDevice">
        <option for="{{devices}}" value="{{$item}}">{{$item}}</option>
    </select>
</div>
```

```css
/* xxx.css */
.container {
    justify-content: center;
    align-items: center;
    flex-direction: column;
    width: 100%;
    height: 100%;
}
```

```javascript
// xxx.js
export default {
    data: {
        deviceSelected:"",
        devices: ["空调", "冰箱", "电视", "电灯", "电风扇"],
    },
    selectDevice(event) {
        this.deviceSelected = event.newValue;
        console.info("您选择了: "+this.deviceSelected);
    },
}
```

select 运行效果如图 4-40 所示。

图 4-40　select 运行效果

5．progress

进度条用于显示内容加载或操作处理进度。

支持设备如下。

手机	平板电脑	智慧屏	智能穿戴设备
支持	支持	支持	支持

（1）属性

progress 除支持通用属性，还支持其他属性，见表 4-52。

表 4-52　progress 支持的其他属性

属性	类型	默认值	必填	描述
type	string	horizontal	否	设置进度条的类型，该属性不支持动态修改，可选值如下。 horizontal：线性进度条。 circular：loading 样式进度条。 ring：圆环形进度条。 scale-ring：带刻度圆环形进度条。 arc：弧形进度条。 eclipse：圆形进度条，展现类似月圆月缺的进度展示效果

不同类型的进度条还支持不同的属性。

① 进度条类型为 horizontal、ring、scale-ring 时，支持以下属性，见表 4-53。

表 4-53　类型为 horizontal、ring、scale-ring 时支持的属性

属性	类型	默认值	必填	描述
percent	number	0	否	当前进度，取值范围为 0～100
secondarypercent	number	0	否	次级进度，取值范围为 0～100

② 进度条类型为 ring、scale-ring 时，支持以下属性，见表 4-54。

表 4-54　类型为 ring、scale-ring 时支持的属性

属性	类型	默认值	必填	描述
clockwise	boolean	true	否	圆环形进度条是否采用顺时针

③ 类型为 arc、eclipse 时，支持以下属性，见表 4-55。

表 4-55　类型为 arc、eclipse 时支持的属性

属性	类型	默认值	必填	描述
percent	number	0	否	当前进度，取值范围为 0～100

（2）样式

progress 除支持通用样式外，还支持以下样式。

type=horizontal 时支持的样式，见表 4-56。

表 4-56　type=horizontal 时支持的样式

样式	类型	默认值	必填	描述
color	<color>	手机：#ff007dff 智慧屏：#e5ffffff 智能穿戴设备：#ff45a5ff	否	设置进度条的颜色
stroke-width	<length>	手机：4px 智慧屏：4px 智能穿戴设备：4px	否	设置进度条的宽度
background-color	<color>	—	否	设置进度条的背景色
secondary-color	<color>	—	否	设置次级进度条的颜色

type=circular 时支持的样式，见表 4-57。

表 4-57　type=circular 时支持的样式

样式	类型	默认值	必填	描述
color	<color>	—	否	loading 进度条上的圆点颜色

type=ring、scale-ring 时支持的样式，见表 4-58。

表 4-58　type=ring、scale-ring 时支持的样式

样式	类型	默认值	必填	描述
color	<color> | <linear-gradient>	—	否	环形进度条的颜色，ring 类型支持线性渐变色设置。 说明：线性渐变色仅支持两个颜色参数设置格式，如 color = linear-gradient (#ff0000, #00ff00)

表 4-58　type=ring、scale-ring 时支持的样式（续）

样式	类型	默认值	必填	描述
background-color	\<color\>	—	否	环形进度条的背景色
secondary-color	\<color\>	—	否	环形次级进度条的颜色
stroke-width	\<length\>	手机：10px 智慧屏：10px 智能穿戴设备：10px	否	环形进度条的宽度
scale-width	\<length\>	—	否	带刻度的环形进度条的刻度粗细，类型为 scale-ring 时生效
scale-number	number	120	否	带刻度的环形进度条的刻度数量，类型为 scale-ring 时生效

type=arc 时支持的样式，见表 4-59。

表 4-59　type=arc 时支持的样式

样式	类型	默认值	必填	描述
color	\<color\>	—	否	弧形进度条的颜色
background-color	\<color\>	—	否	弧形进度条的背景色
stroke-width	\<length\>	手机：4px 智慧屏：4px 智能穿戴设备：4px	否	弧形进度条的宽度。 说明：进度条宽度越大，进度条越靠近圆心，进度条始终在半径区域内
start-angle	\<deg\>	240	否	弧形进度条起始角度，以时钟 0 点为基线，取值范围为 0~360（顺时针）
total-angle	\<deg\>	240	否	弧形进度条总角度，范围为-360~360，负数标识起点到终点为逆时针
center-x	\<length\>	弧形进度条宽度的一半	否	弧形进度条中心位置（坐标原点为组件左上角顶点）。该样式需要和 center-y 和 radius 一起使用
center-y	\<length\>	弧形进度条高度的一半	否	弧形进度条中心位置（坐标原点为组件左上角顶点），该样式需要和 center-x 和 radius 一起使用
radius	\<length\>	弧形进度条宽高最小值的一半	否	弧形进度条半径，该样式需要和 center-x 和 center-y 一起使用

type=eclipse 时支持的样式，见表 4-60。

表 4-60　type=eclipse 时支持的样式

样式	类型	默认值	必填	描述
color	\<color\>	—	否	圆形进度条的颜色
background-color	\<color\>	—	否	弧形进度条的背景色

示例如下。

```html
<!--xxx.hml -->
<div class="container">
    <progress class="min-progress" type="scale-ring"  percent= "10" secondarypercent="50">
```

```
</progress>
  <progress class="min-progress" type="horizontal" percent= "10" secondarypercent=
"50"> </progress>
  <progress class="min-progress" type="arc" percent= "10"></progress>
  <progress class="min-progress" type="ring" percent= "10" secondarypercent= "50">
</progress>
</div>
```

```
/* xxx.css */
.container {
  flex-direction: column;
  height: 100%;
  width: 100%;
  align-items: center;
}
.min-progress {
  width: 300px;
  height: 300px;
}
```

progress 运行效果如图 4-41 所示。

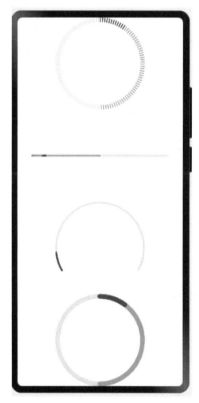

图 4-41　progress 运行效果

6. slider

滑动条组件用来快速调节设置值，如音量、亮度等。

支持设备如下。

手机	平板电脑	智慧屏	智能穿戴设备
支持	支持	支持	支持

（1）属性

slider 除支持通用属性，还支持其他属性，见表 4-61。

表 4-61　slider 支持的其他属性

属性	类型	默认值	必填	描述
min	number	0	否	滑动选择器的最小值
max	number	100	否	滑动选择器的最大值
step	number	1	否	每次滑动的步长
value	number	0	否	滑动选择器的初始值
type（Deprecated，建议使用 step）	string	continuous	否	滑动条类型,仅在智能穿戴设备生效,可选值如下。 continuous：连续滑动类型。 intermittent：间隙滑动类型
minicon	string	—	否	滑动条最小端图片的 URI。仅在智能穿戴设备生效
maxicon	string	—	否	滑动条最大端图片的 URI。仅在智能穿戴设备生效
mode	string	outset	否	滑动条样式如下。 outset：滑块在滑杆上。 inset：滑块在滑杆内。 说明：仅手机和平板电脑支持
showsteps	boolean	FALSE	否	是否显示步长标识。 说明：仅手机和平板电脑支持
showtips	boolean	FALSE	否	滑动时是否有气泡提示百分比。 说明：仅手机和平板电脑支持

（2）样式

slider 除支持通用样式，还支持其他样式，见表 4-62。

表 4-62　slider 支持的其他样式

样式	类型	默认值	必填	描述
color	<color>	手机：#19000000 智慧屏：#33ffffff 智能穿戴设备：#26ffffff	否	滑动条的背景颜色
selected-color	<color>	手机：#ff007dff 智慧屏：#ff0d9ffb 智能穿戴设备：#ff007dff	否	滑动条的已选择颜色
block-color	<color>	#ffffff	否	滑动条的滑块颜色。 说明：仅手机、平板电脑和智慧屏设备支持

（3）事件

slider 除支持通用事件，还支持其他事件，见表 4-63。

表 4-63　slider 支持的其他事件

事件	参数	描述
change	ChangeEvent	选择值发生变化时触发该事件

ChangeEvent参数见表 4-64。

表 4-64　ChangeEvent参数

参数	类型	说明
progress(deprecated)	string	当前 slider 的进度值
isEnd(deprecated)	string	当前 slider 是否拖拽结束，可选值如下。 true：slider 拖拽结束。 false：slider 拖拽中
value	number	当前 slider 的进度值
mode	string	当前 change 事件的类型，可选值如下。 start：slider 的值开始改变。 move：slider 的值跟随手指拖动中。 end：slider 的值结束改变。 click：不是拖拽而是直接单击的时候

示例如下。

```
<!-- xxx.hml -->
<div class="container">
    <text>slider start value is {{startValue}}</text>
    <text>slider current value is {{currentValue}}</text>
    <text>slider end value is {{endValue}}</text>
    <slider min="0" max="100" value="{{value}}" onchange="setvalue"></slider>
</div>
```

```
/* xxx.css */
.container {
    flex-direction: column;
    justify-content: center;
    align-items: center;
    width: 100%;
    height: 100%;
}
```

```
// xxx.js
export default {
    data: {
        value: 0,
        startValue: 0,
        currentValue: 0,
        endValue: 0,
    },
    setvalue(e) {
        console.info("mode=" + e.mode);
        if (e.mode == "start") {
```

```
            this.value = e.value;
            this.startValue = e.value;
        } else if (e.mode == "move") {
            this.value = e.value;
            this.currentValue = e.value;
        } else if (e.mode == "end") {
            this.value = e.value;
            this.endValue = e.value;
        } else if (e.mode == "click"){
            this.value = e.value;
            this.currentValue = e.value;
            this.endValue = e.value;
        }
    }
}
```

slider 运行效果如图 4-42 所示。

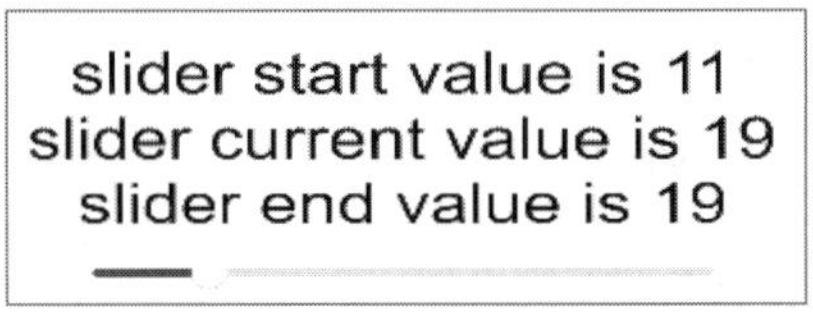

```
slider start value is 11
slider current value is 19
slider end value is 19
━━━  ━━━━━━━━━━
```

图 4-42 slider 运行效果

注意

slider 不支持 onclick 事件，它的 onclick 效果在 onchange 中响应，单击 slider 控件时会触发 onchange 事件，此时 ChangeEvent 中的 mode 参数为 click。

7. menu

menu 提供菜单组件，作为临时性弹出窗口，用于展示用户可执行的操作。

支持设备如下。

手机	平板电脑	智慧屏	智能穿戴设备
支持	支持	支持	不支持

（1）属性

menu 除支持通用属性，还支持其他属性，见表 4-65。

表 4-65　menu 支持的其他属性

属性	类型	默认值	必填	描述
target	string	—	否	目标元素选择器。当使用目标元素选择器后，单击目标元素会自动弹出 menu 菜单。弹出菜单位置优先为目标元素右下角，当右边可视空间不足时会适当左移，当下方空间不足时会适当上移
type	string	click	否	目标元素触发弹窗的方式，可选值如下。 click：单击弹窗。 longpress：长按弹窗
title	string	—	否	菜单标题内容

（2）样式

menu 仅支持以下样式，见表 4-66。

表 4-66　menu 支持的样式

样式	类型	默认值	必填	描述
text-color	\<color\>	—	否	设置菜单的文本颜色
font-size	\<length\>	30px	否	设置菜单的文本尺寸
allow-scale	boolean	TRUE	否	设置菜单的文本尺寸是否跟随系统设置字体缩放尺寸进行放大缩小。 说明：如果在 config 描述文件中针对 Ability 配置了 fontSize 的 config-changes 标签，则应用不会重启而直接生效
letter-spacing	\<length\>	0	否	设置菜单的字符间距
font-style	string	normal	否	设置菜单的字体样式，见 text 组件 font-style 的样式属性
font-weight	number | string	normal	否	设置菜单的字体粗细，见 text 组件 font-weight 的样式属性
font-family	string	sans-serif	否	设置菜单的字体列表，用逗号分隔，每个字体用字体名或者字体族名设置。列表中第一个系统中存在的或者自定义指定的字体，会被选中作为文本的字体

（3）事件

menu 仅支持以下事件，见表 4-67。

表 4-67　menu 支持的事件

事件	参数	描述
selected	{ value:value }	菜单中某个值被单击选中时触发，返回的 value 值为 option 组件的 value 属性
cancel	—	用户取消

（4）方法

menu 仅支持以下方法，见表 4-68。

表 4-68　menu 支持的方法

方法	参数	描述
show	{ x:x, y:y }	显示 menu 菜单。(x, y)指定菜单弹窗位置，其中 x 表示距离可见区域左边沿的 X 轴坐标，不包含任何滚动偏移，y 表示距离可见区域上边沿的 Y 轴坐标，不包含任何滚动偏移及状态栏。菜单优先显示在弹窗位置右下角，当右边可视空间不足时会适当左移，当下方空间不足时会适当上移

示例如下。

```
<div class="container">
    <div class="titlebar">
        <image src="/common/images/back.png"/>
        <text>我家</text>
        <image src="/common/images/menu.png" onclick="onMenuClick"></image>
    </div>
```

```
    <menu id="myMenu" onselected="onMenuSelected">
        <option value="0">添加设备</option>
        <option value="1">设置</option>
        <option value="2">退出</option>
    </menu>
</div>
```

```
.container {
    flex-direction: column;
    width: 100%;
    height: 100%;
}

.titlebar{
    width: 100%;
    height: 64px;
    justify-content: space-between;
    align-items: center;
    font-size: 24px;
}

.titlebar>image{
    width: 48px;
    height: 48px;
}

.title {
    font-size: 40px;
    color: #000000;
    opacity: 0.9;
}
```

```
// xxx.js
import prompt from '@system.prompt';
export default {
    onMenuSelected(e) {
        prompt.showToast({
            message: e.value
        })
    },
    onMenuClick() {
        this.$element("myMenu").show({x:320,y:10});
    }
}
```

menu 运行效果如图 4-43 所示。

图 4-43　menu 运行效果

8. switch

switch 指开关选择器，通过开关，开启或关闭某个功能。

支持设备如下。

手机	平板电脑	智慧屏	智能穿戴设备
支持	支持	支持	支持

（1）属性

switch 除支持通用属性，还支持其他属性，见表 4-69。

表 4-69　switch 支持的其他属性

属性	类型	默认值	必填	描述
checked	boolean	FALSE	否	是否选中
showtext	boolean	FALSE	否	是否显示文本
texton	string	"On"	否	选中时显示的文本
textoff	string	"Off"	否	未选中时显示的文本

（2）样式

switch 除支持通用样式，还支持其他样式，见表 4-70。

表 4-70　switch 支持的其他样式

样式	类型	默认值	必填	描述
texton-color(Rich)	\<color\>	#000000	否	选中时显示的文本颜色
textoff-color(Rich)	\<color\>	#000000	否	未选中时显示的文本颜色
text-padding(Rich)	number	0px	否	texton/textoff 中最长文本两侧距离滑块边界的距离
font-size(Rich)	\<length\>	—	否	文本尺寸，仅设置 texton 和 textoff 生效
allow-scale(Rich)	boolean	TRUE	否	文本尺寸是否跟随系统设置字体缩放尺寸进行放大缩小。 说明：如果在 config 描述文件中针对 Ability 配置了 fontSize 的 config-changes 标签，则应用不会重启而直接生效
font-style(Rich)	string	normal	否	字体样式，仅设置 texton 和 textoff 生效。见 text 组件 font-style 的样式属性
font-weight(Rich)	number | string	normal	否	字体粗细，仅设置 texton 和 textoff 生效。见 text 组件的 font-weight 的样式属性
font-family(Rich)	string	sans-serif	否	字体列表，用逗号分隔，每个字体用字体名或者字体族名设置。列表中第一个系统中存在的或者通过自定义字体指定的字体，会被选中作为文本的字体。仅设置 texton 和 textoff 生效

（3）事件

switch 除支持通用事件，还支持其他事件，见表 4-71。

表 4-71　switch 支持的其他事件

事件	参数	描述
change	{ checked: checkedValue }	选中状态改变时触发该事件

示例如下。

```
<!-- xxx.html -->
<div class="container">
    <switch  showtext="true"  texton=" 开 启 "  textoff=" 关 闭 "  checked="true"
@change="switchChange">
    </switch>
</div>
```

```
/* xxx.css */
.container {
    display: flex;
    justify-content: center;
    align-items: center;
    width: 100%;
    height: 100%;
}
switch{
    texton-color:#002aff;
    textoff-color:silver;
    text-padding:20px;
}
```

```
// xxx.js
import prompt from '@system.prompt';
export default {
    data: {
        title: 'World'
    },
    switchChange(e){
        console.log(e.checked);
        if(e.checked){
            prompt.showToast({
                message: "打开开关"
            });
        }else{
            prompt.showToast({
                message: "关闭开关"
            });
        }
    }
}
```

switch 示例如图 4-44 所示。

图 4-44　switch 示例

9. search

search 提供搜索框组件，用于提供用户搜索内容的输入区域。

支持设备如下。

手机	平板电脑	智慧屏	智能穿戴设备
支持	支持	支持	不支持

（1）属性

search 除支持通用属性，还支持其他属性，见表 4-72。

表 4-72　search 支持的其他属性

属性	类型	默认值	必填	描述
icon	string	—	否	搜索图标，默认使用系统搜索图标，图标格式为 SVG、JPG 和 PNG
hint	string	—	否	搜索提示文字
value	string	—	否	搜索框搜索文本值
searchbutton	string	—	否	搜索框末尾搜索按钮文本值
menuoptions	Array<MenuOption>	—	否	设置文本选择弹窗单击更多按钮之后显示的菜单项

MenuOption 参数说明见表 4-73。

表 4-73　MenuOption 参数说明

参数	类型	描述
icon	string	菜单选项中的图标路径
content	string	菜单选项中的文本内容

（2）样式

search 除支持通用样式，还支持其他样式，见表 4-74。

表 4-74　search 支持的其他样式

样式	类型	默认值	必填	描述
color	<color>	手机：#e6000000 智慧屏：#e6ffffff	否	搜索框的文本颜色
font-size	<length>	手机：16px 智慧屏：18px	否	搜索框的文本尺寸
allow-scale	boolean	TRUE	否	搜索框的文本尺寸是否跟随系统设置字体缩放尺寸进行放大缩小。 说明：如果在 config 描述文件中针对 Ability 配置了 fontSize 的 config-changes 标签，则应用不会重启而直接生效

表 4-74　search 支持的其他样式（续）

样式	类型	默认值	必填	描述
placeholder-color	\<color\>	手机：#99000000 智慧屏：#99ffffff	否	搜索框的提示文本颜色
font-weight	number | string	normal	否	搜索框的字体粗细，见 text 组件 font-weight 的样式属性
font-family	string	sans-serif	否	搜索框的字体列表，用逗号分隔，每个字体用字体名或者字体族名设置。列表中第一个系统中存在的或者通过自定义字体指定的字体，会被选中作为文本的字体
caret-color	\<color\>	—	否	设置输入光标的颜色

（3）事件

search 除支持通用事件，还支持其他事件，见表 4-75。

表 4-75　search 支持的其他事件

事件	参数	描述
change	{ text:newText }	输入内容发生变化时触发。 说明：改变 value 属性值不会触发该回调
submit	{ text:submitText }	单击搜索图标、"搜索"按钮或者按下软键盘"搜索"按钮时触发
translate	{ value: selectedText }	设置此事件后，进行文本选择操作后文本选择弹窗会出现翻译按钮，单击"翻译"按钮之后，触发该回调，返回选中的文本内容
share	{ value: selectedText }	设置此事件后，进行文本选择操作后文本选择弹窗会出现分享按钮，单击"分享"按钮之后，触发该回调，返回选中的文本内容
search	{ value: selectedText }	设置此事件后，进行文本选择操作后文本选择弹窗会出现搜索按钮，单击"搜索"按钮之后，触发该回调，返回选中的文本内容
optionselect	{ index:optionIndex, value: selectedText }	文本选择弹窗中设置 menuoptions 属性后，用户在文本选择操作后，单击菜单项后触发该回调，返回单击的菜单项序号和选中的文本内容

示例如下。

```
<!-- xxx.html -->
<div class="container">
<!--此处使用了 3 种不同的绑定事件的方式，分别是@方式，on 方式，on:方式-->
    <search hint="请输入搜索内容" searchbutton="搜索" @search="popSearch" menuoptions=
"{{ menus }}" onsubmit="mysearch"
        on:optionselect="menuSelected">
    </search>
</div>
```

```css
/* xxx.css */
.container {
    display: flex;
    justify-content: center;
    align-items: center;
    width: 100%;
    height: 100%;
}
```

```js
// xxx.js
import prompt from '@system.prompt';

export default {
    data: {
        title: 'World',
//定义选中文本之后触发弹出的菜单项
        menus: [{
                icon: "/common/images/back.png", content: "菜单 1"
            }, {
                icon: "/common/images/back.png", content: "菜单 2"
            }]
    },
    mysearch(e) {
        console.info("您搜索的内容是: " + e.text);
    },
    popSearch(e) {
        console.info("您划词搜索的内容是: " + e.value);
    },
    menuSelected(e) {
        console.info("选择了菜单项的索引: " + e.index + ",选择的文本内容为: " + e.value);
    }
}
```

此代码需要用模拟器或者真机查看效果,search 组件示例如图 4-45 所示。

图 4-45　search 组件示例

search 组件示例的日志打印如图 4-46 所示。

```
10-14 11:56:10.615 18128-19281/com.example.myapplication12 I 03B00/JSApp:  app Log: 您搜索的内容是: 天下足球
10-14 11:56:40.401 18128-19281/com.example.myapplication12 I 03B00/JSApp:  app Log: 您划词搜索的内容是: 足球
10-14 11:56:55.258 18128-19281/com.example.myapplication12 I 03B00/JSApp:  app Log: 选择了菜单项的索引: 0,选择的菜单项内容: 足球
```

图 4-46　search 组件示例日志打印

4.4.8　媒体组件

1. camera

照相机组件提供预览、拍照功能。

- 目前只能用真机运行调试。
- 一个页面仅支持一个 camera 组件。
- 必须申请权限 ohos.permission.CAMERA。

支持设备如下。

手机	平板电脑	智慧屏	智能穿戴设备
支持	支持	不支持	不支持

（1）属性

camera 除支持通用属性，还支持其他属性，见表 4-76。

表 4-76　camera 支持的其他属性

属性	类型	默认值	必填	描述
flash	string	off	否	闪光灯，取值为 on、off、torch（手电筒常亮模式）
deviceposition	string	back	否	前置或后置，取值为 front、back

目前不支持渲染属性 if、show 和 for。

（2）样式

camera 支持的样式见表 4-77。

表 4-77　camera 支持的样式

样式	类型	默认值	必填	描述
width	<length> | <percentage>	—	否	设置组件自身的宽度。 缺省时使用元素自身内容需要的宽度。 说明：camera 组件宽高不支持动态修改
height	<length> | <percentage>	—	否	设置组件自身的高度。 缺省时使用元素自身内容需要的高度
[left|top]	<length>	—	否	left|top 需要配合 position 样式使用，来确定元素的偏移位置。 left 属性规定元素的左边缘。该属性定义了定位元素左外边距边界与其包含块左边界之间的偏移。 top 属性规定元素的顶部边缘。该属性定义了定位元素的上外边距边界与其包含块上边界之间的偏移

（3）事件

camera 除支持通用事件，还支持其他事件，见表 4-78。

表 4-78　camera 支持的其他事件

事件	参数	描述
error	—	用户不允许使用摄像头时触发

（4）方法

camera 仅支持以下方法，见表 4-79。

表 4-79　camera 支持的方法

方法	参数	描述
takePhoto	CameraTakePhotoOptions	执行拍照，支持设置图片质量

CameraTakePhotoOptions 相关参数见表 4-80。

表 4-80　CameraTakePhotoOptions 相关参数

参数	类型	必填	默认值	描述
quality	string	是	normal	图片质量，可能值有：high、normal、low
success	Function	否	—	接口调用成功的回调函数。返回图片的 URI
fail	Function	否	—	接口调用失败的回调函数
complete	Function	否	—	接口调用结束的回调函数

示例如下。

```
<!-- xxx.hml-->
<div class="container">
    <camera id="c1" flash="on" deviceposition="back" @error="cameraError">
    </camera>
    <text onclick="pai">拍照</text>
</div>
```

```
/* xxx.css */
.container {
    display: flex;
    flex-direction: column;
    justify-content: center;
    align-items: center;
    width: 100%;
    height: 100%;
}
camera{
    width: 300px;
    height: 300px;
}
```

```
//xxx.js
import prompt from '@system.prompt';

export default {
    data: {
        title: 'World'
    },
```

```
        cameraError() {
            prompt.showToast({
                message: "授权失败！"
            });
        },
        pai() {
            this.$element("c1").takePhoto({
                quality: "normal", success: () => {
                    console.info("拍照成功");
                },
                fail: () => {
                    console.info("拍照失败");
                },
                complete: () => {
                    console.info("拍照完成");
                }
            });
        }
    }
```

模拟器下只能查看相机预览效果，无法进行拍照，效果如图 4-47 所示。

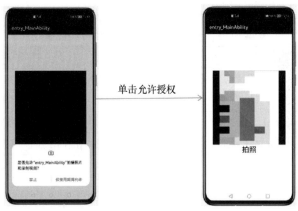

图 4-47　相机预览

2．video

video 指视频播放组件。

使用云端路径需要申请 ohos.permission.INTERNET 权限。

支持设备如下。

手机	平板电脑	智慧屏	智能穿戴设备
支持	支持	支持	不支持

（1）属性

video 除支持通用属性，还支持其他属性，见表 4-81。

表 4-81　video 支持的其他属性

属性	类型	默认值	必填	描述
muted	boolean	FALSE	否	视频是否静音播放
src	string	—	否	播放视频内容的路径
autoplay	boolean	FALSE	否	视频是否自动播放

表 4-81　video 支持的其他属性（续）

属性	类型	默认值	必填	描述
poster	string	—	否	视频预览的海报路径
controls	boolean	TRUE	否	控制视频播放的控制栏是否显示，如果设置为 false，则不显示控制栏。默认为 true，由系统决定显示或隐藏控制栏
loop	boolean	FALSE	否	视频从头循环播放
starttime	number	—	否	视频播放起始时间，单位为秒
direction	string	"auto"	否	控制 video 组件全屏模式下的布局方式。设置为"vertical"，Video 全屏时按竖屏显示；设置为"horizontal"，Video 全屏按照横屏显示；设置为"auto"，Video 全屏时根据宽高进行横屏或者竖屏显示；设置为"adapt"，根据设备方向进行横屏或竖屏显示
speed	number	1	否	控制视频播放速度，值越大视频播放速度越快。范围为[0.1, 20.0]，精度为 float

（2）样式

video 除支持通用样式，还支持其他样式，见表 4-82。

表 4-82　video 支持的其他样式

样式	类型	默认值	必填	描述
object-fit	string	contain	否	视频源的缩放类型，如果 poster 设置数值，那么此配置还会影响视频海报的缩放类型，可选值参考表 4-83

object-fit 类型说明见表 4-83。

表 4-83　object-fit 类型说明

类型	描述
cover	保持宽高比进行缩小或者放大，使得图片两边都大于或等于显示边界，居中显示
contain	保持宽高比进行缩小或者放大，使得图片完全显示在显示边界内，居中显示
fill	不保持宽高比进行放大缩小，使得图片填充满显示边界
none	保持原有尺寸进行居中显示
scale-down	保持宽高比居中显示，图片缩小或者保持不变

（3）事件

video 除支持通用事件，还支持其他事件，见表 4-84。

表 4-84　video 支持的其他事件

事件	参数	描述
prepared	{ duration: value }5+	视频准备完成时触发该事件，通过 duration 可以获取视频时长，单位为 s
start	—	播放时触发该事件

表 4-84   video 支持的其他事件（续）

事件	参数	描述
pause	—	暂停时触发该事件
finish	—	播放结束时触发该事件
error	—	播放失败时触发该事件
seeking	{ currenttime: value}	操作进度条时上报时间信息，单位为 s
seeked	{ currenttime: value}	操作进度条完成后，上报播放时间信息，单位为 s
timeupdate	{ currenttime: value }	播放进度变化时触发该事件，单位为秒，更新时间间隔为 250ms
fullscreenchange	{ fullscreen: fullscreenValue }	视频进入和退出全屏时触发该事件
stop	—	请求停止播放视频时触发该事件，finish 事件触发时不会触发 stop 事件

（4）方法

video 除支持通用事件，还支持其他方法，见表 4-85。

表 4-85   video 支持的其他方法

方法	参数	描述
start	—	请求播放视频
pause	—	请求暂停播放视频
setCurrentTime	{ currenttime: value }	指定视频播放的进度位置，单位为 s
requestFullscreen	{ screenOrientation : "default" }	请求全屏播放
exitFullscreen	—	请求退出全屏
stop	—	请求停止播放视频

示例如下。

```
<!-- xxx.html-->
<div class="container">
    <video id='videoId' src='/common/video/a.mp4' muted='false' autoplay='false'
poster='/common/images/huawei.jpg'
        controls="true"  onprepared='preparedCallback'  onstart='startCallback'
onpause='pauseCallback'
        onfinish='finishCallback' onerror='errorCallback' onseeking='seekingCallback'
onseeked='seekedCallback'
        ontimeupdate='timeupdateCallback' style="object-fit:fill; width:100%; height:
600px;"
        onlongpress='change_fullscreenchange' onclick="change_start_pause"loop='true'
starttime = '3'></video>
</div>
```

```
//xxx.js
export default {
    data: {
        event:'',
        seekingtime:'',
        timeupdatetime:'',
        seekedtime:'',
        isStart: true,
        isfullscreenchange: false,
```

```
        duration: '',
    },
    preparedCallback:function(e){ this.event = '视频连接成功'; this.duration =
e.duration;},
    startCallback:function(){ this.event = '视频开始播放';},
    pauseCallback:function(){ this.event = '视频暂停播放'; },
    finishCallback:function(){ this.event = '视频播放结束';},
    errorCallback:function(){ this.event = '视频播放错误';},
    seekingCallback:function(e){ this.seekingtime = e.currenttime; },
    timeupdateCallback:function(e){ this.timeupdatetime = e.currenttime;},
    change_start_pause: function() {
        if(this.isStart) {
            this.$element('videoId').pause();
            this.isStart = false;
        } else {
            this.$element('videoId').start();
            this.isStart = true;
        }
    },
    change_fullscreenchange: function() {//全屏
        if(!this.isfullscreenchange) {
            this.$element('videoId').requestFullscreen({    screenOrientation    :
'default' });
            this.isfullscreenchange = true;
        } else {
            this.$element('videoId').exitFullscreen();
            this.isfullscreenchange = false;
        }
    }
}
```

video 组件只能用模拟器或者真机运行调试，运行效果如图 4-48 所示。

图 4-48　video 运行效果

4.4.9　画布组件

1. Canvas 组件

Canvas 组件用于自定义绘制图形。

支持设备如下。

手机	平板电脑	智慧屏	智能穿戴设备
支持	支持	支持	支持

Canvas 组件支持通用的属性、样式和事件。

方法：Canvas 组件除了支持通用方法，还支持其他方法，见表 4-86。

表 4-86　Canvas 组件支持的其他方法

方法	参数	描述
getContext	getContext (type: '2d', attributes: { antialias: boolean }) => CanvasRendering2dContext	调用方法有以下两种： var ctx = canvas.getContext(contextType); var ctx = canvas.getContext(contextType, contextAttributes)。 其中，contextType 为必填项，当前仅支持 "2d"，contextAttributes 为可选参数，当前仅支持配置是否开启抗锯齿功能，默认为关闭。 获取 Canvas 绘图上下文，参数仅支持 "2d"，返回值为 2D 绘制对象，该对象提供具体的 2D 绘制操作。 不支持在 onInit 和 onReady 中进行调用
toDataURL	string type, number encoderOptions	生成一个包含图片展示的 URL。 type: 可选参数，用于指定图像格式，默认格式为 image/png。 encoderOptions：在指定图片格式为 image/jpeg 或 image/webp 的情况下，可以从 0 到 1 内选择图片的质量。如果超出取值范围，将会使用默认值 0.92

示例如下。

```
<!-- xxx.html -->
<div class="container">
    <canvas ref="canvas1" style="width : 200px; height : 150px; background-color:
        #ffff00;"></canvas>
    <input type="button" style="width : 180px; height : 60px;" value="绘制渐变"
        onclick="handleClick"/>
</div>
```

```
// xxx.js
export default {
    handleClick() {
        const el = this.$refs.canvas1;
        var dataURL = el.toDataURL();
        console.log(dataURL);
        // 打印结果为"data:image/png;base64,xxxxxxxx..."
    }
}
```

2. CanvasRenderingContext2D 对象

使用 CanvasRenderingContext2D 在 Canvas 组件上进行绘制时，绘制对象可以是矩形、文本、图片等。CanvasRenderingContext2D 对象的 API 见表 4-87。

表 4-87　CanvasRenderingContext2D 对象的 API

API	描述
fillRect()	填充一个矩形
fillStyle	指定绘制的填充色
clearRect()	删除指定区域内的绘制内容
strokeRect()	绘制具有边框的矩形，矩形内部不填充
fillText()	绘制填充类文本
strokeText()	绘制描边类文本
measureText()	该方法返回一个文本测算的对象，通过该对象可以获取指定文本的宽度值
lineWidth	指定绘制线条的宽度值
strokeStyle	设置描边的颜色
stroke()	进行边框绘制操作
beginPath()	创建一个新的绘制路径
moveTo()	路径从当前点移动到指定点
lineTo()	从当前点到指定点进行路径连接
closePath()	结束当前路径形成一个封闭路径
lineCap	指定线端点的样式
lineJoin	指定线段间相交的交点样式
miterLimit	设置斜接面限制值，该值指定了线条相交处内角和外角的距离
font	设置文本绘制中的字体样式
textAlign	设置文本绘制中的文本对齐方式
textBaseline	设置文本绘制中的水平对齐方式
createPattern()	通过指定图像和重复方式创建图片填充的模板
bezierCurveTo()	创建三次贝赛尔曲线的路径
quadraticCurveTo()	创建二次贝赛尔曲线的路径
arc()	绘制弧线路径
arcTo()	依据圆弧经过的点和圆弧半径创建圆弧路径
ellipse()	在规定的矩形区域绘制一个椭圆
rect()	创建矩形路径
fill()	对封闭路径进行填充
clip()	设置当前路径为剪切路径
rotate()	对当前坐标轴进行顺时针旋转
scale()	设置 Canvas 画布的缩放变换属性，后续的绘制操作将按照缩放比例进行缩放
transform()	该方法对应一个变换矩阵，对一个图形进行变换的时候，只要设置此变换矩阵相应的参数，将图形的各个定点的坐标分别乘以这个矩阵，就能得到新的定点的坐标矩阵变换效果（可叠加）

表 4-87　CanvasRenderingContext2D 对象的 API（续）

API	描述
setTransform()	该方法使用的参数和 transform()方法使用的参数相同，但 setTransform()方法会重置现有的变换矩阵并创建新的变换矩阵
translate()	移动当前坐标系的原点
createPath2D()	创建一个 Path2D 对象
globalAlpha	设置透明度
drawImage()	进行图像绘制
restore()	对保存的绘图上下文进行恢复
save()	对当前的绘图上下文进行保存
createLinearGradient()	创建一个线性渐变色，返回 CanvasGradient 对象，请参考 CanvasGradient 对象
createRadialGradient()	创建一个径向渐变色，返回 CanvasGradient 对象，请参考 CanvasGradient 对象
createImageData()	创建新的 ImageData 对象，请参考 ImageData 对象
getImageData()	以当前 Canvas 指定区域内的像素创建 ImageData 对象
putImageData()	使用 ImageData 数据填充新的矩形区域
setLineDash()	设置画布的虚线样式
getLineDash()	获得当前画布的虚线样式
lineDashOffset	设置画布的虚线偏移量
globalCompositeOperation	设置合成操作的方式
shadowBlur	设置绘制阴影时的模糊级别，默认值为 0.0
shadowColor	设置绘制阴影时的阴影颜色
shadowOffsetX	设置绘制阴影时和原有对象的水平偏移值
shadowOffsetY	设置绘制阴影时和原有对象的垂直偏移值
imageSmoothingEnabled	设置绘制图片时是否进行图像平滑度调整

下面对其中几个 API 进行详细讲解。

① arc()：绘制弧线路径。arc()方法参数见表 4-88。

表 4-88　arc()方法参数

参数	类型	描述
x	number	弧线圆心的 x 坐标值
y	number	弧线圆心的 y 坐标值
radius	number	弧线的圆半径
startAngle	number	弧线的起始弧度
endAngle	number	弧线的终止弧度
anticlockwise	boolean	是否逆时针绘制圆弧

示例如下。

```
<!-- xxx.hml -->
<div class="container">
    <canvas ref="canvas1" style="width: 200px; height: 150px; background-color:
#ffff00;"></canvas>
    <input type="button" style="width: 180px; height: 60px;" value="不抗锯齿"
onclick="handleClick" />
    <input type="button" style="width: 180px; height: 60px;" value="抗锯齿"
onclick="antialias" />
</div>
```

```
.container {
    flex-direction: column;
    justify-content: center;
    align-items: center;
    width: 100%;
    height: 100%;
}
```

```
// xxx.js
export default {
    handleClick() {
        const el = this.$refs.canvas1;
        const ctx = el.getContext('2d');
        ctx.beginPath();
        ctx.arc(100, 75, 50, 0, 6.28);
        ctx.stroke();
    },
    antialias() {
        const el = this.$refs.canvas1;
        const ctx = el.getContext('2d', { antialias: true });
        ctx.beginPath();
        ctx.arc(100, 75, 50, 0, 6.28);
        ctx.stroke();
    }
}
```

arc()示例运行效果如图 4-49 所示。

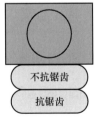

图 4-49　arc()示例运行效果

② strokeRect()：绘制具有边框的矩形，矩形内部不填充。strokeRect()方法参数见表 4-89。

表 4-89　strokeRect()方法参数

参数	类型	描述
x	number	指定矩形的左上角 x 坐标
y	number	指定矩形的左上角 y 坐标
width	number	指定矩形的宽度
height	number	指定矩形的高度

示例如下。

```
//调用 API 的关键部分代码
ctx.strokeRect(30, 30, 200, 150);
```

strokeRect()示例运行效果如图 4-50 所示。

图 4-50   strokeRect()示例运行效果

③ lineTo()：从当前点到指定点进行路径连接。lineTo()方法参数见表 4-90。

表 4-90   lineTo()方法参数

参数	类型	描述
x	number	指定位置的 x 坐标
y	number	指定位置的 y 坐标

示例如下。

```
//调用 API 的关键部分代码
ctx.beginPath();
ctx.moveTo(10, 10);
ctx.lineTo(280, 160);
ctx.stroke();
```

lineTo()示例运行效果如图 4-51 所示。

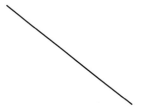

图 4-51   lineTo()示例运行效果

④ drawImage()：进行图像绘制。drawImage()方法参数见表 4-91。

表 4-91   drawImage()方法参数

参数	类型	描述
image	Image	图片资源，请参考 Image 对象
sx	number	裁切源图像时距离源图像左上角的 x 坐标值
sy	number	裁切源图像时距离源图像左上角的 y 坐标值
sWidth	number	裁切源图像时需要裁切的宽度
sHeight	number	裁切源图像时需要裁切的高度
dx	number	绘制区域左上角在 X 轴的位置

表 4-91　drawImage()方法参数（续）

参数	类型	描述
dy	number	绘制区域左上角在 Y 轴的位置
dWidth	number	绘制区域的宽度
dHeight	number	绘制区域的高度

示例如下。

```
//调用 API 的关键部分代码
const el = this.$refs.canvas1;
const ctx = el.getContext('2d');
var img = new Image();
img.src = '/common/images/bg-tv.jpg';
ctx.drawImage(img, 75, 50, 80, 80);
```

drawImage()示例运行效果如图 4-52 所示。

图 4-52　drawImage()示例运行效果

3．Image 对象

Image 对象即为图片对象。

Image 对象属性见表 4-92。

表 4-92　Image 对象属性

属性	类型	默认值	必填	描述
src	string	—	是	图片资源的路径
width	<length>	0px	否	图片的宽度
height	<length>	0px	否	图片的高度
onload	Function	—	否	图片加载成功后触发该事件，无参数
onerror	Function	—	否	图片加载失败后触发该事件，无参数

4．CanvasGradient 对象

CanvasGradient 对象为渐变对象，使用 createLinearGradient()方法创建。该对象有一个 API 为 addColorStop()，用来设置渐变断点值，包括偏移和颜色。addColorStop()参数见表 4-93。

表 4-93　addColorStop()参数

参数	类型	描述
offset	number	设置渐变点距离起点的位置占总体长度的比例，范围为 0～1
color	string	设置渐变的颜色

示例如下。

```
<!-- xxx.hml -->
<div>
    <canvas ref="canvas1" style="width : 200px; height : 150px; background-color :
#ffff00;"></canvas>
    <input type="button" style="width : 180px; height : 60px;" value="fillStyle"
onclick="handleClick"/>
</div>
```

```
.container {
    flex-direction: column;
    justify-content: center;
    align-items: center;
    width: 100%;
    height: 100%;
}
```

```
// xxx.js
export default {
    handleClick() {
        const el = this.$refs.canvas1;
        const ctx = el.getContext('2d');
        const gradient = ctx.createLinearGradient(0,0,100,0);
        gradient.addColorStop(0,'#00ffff');
        gradient.addColorStop(1,'#ffff00');
        ctx.fillStyle = gradient;
        ctx.fillRect(20, 20, 150, 100);
    }
}
```

CanvasGradient 示例运行效果如图 4-53 所示。

图 4-53　CanvasGradient 示例运行效果

5. ImageData 对象

ImageData 对象可以存储 Canvas 组件渲染的像素数据。ImageData 对象的属性见表 4-94。

表 4-94　ImageData 对象的属性

属性	类型	描述
width	number	矩形区域实际像素宽度
height	number	矩形区域实际像素高度
data	<Uint8ClampedArray>	一维数组，保存了相应的颜色数据，数据值范围为 0～255

6. Path2D 对象

Path2D 对象即路径对象，支持通过对象的接口进行路径的描述，并通过 Canvas 组件的 stroke 接口进行绘制。Path2D 对象支持的 API 见表 4-95。

表 4-95　Path2D 对象支持的 API

API	描述
addPath()	将另一个路径添加到当前的路径对象中
setTransform()	设置路径的缩放比例、倾斜角度和平移距离
closePath()	将路径的当前点移回到路径的起点，当前点到起点间画一条直线。如果形状已经闭合或只有一个点，则此功能不执行任何操作
moveTo()	将路径的当前点移动到目标点，移动过程中不绘制线条
lineTo()	从当前点绘制一条直线到目标点
bezierCurveTo()	创建三次贝塞尔曲线的路径
quadraticCurveTo()	创建二次贝塞尔曲线的路径
arc()	绘制弧线路径
arcTo()	依据圆弧经过的点和圆弧半径创建圆弧路径
ellipse()	在规定的矩形区域绘制一个椭圆
rect()	创建矩形路径

4.5　动画

4.5.1　动画样式

　　组件支持旋转、平移、缩放效果等动画样式，可以在 style 或 css 中设置。动画样式见表 4-96。

表 4-96　动画样式

样式	类型	默认值	描述
transform-origin	string | <percentage> | <length> string| <percentage> | <length>	center center	变换对象的原点位置，支持 px 和百分比（相对于动画目标组件），如果仅设置一个值，另一个值默认为 50%，第一个 string 的可选值为：left | center | right，第二个 string 的可选值为：top | center | bottom。示例如下。transform-origin: 200px 30%。transform-origin: 100px top。transform-origin: center center
transform	string	—	支持同时设置平移/旋转/缩放的属性
animation	string	0s ease 0s 1 normal none running none	格式：duration | timing-function | delay | iteration-count | direction | fill-mode | play-state | name，每个字段不区分先后，但是 duration/delay 按照出现的先后顺序解析
animation-name	string	—	指定 @keyframes

表 4-96　动画样式（续）

样式	类型	默认值	描述
animation-delay	\<time\>	0	定义动画播放的延迟时间。支持的单位为 [s(秒)|ms(毫秒)]，默认单位为 ms，格式为：1000ms 或 1s
animation-duration	\<time\>	0	定义一个动画周期。支持的单位为 [s(秒)|ms(毫秒)]，默认单位为 ms，格式为：1000ms 或 1s。 说明：animation-duration 必须设置，否则时长为 0，则不会播放动画
animation-iteration-count	number | infinite	1	定义动画播放的次数，默认播放一次，可通过设置为 infinite 无限次播放
animation-timing-function	string	ease	描述动画执行的速度曲线，使动画更为平滑。可选项有以下几个。 linear：表示动画从头到尾的速度都是相同的。 ease：表示动画以低速开始，然后加快，在结束前变慢，cubic-bezier(0.25, 0.1, 0.25, 1.0)。 ease-in：表示动画以低速开始，cubic-bezier(0.42, 0.0, 1.0, 1.0)。 ease-out：表示动画以低速结束，cubic-bezier(0.0, 0.0, 0.58, 1.0)。 ease-in-out：表示动画以低速开始和结束，cubic-bezier (0.42, 0.0, 0.58, 1.0)。 friction：阻尼曲线，cubic-bezier (0.2, 0.0, 0.2, 1.0)。 extreme-deceleration：急缓曲线，cubic-bezier (0.0, 0.0, 0.0, 1.0)。 sharp：锐利曲线，cubic-bezier(0.33, 0.0, 0.67, 1.0)。 rhythm：节奏曲线，cubic-bezier(0.7, 0.0, 0.2, 1.0)。 smooth：平滑曲线，cubic-bezier(0.4, 0.0, 0.4, 1.0)。 cubic-bezier：在三次贝塞尔函数中定义动画变化过程，入参的 x 和 y 值必须为 0～1。 steps：阶梯曲线，语法为 steps(number[, end|start])。number 必须设置，支持的类型为正整数。第二个参数可选，表示在每个间隔的起点或是终点发生阶跃变化，支持设置 end 或 start，默认值为 end
animation-direction	string	normal	指定动画的播放模式。 normal：动画正向循环播放。 reverse：动画反向循环播放。 alternate：动画交替循环播放，奇数次正向播放，偶数次反向播放。 alternate-reverse：动画反向交替循环播放，奇数次反向播放，偶数次正向播放

表 4-96　动画样式（续）

样式	类型	默认值	描述
animation-fill-mode	string	none	指定动画开始和结束的状态。 none：在动画执行之前和之后都不会应用任何样式到目标上。 forwards：在动画结束后，目标将保留动画结束时的状态（在最后一个关键帧中定义）。 backwards：动画将在 animation-delay 期间应用第一个关键帧中定义的值。当 animation-direction 为"normal"或"alternate"时应用 from 关键帧中的值；当 animation-direction 为"reverse"或"alternate-reverse"时应用 to 关键帧中的值。 both：动画将遵循 forwards 和 backwards 的规则，从而在两个方向扩展动画属性
animation-play-state	string	running	指定动画的当前状态。 paused：动画状态为暂停。 running：动画状态为播放
transition	string	all 0 ease 0	指定组件状态切换时的过渡效果，可以通过 transition 设置以下 4 个属性。 transition-property：规定设置过渡效果的 CSS 属性的名称，目前支持宽、高、背景色。 transition-duration：规定完成过渡效果需要的时间，单位为 s。 transition-timing-function：规定过渡效果的时间曲线，支持样式动画提供的曲线。 transition-delay：规定过渡效果延迟启动时间，单位为 s

transform 操作说明见表 4-97。

表 4-97　transform 操作说明

操作	类型	描述
none	—	不进行任何转换
matrix	\<number>	入参为 6 个值的矩阵，6 个值分别代表：scaleX, skewY, skewX, scaleY, translateX, translateY
matrix3d	\<number>	入参为 16 个值的 4×4 矩阵
translate	\<length>| \<percent>	平移动画属性，支持设置 X 轴和 Y 轴两个维度的平移参数
translate3d	\<length>| \<percent>	3 个入参，分别代表 X 轴、Y 轴、Z 轴的平移距离
translateX	\<length>| \<percent>	X 轴方向平移动画属性
translateY	\<length>| \<percent>	Y 轴方向平移动画属性
translateZ	\<length>| \<percent>	Z 轴的平移距离
scale	\<number>	缩放动画属性，支持设置 X 轴和 Y 轴两个维度的缩放参数
scale3d	\<number>	3 个入参，分别代表 X 轴、Y 轴、Z 轴的缩放参数

表 4-97　transform 操作说明（续）

操作	类型	描述
scaleX	<number>	X 轴方向缩放动画属性
scaleY	<number>	Y 轴方向缩放动画属性
scaleZ	<number>	Z 轴的缩放参数
rotate	<deg> | <rad> | <grad> | <turn>	旋转动画属性，支持设置 X 轴和 Y 轴两个维度的选中参数
rotate3d	<deg> | <rad> | <grad> | <turn>	4 个入参，前 3 个参数分别为 X 轴、Y 轴、Z 轴的旋转向量，第 4 个是旋转角度
rotateX	<deg> | <rad> | <grad> | <turn>	X 轴方向旋转动画属性
rotateY	<deg> | <rad> | <grad> | <turn>	Y 轴方向旋转动画属性
rotateZ	<deg> | <rad> | <grad> | <turn>	Z 轴方向的旋转角度
skew	<deg> | <rad> | <grad> | <turn>	两个入参，分别为 X 轴和 Y 轴的 2D 倾斜角度
skewX	<deg> | <rad> | <grad> | <turn>	X 轴的 2D 倾斜角度
skewY	<deg> | <rad> | <grad> | <turn>	Y 轴的 2D 倾斜角度
perspective	<number>	3D 透视场景下镜头距离元素表面的距离

@keyframes 属性说明见表 4-98。

表 4-98　@keyframes 属性说明

属性	类型	默认值	描述
background-color	<color>	—	动画执行后应用到组件上的背景颜色
opacity	number	1	动画执行后应用到组件上的不透明度值，该值介于 0~1，默认为 1
width	<length>	—	动画执行后应用到组件上的宽度值
height	<length>	—	动画执行后应用到组件上的高度值
transform	string	—	定义应用在组件上的变换类型
background-position	string | <percentage> | <length> string | <percentage> | <length>	50% 50%	背景图位置。单位支持百分比和 px，第一个值是水平位置，第二个值是垂直位置。如果仅设置一个值，另一个值为 50%。第一个 string 的可选值为：left | center | right ，第二个 string 的可选值为：top | center | bottom。 示例如下。 background-position: 200px 30%。 background-position: 100px top。 background-position: center center

对于不支持起始值或终止值缺省的情况，可以通过 from 和 to 显示指定起始和结束，

通过百分比指定动画运行的中间状态。

示例 1 如下。

```
<!-- xxx.hml -->
<div class="container">
    <div class="rect">
    </div>
</div>
```

```
/* xxx.css */
.container {
  display: flex;
  justify-content: center;
  align-items: center;
}
.rect{
  width: 200px;
  height: 200px;
  background-color: #f76160;
  animation: Go 3s infinite;
}
@keyframes Go
{
  from {
    background-color: #f76160;
    transform:translate(100px) rotate(0deg) scale(1.0);
  }
  /* 可以通过百分比指定动画运行的中间状态 */
  50% {
    background-color: #f76160;
    transform:translate(100px) rotate(60deg) scale(1.3);
  }
  to {
    background-color: #09ba07;
    transform:translate(100px) rotate(180deg) scale(2.0);
  }
}
```

示例 2 如下。

```
<!-- xxx.hml -->
<div class="container">
  <div class="simpleAnimation simpleSize" style="animation-play-state: {{playState}}">
</div>
  <text onclick="toggleState">animation-play-state: {{playState}}</text>
</div>
```

```
/* xxx.css */
.container {
  flex-direction: column;
  justify-content: center;
  align-items: center;
}
.simpleSize {
  background-color: blue;
  width: 100px;
  height: 100px;
}
.simpleAnimation {
  animation: simpleFrames 9s;
}
@keyframes simpleFrames {
  from { transform: translateX(0px); }
  to { transform: translateX(100px); }
}
```

```
// xxx.js
export default {
  data: {
    title: "",
    playState: "running"
  },
  toggleState() {
    if (this.playState ===  "running") {
      this.playState = "paused";
    } else {
      this.playState = "running";
    }
  }
}
```

4.5.2　基于组件的 animate 方法快速创建和运行动画

组件的通用方法 animate 可以用来快速创建和运行动画。首先通过 this.$element('id')获取组件对象，然后通过 this.$element('id').animate(keyframes: Keyframes, options: Options)方法获取 animation 对象。该对象支持动画属性、动画方法和动画事件。多次调用 animate 方法时，采用替换策略，最后一次调用时传入的参数生效。Keyframes 参数描述见表 4-99。

表 4-99　Keyframes 参数描述

名称	参数	必填	描述
frames	Array<Style>	是	用于设置动画样式属性的对象列表

Style 参数说明见表 4-100。

表 4-100　Style 参数说明

参数	类型	默认值	说明
width	number	—	动画执行过程中设置到组件上的宽度值
height	number	—	动画执行过程中设置到组件上的高度值
backgroundColor	<color>	none	动画执行过程中设置到组件上的背景颜色
opacity	number	1	设置到组件上的透明度（介于 0~1）
backgroundPosition	string	—	格式为"x y"，单位为百分号或者 px。第一个值是水平位置，第二个值是垂直位置。如果仅规定了一个值，另一个值默认为 50%
transformOrigin	string	center center	变换对象的中心点。第一个参数表示 X 轴的值，可以设置为 left、center、right、长度值或百分比值。第二个参数表示 Y 轴的值，可以设置为 top、center、bottom、长度值或百分比值
transform	Transform（见动画样式）	—	设置到变换对象上的类型
offset	number	—	offset 值（如果提供）必须为 0.0~1.0（含），并以升序排列。若只有两帧，可以不填 offset；若超过两帧，offset 必填

Options 参数说明见表 4-101。

表 4-101　Options 参数说明

参数	类型	默认值	说明
duration	number	0	指定当前动画的运行时长（单位为 ms）
easing	string	linear	描述动画的时间曲线，easing 有效值说明见表 4-102
delay	number	0	设置动画执行的延迟时间（默认值表示无延迟）
iterations	number | string	1	设置动画执行的次数。number 表示固定次数，Infinity 表示无限次播放
direction	string	normal	指定动画的播放模式。 normal：动画正向循环播放。 reverse：动画反向循环播放。 alternate：动画交替循环播放，奇数次正向播放，偶数次反向播放。 alternate-reverse：动画反向交替循环播放，奇数次反向播放，偶数次正向播放
fill	string	none	指定动画开始和结束的状态。 none：在动画执行之前和之后都不会应用任何样式到目标上。 forwards：在动画结束后，目标将保留动画结束时的状态（在最后一个关键帧中定义）。 backwards：动画将在 animation-delay 期间应用第一个关键帧中定义的值。当 animation-direction 为 "normal" 或 "alternate" 时应用 from 关键帧中的值；当 animation-direction 为 "reverse" 或 "alternate-reverse" 时应用 to 关键帧中的值。 both：动画将遵循 forwards 和 backwards 的规则，从而在两个方向扩展动画属性

easing 有效值说明见表 4-102。

表 4-102　easing 有效值说明

有效值	描述
linear	动画线性变化
ease-in	动画速度先慢后快，cubic-bezier(0.42, 0.0, 1.0, 1.0)
ease-out	动画速度先快后慢，cubic-bezier(0.0, 0.0, 0.58, 1.0)
ease-in-out	动画先加速后减速，cubic-bezier(0.42, 0.0, 0.58, 1.0)
friction	阻尼曲线，cubic-bezier(0.2, 0.0, 0.2, 1.0)
extreme-deceleration	急缓曲线，cubic-bezier(0.0, 0.0, 0.0, 1.0)
sharp	锐利曲线，cubic-bezier(0.33, 0.0, 0.67, 1.0)
rhythm	节奏曲线，cubic-bezier(0.7, 0.0, 0.2, 1.0)

表 4-102　easing 有效值说明（续）

有效值	描述
smooth	平滑曲线，cubic-bezier(0.4, 0.0, 0.4, 1.0)
cubic-bezier(x1, y1, x2, y2)	在三次贝塞尔函数中定义动画变化过程，入参的 x 值和 y 值必须处于 0～1
steps(number, step-position)	阶梯曲线。number 必须设置，支持的类型为 int。step-position 参数可选，支持设置 start 或 end，默认值为 end

返回值 animation 对象支持的属性见表 4-103。

表 4-103　返回值 animation 对象支持的属性

属性	类型	说明
finished	boolean	只读，表示当前动画已播放完成
pending	boolean	只读，表示当前动画处于等待其他异步操作完成的状态（例如启动一个延迟播放的动画）
playState	string	可读可写，动画的执行状态。 idle：未执行状态，包括已结束或未开始。 running：动画正在运行。 paused：动画暂停。 finished：动画播放完成
startTime	number	可读可写，动画播放开始的预定时间，用途类似于 options 参数中的 delay

返回值 animation 对象支持的方法见表 4-104。

表 4-104　返回值 animation 对象支持的方法

方法	参数	说明
play	—	组件播放动画
finish	—	组件完成动画
pause	—	组件暂停动画
cancel	—	组件取消动画
reverse	—	组件倒播动画

返回值 animation 对象支持的事件见表 4-105。

表 4-105　返回值 animation 对象支持的事件

事件	说明
start	动画开始事件
cancel	动画被强制取消
finish	动画播放完成
repeat	动画重播事件

示例如下。

```html
<!-- hml -->
<div class="container">
    <div class="Animation" style="height: {{divHeight}}px; width: {{divWidth}}px;
background-color: red;" onclick="Show">
    </div>
</div>
```

```css
/* xxx.css */
.container {
    flex-direction: column;
    justify-content: center;
    align-items: center;
}
.simpleSize {
    background-color: blue;
    width: 100px;
    height: 100px;
}
.simpleAnimation {
    animation: simpleFrames 9s;
}
@keyframes simpleFrames {
    from { transform: translateX(0px); }
    to { transform: translateX(100px); }
}
```

```js
// js
import Animator from "@ohos.animator";
export default {
    data : {
        divWidth: 200,
        divHeight: 200,
        animator: null
    },
    onInit() {
        //定义创建动画所需要的 options 参数
        var options = {
            duration: 1500, //动画时长
            easing: 'friction', //定义动画的事件曲线为 friction 类型
            fill: 'forwards',    //在动画结束后，目标将保留动画结束时的状态
            iterations: 2,  //设置动画执行的次数为 2 次
            begin: 200.0,    //设置动画插值起始值
            end: 300.0  //设置动画插值结束值
        };
        //调用 API 创建 animator 对象
        this.animator = Animator.createAnimator(options);
    },
    Show() {
        var _this = this;
        //在 animator 对象的 frame 回调事件中更新 div 的宽和高，这样 div 的大小在每帧中都会变化，
从而实现动画效果
        this.animator.onframe = function(value) {
            _this.divWidth = value;
            _this.divHeight = value;
        };
        //启动动画
        this.animator.play();
    }
}
```

4.5.3 基于系统 API 创建和运行动画

1. requestAnimationFrame 和 cancelAnimationFrame 创建和停止逐帧动画

使用 requestAnimationFrame 和 cancelAnimationFrame 无须导入模块，直接可以调用。

requestAnimationFrame 用于请求动画帧，逐帧回调 JS 函数，返回值为 requestID，即请求 ID。requestAnimationFrame 参数说明见表 4-106。

表 4-106　requestAnimationFrame 参数说明

参数	类型	必填	说明
handler	Function	是	表示要逐帧回调的函数。requestAnimationFrame 函数回调 handler 函数时，在第一个参数位置传入 timestamp，它表示 requestAnimationFrame 开始去执行回调函数的时刻
...args	Array\<any\>	否	附加参数，函数回调时作为参数传递给 handler

cancelAnimationFrame(requestId) 用于取消动画帧，取消逐帧回调请求。cancelAnimationFrame 参数说明见表 4-107。

表 4-107　cancelAnimationFrame 参数说明

参数	类型	必填	说明
requestId	number	是	逐帧回调函数的标识 Id

示例如下。

```html
<!--xxx.hml-->
<div class="container">
   <canvas ref="canvas1" style="width: 200px; height: 150px; background-color:
#ffff00;"></canvas>
   <text class="title" onclick="beginAnimation">
    //创建动画
   </text>
   <text class="title" onclick="stopAnimation">
    //停止动画
   </text>
</div>
```

```css
/*xxx.css*/
.container {
   flex-direction: column;
   justify-content: center;
   align-items: center;
   width: 100%;
   height: 100%;
}
```

```js
//xxx.js
export default {
   data: {
      requestId: 0,
      startTime: 0,
      x:100,
      y:75
   },
   //定义一个开始动画的方法
   beginAnimation() {
```

```
        //取消之前存在的动画
        cancelAnimationFrame(this.requestId);
        //使用 Canvas 绘制图形
        this.draw();
    },
    //通过变换圆心的位置，逐帧反复绘制圆形，从而形成动画效果
    draw() {
        //使用 Canvas 绘制圆形
        const el = this.$refs.canvas1;
        const ctx = el.getContext('2d');
        ctx.beginPath();
        ctx.arc(this.x,this.y, 50, 0, 6.28);
        ctx.stroke();
        //圆形绘制完成后，变换圆心的位置
        this.x=this.x+5;
        this.y=this.y+5;
        //调用 requestAnimationFrame 方法开始组帧动画，逐帧回调 draw 函数继续绘制图形
        this.requestId = requestAnimationFrame(this.draw);
    },
    stopAnimation(){
        cancelAnimationFrame(this.requestId);
    }
}
```

2. createAnimator 创建 animator 对象

通过 createAnimator 创建动画对象 animator，需要提前导入模块，代码如下。

```
import animator from '@ohos.animator';
```

createAnimator 参数说明见表 4-108。

表 4-108　createAnimator 参数说明

参数	类型	必填	说明
options	Object	是	表示待创建 animator 对象的属性

options 参数说明见表 4-109。

表 4-109　options 参数说明

参数	类型	必填	说明
duration	number	否	动画播放的时长，单位为毫秒，默认为 0
easing	string	否	动画插值曲线，默认为 ease
delay	number	否	动画延迟播放时长，单位为 ms，默认为 0，即不延迟
fill	string	否	动画启停模式，默认为 none，参见 4.5.1 节中的 animation-fill-mode
direction	string	否	动画播放次数，默认为 normal，参见 4.5.1 节中的 animation-direction
iterations	number	否	动画播放次数，默认为 1，设置为 0 时不播放，设置为 −1 时无限次播放
begin	number	否	动画插值起点，默认为 0
end	number	否	动画插值终点，默认为 1

animator 对象支持的方法见表 4-110。

表 4-110　animator 对象支持的方法

方法	类型	说明
update	options	动画播放过程中可以使用该方法更新动画参数，入参与 createAnimator 一致
play	—	开始动画
finish	—	结束动画
pause	—	暂停动画
cancel	—	取消动画
reverse	—	倒播动画

animator 对象支持的事件见表 4-111。

表 4-111　animator 对象支持的事件

事件	类型	说明
frame	number	逐帧插值回调事件，入参为当前帧的插值
cancel	—	动画被强制取消
finish	—	动画播放完成
repeat	—	动画重新播放

示例如下。

```
<!-- xxx.hml -->
<div class="container">
  <div class="Animation" style="height: {{divHeight}}px; width: {{divWidth}}px;
background-color: red;" onclick="Show">
  </div>
</div>
```

```
/*xxx.css*/
.container {
    flex-direction: column;
    justify-content: center;
    align-items: center;
    width: 100%;
    height: 100%;
}
```

```
// xxx.js
import Animator from "@ohos.animator";
export default {
    data : {
        divWidth: 200,
        divHeight: 200,
        animator: null
    },
    onInit() {
        //定义创建动画所需要的 options 参数
        var options = {
            duration: 1500, //动画时长
            easing: 'friction', //定义动画的事件曲线为 friction 类型
            fill: 'forwards',   //在动画结束后，目标将保留动画结束时的状态
            iterations: 2,  //设置动画执行的次数为 2 次
            begin: 200.0,   //设置动画插值起始值
            end: 300.0  //设置动画插值结束值
```

```
      };
      //调用 API 创建 animator 对象
      this.animator = Animator.createAnimator(options);
  },
  Show() {
      var _this = this;
      //在 animator 对象的 frame 回调事件中更新 div 的宽和高，这样 div 的大小在每帧中都会变化，
从而实现动画效果
      this.animator.onframe = function(value) {
          _this.divWidth = value;
          _this.divHeight = value;
      };
      //启动动画
      this.animator.play();
  }
}
```

4.6　自定义组件

4.6.1　基本用法

自定义组件是用户根据业务需求，将已有的组件组合封装成新组件，可以在工程中
多次调用，从而提高代码的可读性。

1．创建一个自定义组件

（1）手动在工作目录中创建自定义组件

为了使代码的可读性更强，通常在 common 目录下创建一个目录用来存放自定义
组件，比如取名为 component，然后在该目录下分别创建 xxx.hml、xxx.css、xxx.js
3 个文件。3 个文件的文件名前缀必须保持一致，如图 4-54 所示。

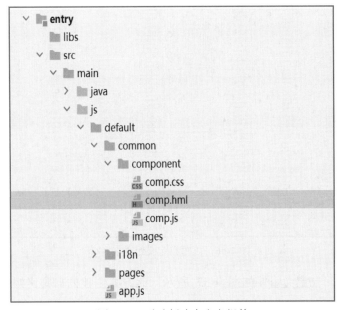

图 4-54　手动创建自定义组件

（2）使用 DevEco Studio 创建自定义组件

首先，选中 js 目录，单击鼠标右键弹出菜单，选择"new"→"JS Component"菜单项，如图 4-55 所示。

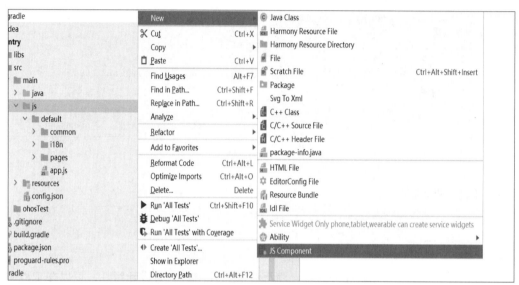

图 4-55　使用 DevEco Studio 创建自定义组件（一）

然后会弹出一个窗口，填写自定义组件的名称即可，如图 4-56 所示。

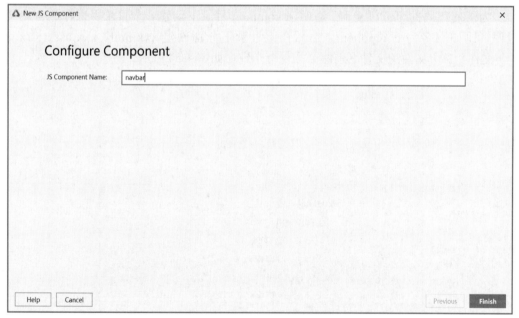

图 4-56　填写自定义组件名称

创建完成后，自定义组件如图 4-57 所示。此方式创建的自定义组件目录与默认的 default 目录平级。

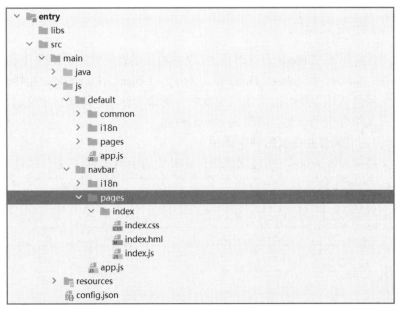

图 4-57　使用 DevEco Studio 创建自定义组件（二）

2．引用一个自定义组件

自定义组件通过 element 引入宿主页面，比如在 xxx.html 中引入 common/component 目录下创建的一个名为 comp 的组件，方法如下。

```
<!-- xxx.html -->
<element name='comp' src='../../common/component/comp.hml'></element>
<div>
  <comp prop1='xxxx' @child1="bindParentVmMethod"></comp>
</div>
```

代码中的 name 属性指自定义组件名称（非必填），组件名称对大小写不敏感，默认使用小写。src 属性指自定义组件 HML 文件路径（必填），若没有设置 name 属性，则默认使用 HML 文件名作为组件名。

代码中的 prop1 为自定义组件中的自定义属性（见 4.6.2 节），这里是调用自定义属性并赋值，如果需要绑定数据，和之前的数据绑定方式一致。@child1="bindParentVmMethod" 为事件绑定（见 4.6.3 节）。

自定义组件内部支持的对象属性见表 4-112。

表 4-112　自定义组件内部主持的对象属性

属性	类型	描述
data	Object/Function	页面的数据模型，类型是对象或者函数，如果类型是函数，返回值必须是对象。属性名不能以$或_开头，不要使用保留字 for、if、show、tid。 data、private 和 public 不能重合使用
props	Array/Object	props 用于组件之间的通信，可以通过\<tag xxxx='value'\>方式传递给组件；props 名称必须用小写，不能以$或_开头，不要使用保留字 for、if、show、tid。目前 props 的数据类型不支持 Function
computed	Object	在读取或设置属性时进行预先处理，计算属性的结果会被缓存。计算属性名不能以$或_开头，不要使用保留字

4.6.2　props 自定义属性

自定义组件可以通过 props 声明属性，父组件通过设置属性向子组件传递参数。props 支持类型包括：String、Number、Boolean、Array、Object、Function。驼峰命名法命名的 prop，在父组件传递参数时需要使用短横线分隔命名形式，比如自定义的属性名称为 compProp，在父组件引用时需要转换为 comp-prop。

1. 添加自定义属性并在父组件中调用

给自定义组件添加 props，通过父组件传递参数的示例如下。

```
<!-- comp.html -->
<div class="item">
    <text>{{compProp}}</text>
</div>
```

```
/*comp.css*/
.item{
    font-size: 24px;
    color: red;
}
```

```
// comp.js
export default {
    props: ['compProp'],
}
```

```
<!--xxx.html-->
<element name='comp' src='../../common/component/comp.html'></element>
<div class="container">
    <comp comp-prop="{{title}}"></comp>
</div>
```

> 注意
> 命名自定义属性时禁止以 on、@、on:、grab: 等保留关键字为开头。

2. 添加默认值

子组件可以通过固定值 default 设置自定义属性的默认值。当父组件没有设置该自定义属性时，使用其默认值。此时 props 属性必须为对象形式，不能用数组形式，示例如下。

```
<!-- comp.html -->
<div class="item">
    <text>{{compProp}}</text>
</div>
```

```
/*comp.css*/
.item{
    font-size: 24px;
    color: red;
}
```

```
// comp.js
export default {
    props: {
        compProp: {
            default: '自定义组件',
        },
    },
}
```

```
<!--xxx.html-->
<element name='comp' src='../../common/component/comp.html'></element>
<div class="container">
    <comp></comp>
</div>
```

3. 数据单向性

父子组件之间数据的传递是单向的，只能从父组件传递给子组件，并且子组件不能直接修改父组件传递的值，但是可以将 props 传入的值用 data 接收后作为默认值，再对 data 的值进行修改，方法如下。

```
// comp.js
export default {
  props: ['defaultCount'],
  data() {
    return {
      count: this.defaultCount,
    };
  },
  onClick() {
    this.count = this.count + 1;
  },
}
```

4. $watch 感知数据改变

如果需要观察组件中的属性变化，可以通过$watch 方法增加属性变化回调，示例如下。

```
<!-- comp.html -->
<div class="item">
    <text>{{compProp}}</text>
</div>
```

```
/*comp.css*/
.item{
    font-size: 24px;
    color: red;
}
```

```
// comp.js
export default {
    props: {
        compProp: {
            default: '自定义组件',
        },
    },
    onInit() {
        //添加对属性变化的监听，监听绑定的函数为自定义的 onPropertyChange
        this.$watch('compProp', 'onPropertyChange');
    },
    //定义一个监听属性变化的函数回调
    onPropertyChange(newV, oldV) {
        console.info('compProp 属性变化，新值为: ' + newV + ',旧值为: ' + oldV);
    }
}
```

```
<!--xxx.html-->
<element name='comp' src='../../common/component/comp.html'></element>
<div class="container">
<!--  给自定义属性绑定数据，通过修改绑定的数据触发属性变化的监听-->
    <comp comp-prop="{{title}}"></comp>
    <button onclick="change">按钮</button>
</div>
```

```
//xxx.js
export default {
    data: {
        title: ""
    },
    onInit() {
        this.title = this.$t('strings.world');
    },
    //改变子组件自定义属性绑定的数据，从而触发属性变化的监听
    change(){
        this.title = "鸿蒙";
    }
}
```

单击按钮后，$watch 感知数据改变日志如图 4-58 所示。

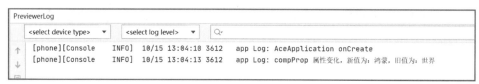

图 4-58 $watch 感知数据改变日志

5. computed 计算属性

自定义组件经常需要在读取或设置某个属性时进行预先处理，以提高开发效率，此时就需要使用 computed 字段。

在 computed 字段中定义一些函数，这些函数叫作"计算属性"。定义的时候虽然是函数样式，但是在引用"计算属性"时不加()，当作普通属性引用即可。

下面介绍一个比较常见的场景来介绍 computed 计算属性的使用。

在之前的 HML 模板文件中有以下一段代码。

```
<!-- comp.hml -->
<div class="item">
    <text>{{"姓名:"+this.username+" 性别:"+(this.sex>0?"男":"女")}}</text>
</div>
```

模板中放入了太多声明式逻辑变得臃肿，尤其在页面大量使用复杂的逻辑表达式处理数据时会对页面的可维护性造成很大的影响。下面使用 computed 对上述代码进行优化。

```
<!-- comp.hml -->
<div class="item">
    <text>{{userinfo}}</text>
</div>
```

```
/*comp.css*/
.item{
    font-size: 24px;
    color: red;
}
```

```
// comp.js
export default {
    data:{
        username:"zhangsan",
    },
    props: {
        sex: {
            default: 0,
```

```
        },
    },
    computed:{
        userinfo(){
            return "姓名:"+this.username+" 性别:"+(this.sex>0?"男":"女");
        }
    }
}
```

```
<!--xxx.hml-->
<element name='comp' src='../../common/component/comp.hml'></element>
<div class="container">
    <comp sex="1"></comp>
</div>
```

computed 属性 getter 使用示例如图 4-59 所示。

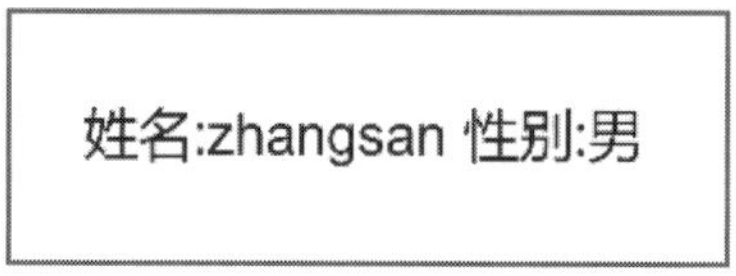

图 4-59　computed 属性 getter 使用示例

通过设置 computed 属性的 getter 和 setter，在属性读写的时候进行触发。通常只使用 getter，只有 getter 时可以直接在函数内部写成 return 的形式。只要 data 或者 props 中的数据发生变化，computed 会同步发生改变。

同时使用 getter 和 setter 的代码示例如下。

```
<!-- comp.hml -->
<div class="item">
    <text onclick="onclick">{{userinfo}}</text>
</div>
```

```
/*comp.css*/
.item{
    font-size: 24px;
    color: red;
}
```

```
// comp.js
export default {
    data:{
        username:"zhangsan",
    },
    props: {
        sex: {
            default: 0,
        },
    },
    computed:{
        userinfo:{
            get(){
                return "姓名:"+this.username+" 性别:"+(this.sex>0?"男":"女");
            },
            set(newValue){
                this.username=newValue;
            }
        }
    },
    onclick(){
```

```
        this.userinfo = "xiaoming";
    }
}
```

```
<!--xxx.hml-->
<element name='comp' src='../../common/component/comp.html'></element>
<div class="container">
    <comp sex="1"></comp>
</div>
```

computed 属性 getter 和 setter 使用示例如图 4-60 所示。

图 4-60   computed 属性 getter 和 setter 使用示例

4.6.3   自定义事件

自定义组件中，绑定子组件事件使用(on|@)child1 语法。子组件中使用驼峰命名法命名的事件，在父组件中绑定时需要使用短横线分隔命名形式，例如：@children-event 表示绑定子组件的 childrenEvent 事件，@children-event="bindParentVmMethod"。子组件中通过 this.$emit('child1', { params: '传递参数' })触发事件并进行传值，父组件执行 bindParentVmMethod 方法并接收子组件传递的参数。

1. 不涉及父子组件之间事件参数传递的示例

子组件 comp 定义如下。

```
<!-- comp.hml -->
<div class="item">
    <text class="text-style" onclick="childClicked">单击这里查看隐藏文本</text>
    <text class="text-style" if="{{showObj}}">hello world</text>
</div>
```

```
/* comp.css */
.item {
    width: 700px;
    flex-direction: column;
    height: 300px;
    align-items: center;
    margin-top: 100px;
}
.text-style {
    font-weight: 500;
    font-family: Courier;
    font-size: 40px;
}
```

```
// comp.js
export default {
    data: {
        showObj: false,
    },
    childClicked () {
        this.$emit('eventType1');
        this.showObj = !this.showObj;
    },
}
```

父组件引用如下。

```
<!-- xxx.html -->
<element name='comp' src='../../common/component/comp.hml'></element>
<div class="container">
  <comp @event-type1="textClicked"></comp>
</div>
```

```
/* xxx.css */
.container {
  background-color: #f8f8ff;
  flex: 1;
  flex-direction: column;
  align-content: center;
}
```

```
// xxx.js
export default {
  textClicked () {},
}
```

2．父子组件之间事件参数传递的示例

子组件中通过 this.$emit('child1', { params: '传递参数' })触发事件并进行传值，子组件 comp 定义如下。

```
<!-- comp.hml -->
<div class="item">
  <text class="text-style" onclick="childClicked">单击这里查看隐藏文本</text>
  <text class="text-style" if="{{showObj}}">hello world</text>
</div>
```

```
// comp.js
export default {
  childClicked () {
    this.$emit('eventType1', {text: '收到子组件参数'});
    this.showObj = !this.showObj;
  },
}
```

子组件向上传递参数 text，父组件接收时通过 e.detail 来获取参数，父组件的代码如下。

```
<!-- xxx.html -->
<element name='comp' src='../../common/component/comp.hml'></element>
<div class="container">
  <text>父组件：{{text}}</text>
  <comp @event-type1="textClicked"></comp>
</div>
```

```
// xxx.js
export default {
  data: {
    text: '开始',
  },
  textClicked (e) {
    this.text = e.detail.text;
  },
}
```

4.6.4　生命周期定义

我们为自定义组件提供了一系列生命周期回调方法，便于开发者管理自定义组件的内部逻辑。生命周期主要包括：onInit、onAttached、onDetached、onLayoutReady、onDestroy、 onPageShow 和 onPageHide。各个生命周期回调的触发时机见表 4-113。

表 4-113　各个生命周期回调的触发时机

生命周期	类型	描述	触发时机
onInit	Function	初始化自定义组件	自定义组件初始化生命周期回调。当自定义组件创建时，触发该回调，主要用于自定义组件中必须使用的数据初始化，该回调只会触发一次
onAttached	Function	自定义组件装载	自定义组件被创建后，加入 Page 组件树时，触发该回调。该回调触发时，表示组件将被显示。该生命周期可用于初始化显示相关数据，通常用于加载图片资源、开始执行动画等
onDetached	Function	自定义组件摘除	自定义组件摘除时，触发该回调，常用于停止动画或异步逻辑停止执行的场景
onLayoutReady	Function	自定义组件布局完成	自定义组件插入 Page 组件树后，开始进行布局计算，调整其内容元素尺寸与位置，当布局计算结束后触发该回调
onDestroy	Function	自定义组件销毁	自定义组件销毁时，触发该回调，常用于资源释放
onPageShow	Function	自定义组件 Page 显示	自定义组件所在 Page 显示后，触发该回调
onPageHide	Function	自定义组件 Page 隐藏	自定义组件所在 Page 隐藏后，触发该回调

示例如下。

```html
<!-- comp.hml -->
<div class="item">
  <text class="text-style">{{value}}</text>
</div>
```

```css
/* comp.css */
.item {
    width: 700px;
    flex-direction: column;
    height: 300px;
    align-items: center;
    margin-top: 100px;
}
.text-style {
    font-weight: 500;
    font-family: Courier;
    font-size: 40px;
}
```

```js
//comp.js
export default {
    data: {
        value: "组件创建"
    },
    onInit() {
        console.log("组件创建")
    },
    onAttached() {
        this.value = "组件挂载"
```

```
    },
    onDetached() {
        this.value = ""
    },
    onPageShow() {
        console.log("Page 显示")
    },
    onPageHide() {
        console.log("Page 隐藏")
    }
}
```

```
<!--xxx.html-->
<element name='comp' src='../../common/component/comp.html'></element>
<div class="container">
    <comp></comp>
</div>
```

4.6.5　底部导航栏组件开发案例

在应用开发中，底部导航栏是常见的功能，如图 4-61 所示。

图 4-61　底部导航栏

为了在项目中更好地复用，将底部导航栏封装成自定义组件非常有必要。下面我们来自定义一个该组件。

① 使用 DevEco Studio 创建一个自定义组件，取名为 navbar，目录结构如图 4-62 所示。

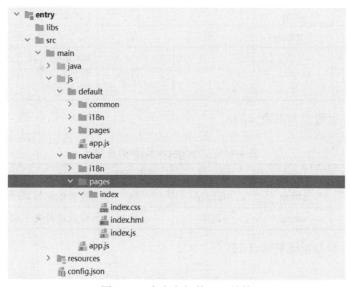

图 4-62　自定义组件目录结构

② 规划自定义组件需要暴露的自定义属性和事件。自定义属性说明见表 4-114。

表 4-114　自定义属性说明

属性	类型	默认值	是否必填	说明
menu-data	menuDataConfig（见表 4-115）	[]	是	设置 tab 的相关数据和配置属性
default-index	number	0	否	设置 tab 默认选中索引
item-text-active-color	string	#1a1aff	否	设置 tab 选中时文字颜色
item-text-in-active-color	string	#bfbfbf	否	设置 tab 未选中时文字颜色
background-color	string	#ffffff	否	设置导航栏背景颜色
border-top-width	string	2px	否	设置底部导航栏顶部的分割线宽度，0px 代表没有分割线
border-bottom-width	string	2px	否	设置顶部导航栏顶部的分割线宽度，0px 代表没有分割线
border-color	string	#bfbfbf	否	设置导航栏分割线颜色
is-bottom	boolean	TRUE	否	设置是否为底部导航栏，false 代表顶部导航栏
badgeconfig	badgeconfig（见表 4-116）	{ badgeColor: "#fa2a2d", textColor: "#ffffff", }	否	设置角标提醒的背景色和文字颜色

menuDataConfig 参数说明见表 4-115。

表 4-115　menuDataConfig 参数说明

参数	类型	默认值	是否必填	说明
text	string	—	是	tab 名称
inActiveImg	string	—	是	tab 未选中时显示图片
activeImg	string	—	是	tab 选中时显示图片
showBadge	boolean	—	否	是否显示 tab 消息角标
msgNum	number	—	否	tab 角标上显示的消息数，为 0 的时候显示红点，最大为 99，超过 99 显示为 99+

badgeconfig 参数说明见表 4-116。

表 4-116　badgeconfig 参数说明

参数	类型	默认值	是否必填	说明
badgeColor	string	#fa2a2d	是	设置角标背景颜色
textColor	string	#ffffff	是	设置角标文字颜色

自定义事件参数描述见表 4-117。

表 4-117　自定义事件参数描述

事件	参数	描述
@event-nav-item-change	无	tab 导航单击时触发

③ 自定义组件的代码如下。

```html
<!--自定义组件的 hml-->
<!--start 导航栏必须嵌套到父组件的视图容器 start-->
<div id="bottomNavBar" class="bottomNavBar"
    style="background-color:{{ backgroundColor }};border-top-color:{{ borderColor }};
          border-top-width : {{ borderTopWidth }}; border-bottom-width :
{{ borderBottomWidth }};
          bottom : {{ bottom }};">
    <block for="{{ menuData }}">
        <div class="menuItem" onclick="changemenu({{ $idx }})">
            <div class="badgediv">
                <badge class="badge" config="{{ badgeconfig }}" placement="rightTop"
visible="{{ $item.showBadge }}"
                      count="{{ $item.msgNum }}" maxcount="99">
                    <image class="cimg"
                          src="{{ defaultIndex == $idx ? $item.activeImg : $item.
inActiveImg }}"
                          onclick="changemenu({{ $idx }})">
                    </image>
                </badge>
            </div>

            <text class="itemText"
                  style="color : {{ defaultIndex == $idx ? itemTextActiveColor :
itemTextInActiveColor }};">{{
                $item.text }}
            </text>
        </div>
    </block>
</div>

<!--end 导航栏必须嵌套到父组件的视图容器 end-->
```

```css
/*自定义组件的 css*/
/*导航栏最外层容器的样式*/
.bottomNavBar{
    width: 100%;
    border-top-style: solid;
    position: absolute;
    left: 0px;
    background-color: #ffffff;
    display: flex;
    justify-content: space-around;
    z-index: 1;
}
/*导航栏中菜单项的样式*/
.menuItem{
    display: flex;
    flex-direction: column;
    justify-content: flex-start;
    align-items: center;
    padding: 10px 0px;
}
/*badge 外面套的 div 样式*/
.badgediv{
    width: 36px;
    height: 36px;
}
/*菜单项中文字的样式*/
.itemText{
    font-size: 12px;
}
/*菜单项中图片的样式*/
.cimg{
```

```
    width: 36px;
    height: 36px;
}
```

```
//自定义组件的 js
export default {
    props: {
        menuData: [], //定义菜单项的数据属性，菜单内容由该数据生成
        defaultIndex: { //菜单的默认索引
            default: 0
        },
        itemTextActiveColor: { //菜单选中时文字颜色
            default: '#1296db'
        },
        itemTextInActiveColor: { //菜单未选中时文字颜色
            default: '#bfbfbf'
        },
        backgroundColor: { //导航栏的背景色
            default: '#ffffff'
        },
        borderTopWidth: { //底部导航栏顶部的一条分割线宽度，为 0 代表没有分割线
            default: '2px'
        },
        borderBottomWidth: { //顶部导航栏底部的一条分割线宽度，为 0 代表没有分割线
            default: '2px'
        },
        borderColor: { //导航栏分割线颜色
            default: '#bfbfbf'
        },
        isBottom: {        //是否是底部导航栏
            default: true
        },
        badgeconfig: {
            default: {
                badgeColor: "#fa2a2d",
                textColor: "#ffffff",
            }
        }
    },
    data: {
        bottom: null
    },
//自定义事件 eventNavItemChange 的响应
    changemenu(index)
    {
        //赋值
        this.defaultIndex = index;
        console.log("当前的值为:" + this.defaultIndex);
        this.$emit('eventNavItemChange', {
            index: index
        });
    },
    onInit() {
        if (this.isBottom) { //设置为底部导航栏
            this.bottom = '0px';
            this.borderBottomWidth = '0px'; //底部导航栏只有上分割线，没有下分割线
        } else { //设置为顶部导航栏
            this.bottom = null;
            this.borderTopWidth = '0px'; //顶部导航栏只有下分割线，没有上分割线
        }

    }
}
```

④ 创建 4 个导航栏按钮，分别切换对应的子页面，页面目录结构如图 4-63 所示。

图 4-63　页面目录结构

4 个页面内容都是只居中展示一行文本内容，这里只展示以下 page1.hml 代码。

```
<div class="container">
    <text class="title">
        Hello {{ title }}
    </text>
</div>
```

⑤ 在主页面中引入导航栏组件，并且嵌入 4 个子页面实现导航栏切换页面的效果。主页面代码如下。

```
<!--主页面的 hml-->
<!--start 引入底部导航栏组件 start-->
<element name='comp' src='../../../navbar/pages/index/index.hml'></element>
<!--end 引入底部导航栏组件 end-->
<!--start 引入需要嵌套的子页面组件 start-->
<element name='page1' src='../page1/page1.hml'></element>
<element name='page2' src='../page2/page2.hml'></element>
<element name='page3' src='../page3/page3.hml'></element>
<element name='page4' src='../page4/page4.hml'></element>
<!--end 引入需要嵌套的子页面组件 end-->
<div class="container">
    <!--start 加载底部导航栏组件 start-->
    <comp id = "selfDefineChild" menu-data="{{ menus }}"  default-index="1"  @event-
nav-item-change="changePage"></comp>
    <!--end 加载底部导航栏组件 end-->
    <!--start 根据导航栏菜单选中动态加载对应的内嵌子页面 start-->
    <block if="{{this.$child('selfDefineChild').defaultIndex==0}}">
        <page1></page1>
    </block>
    <block if="{{this.$child('selfDefineChild').defaultIndex==1}}">
        <page2></page2>
    </block>
    <block if="{{this.$child('selfDefineChild').defaultIndex==2}}">
        <page3></page3>
    </block>
    <block if="{{this.$child('selfDefineChild').defaultIndex==3}}">
        <page4></page4>
    </block>
    <!--end 根据导航栏菜单选中动态加载对应的内嵌子页面 end-->
</div>
```

```
/*主页面的 css*/
.container {
    flex-direction: column;
    justify-content: center;
    align-items: center;
}
.main{
    flex-direction: column;
    justify-content: center;
    align-items: center;
}
.title {
    font-size: 40px;
    color: #000000;
    opacity: 0.9;
}
```

```
//主页面的 JS
export default {
    data: {
        title: "",
    //定义菜单项的数据源
        menus:[{"text":" 房 间 ","inActiveImg":"common/images/home.png","activeImg":
"common/images/home_active.png"},
            {"text":" 设 备 ","inActiveImg":"common/images/device.png","activeImg":
"common/images/device_active.png"},
            {"text":" 消 息  ","inActiveImg":"common/images/msg.png","activeImg":
"common/images/msg_active.png",showBadge:true,msgNum:"100"},
            {"text":" 设 置 ","inActiveImg":"common/images/settings.png","activeImg":
"common/images/settings_active.png"}],

    },
    //响应导航栏菜单切换事件
    changePage(e){
        this.title = e.detail.index;
        console.error("title="+this.title);
    },
    onInit() {
        this.title = this.$t('strings.world');
    }
}
```

自定义导航栏案例运行效果如图 4-64 所示。

图 4-64　自定义导航栏案例运行效果

4.7　使用 JS UI 框架开发智能家居 App 首页

经过前面的学习，我们已经对常用的 JS 组件、样式、属性、动画以及自定义组件有了基本的认识，本节将介绍一个综合性的案例，开发智能家居 App 的首页，如图 4-65 所示。

图 4-65　智能家居 App 首页

1.　布局分解

将页面中的元素分解后再按顺序实现每个基本元素，可以减少多层嵌套造成的视觉混乱和逻辑混乱，提高代码的可读性，方便对页面做后续的调整。智能家居 App 首页布局分解如图 4-66 所示。

图 4-66　智能家居 App 首页布局分解

2．导入自定义的底部导航栏组件

将 4.6.5 节中自定义的导航栏组件复用，导入本项目中。只需要将其中的 navbar 目录导入该项目的 js 目录下，如图 4-67 所示。

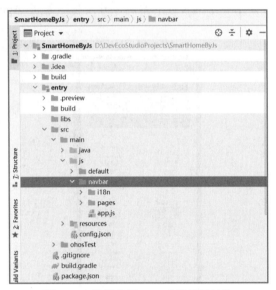

图 4-67　智能家居 App 功能目录结构

创建 4 个子页面，在主页面中引入导航栏组件并嵌入 4 个子页面，具体操作参考 4.6.5 节。

3．实现标题区的内容

标题区内容为 flex 横向布局，标题文本靠右对齐，图片菜单按钮靠右对齐，整体垂直居中对齐。

涉及的代码如下。

```html
<!--page1.hml-->
<!--标题区-->
<div class="titleBar">
    <text class="tText">我家</text>
    <image class="timg" src="../../common/images/menu.png"></image>
</div>
```

```css
/*page1.css*/
.container {
    display: flex;
    flex-direction: column;
    left: 0px;
    top: 0px;
    width: 100%;
    height: 100%;
}

.title {
    font-size: 30px;
    text-align: center;
}

.titleBar{
    display: flex;
    flex-direction: row;
```

```
        align-items: center;
        margin: 10px;
        height: 60px;
}

.timg{
        width: 32px;
        height: 32px;
}

.tText{
    flex: 1;
}
```

4. 实现总览区的内容

总览区内容为一个蓝色背景填充的 div，该 div 横向布局，内部组件平均分布排列。在该 div 中包含一个图片和文本，图片和文本之间用分隔线分隔。涉及的代码如下。

```html
<!--page1.html-->
<!--总览区-->
    <div class="pannel">
        <image id="houseImg" src="../../common/images/house.png"></image>
        <divider class="divider" vertical="true"></divider>
        <div class="deviceDiv">
            <text>所有设备</text>
            <text id="deviceNum">30 个设备</text>
        </div>
    </div>
```

```css
/*page1.css*/
.pannel{
        width: 100%;
        height: 200px;
        margin: 20px 20px;
        border-radius: 10px;
        background-color: #0170fe;
        justify-content: space-around;
        align-items: center;
}

#houseImg{
        width: 80px;
        height: 80px;
}

.divider {
        margin-top: 30px;
        margin-bottom: 30px;
        color: #ffffffff;
        stroke-width: 2px;
        line-cap: round;
}
```

5. 实现房间网格展示区的内容

房间采用网格化展示，此处需要使用网格化组件 grid 来实现。

涉及的代码如下。

```html
<!--page1.html-->
<!--房间网格列表展示区-->
    <div class="grid">
        <div class="item1" for="{{rooms}}">
            <image src="{{$item.imgSrc}}"></image>
            <text>{{$item.name}}</text>
            <text class="itemDevice">{{$item.deviceNum}}设备</text>
        </div>
    </div>
```

```css
/*page1.css*/
.deviceDiv{
    flex-direction: column;
    font-weight: bold;
    color: #ffffffff;
    font-size: 20px;
    align-items: center;
}

#deviceNum{
    font-size: 15px;
}

.grid{
    width:100%;
    background-color: #f3f3f3;
    display: grid;
    grid-template-columns: 1fr 1fr;
    grid-template-rows: 160px 160px 160px;
}


.item1{
    flex-direction: column;
    justify-content: center;
    align-items: center;
    width: 100%;
    height: 100%;
    border:1px solid #fff;
    color:#36363a;
    font-weight: bold;
    background-color: white;
    display: flex;
    justify-content: center;
    align-items: center;
    margin: 10px;
    font-size: 16px;
}

.item1 image{
    width: 80px;
    height: 80px;
}

.itemDevice{
    color: #9898a1;
    font-size: 12px;
}
```

```js
//page1.js
export default {
    data: {
        title: 'Page1',
        rooms:[{imgSrc:"/common/images/masterBedroom.png",name:"主卧",deviceNum:"3"},
            {imgSrc:"/common/images/livingroom.png",name:"客厅",deviceNum:"5"},
            {imgSrc:"/common/images/kitchen.png",name:"厨房",deviceNum:"5"},
            {imgSrc:"/common/images/toilet.png",name:"卫生间",deviceNum:"5"},
            {imgSrc:"/common/images/study.png",name:"书房",deviceNum:"5"},
            {imgSrc:"/common/images/masterBedroom.png",name:"次卧",deviceNum:"3"},]
    }
}
```

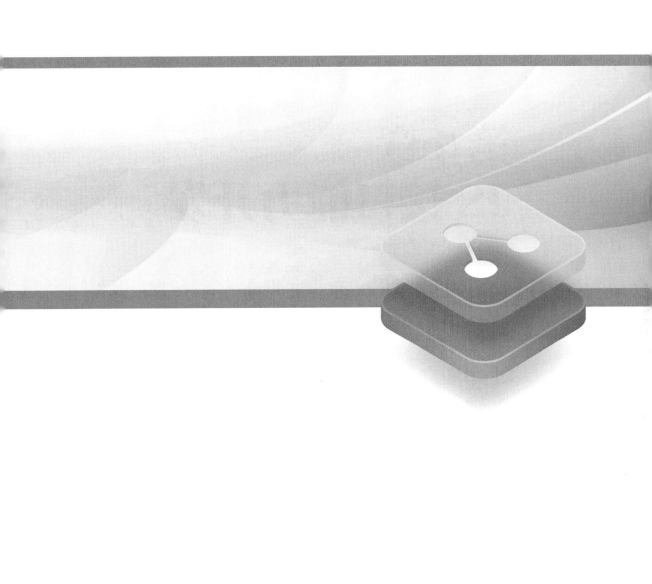

第 5 章
JS 接口能力开发

本章主要内容

我们在第 4 章学习了 UI 的设计与开发，能够根据 UI 原型图编写相应的 UI 页面，这些页面呈现的是静态数据。一个完整的应用涉及多个页面之间的交互以及数据动态获取等，这就需要使用各种接口，比如页面之间跳转、传参、网络数据请求、数据存储、系统能力（包括电池、传感器、位置等）获取等。

5.1 通用

在系统学习接口开发之前，我们需要整体了解接口开发中的一些通用规则与错误码。

5.1.1 通用规则

1. 同步

调用同步方法后，必须返回方法结果才能继续后续的行为，返回值可以是任意类型。示例如下。

```
import app from '@system.app';  //需要导入 App 模块
export default {
    data: {
        title: ""
    },
    onInit() {
        this.title = this.$t('strings.world');
    },
    onShow(){
        var info = app.getInfo();  //该接口属于同步调用，如果该方法未完成，将阻碍后续操作
        console.log(JSON.stringify(info));  //需要等待上一行同步接口调用操作结束，该行代码
才能执行
    }
}
```

提示 在调用接口时，如果代码中提示某接口不识别标红，可以使用快捷键"Alt+Enter"，然后会弹窗提醒开发者需要进行导包操作，如图 5-1 所示。此时按"Enter"键或者鼠标单击选中导包操作，工具会自动在代码中添加 import 模块的代码。

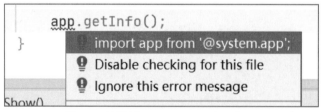

图 5-1 快捷键"Alt+Enter"代码提示

2. 异步

调用异步方法的整个过程不会阻碍调用者的工作。业务执行完成后会调用开发者提供的回调函数。

异步接口支持的回调函数见表 5-1。

表 5-1　异步接口支持的回调函数

回调函数	参数	类型	返回值	说明
success	data	any	可选，返回值可以是任意类型，详见接口使用文档	在执行成功时触发
fail	data	any	错误信息内容，一般是字符串，也可能是其他类型，详见接口使用文档	在执行失败时触发
	code	number	错误代码，详见 5.1.2 节	
cancel	data	any	一般无内容，详见接口使用文档	在用户取消时触发。部分用户交互场景可能有对该回调接口的支持
complete	—	—	—	在执行完成时触发

注意

接口是否支持 success、fail、cancel 和 complete 四个回调函数参考具体接口描述。

success、fail 和 cancel 三个回调函数的触发是互斥的，即有且只有一个回调函数被触发，触发任意一个都会再次调用 complete 回调。

示例如下。

```
device.getInfo({
  success: function(data) {
    console.log('Device information obtained successfully. Device brand:' +
data.brand);
  },
  fail: function(data, code) {
    console.log('Failed to obtain device information. Error code:'+ code + '; Error
information: ' + data);
  },
});
//上述接口调用属于异步调用，无须等待执行完成，即可立即执行下面的代码
console.log('本日志打印可能会在上面的接口回调日志之前打印');
```

注意

上述使用的是 device 接口，接口回调速度响应快，因此调试的时候，回调方法中的日志会比后续操作先执行。如果换成网络访问接口，异步调用的演示效果更佳。

3．订阅

订阅接口不会立即返回结果，开发者需要在参数中设置相应的回调函数。该回调函数会在完成时或者事件变化时进行回调，可以执行多次。

订阅接口支持的回调函数见表 5-2。

表 5-2　订阅接口支持的回调函数

回调函数	参数	类型	返回值	说明
success	data	any	返回值可以是任意类型，详见接口使用文档	在执行成功或事件变更时触发，可能会触发多次
fail	data	any	错误信息内容，一般是字符串，也可能是其他类型，详见接口使用文档	在执行失败时触发。一旦触发该回调函数,success 不会再次被调用，接口调用结束
	code	number	错误代码，详见 5.1.2 节	

以地理位置接口为例。

地理位置接口调用需要申请权限 ohos.permission.LOCATION。

```
import geolocation from '@system.geolocation';
export default {
    data: {
        title: ""
    },
    onInit() {
        this.title = this.$t('strings.world');
    },
    onShow(){
        geolocation.subscribe({
            success: function(data) {
                console.log('get location. latitude:' + data.latitude);
            },
            fail: function(data, code) {
                console.log('fail to get location. code:' + code);
            },
        });
    }
}
```

订阅与异步调用最大的区别就是，异步调用的回调，执行一次即调用结束，除非再主动触发一次调用；而订阅的回调是能够多次执行的，它会在订阅的事件发生变化时自动触发回调。订阅地理位置接口的日志打印如图 5-2 所示。

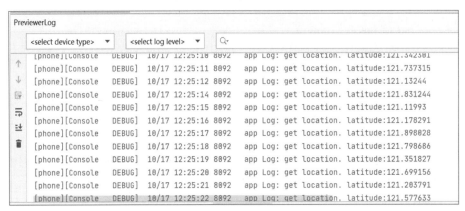

图 5-2　订阅地理位置接口的日志打印

预览器也可以用来调试地理位置接口。

5.1.2　通用错误码

本节提供通用的错误码。

权限说明：系统不提供权限相关的 API（如权限检查、权限申请等），所有权限都需要在对应 API 中按需申请。例如调用地理位置的接口 geolocation.getLocation (OBJECT)时，系统会自动校验本 FA 是否具备该权限，如果不具备，则会自动申请该权限（前提是该权限已在配置文件中声明，具体每个 API 需要的权限见各 API 下的"权限列表"）。

通用错误码有以下几个。

① 200：表示通用错误。

② 202：表示参数错误。

③ 300：表示 I/O 错误。

5.2　基本功能

5.2.1　启动一个 Ability

1．支持设备

支持设备如下。

手机	平板电脑	智慧屏	智能穿戴设备
支持	支持	支持	支持

2．导入模块

导入模块如下。

```
import featureAbility from '@ohos.ability.featureAbility';
```

3．权限列表

无。

4．getWant(): Promise<Want>

以异步方法获取 Ability 启动时的参数，使用 Promise 形式返回结果。

① 参数：无。

② getWant()返回值说明见表 5-3。

表 5-3　getWant()返回值说明

返回值	说明
Promise<Want>	Promise 形式返回启动相关参数信息

Want 启动信息参数见表 5-4。

表 5-4　Want 启动信息参数

参数	类型	可读	可写	说明
deviceId	string	是	是	表示运行指定 Ability 的设备 ID
bundleName	string	是	是	表示包描述。如果在 Want 中同时指定了 bundleName 和 abilityName，则 Want 可以直接匹配到指定的 Ability
abilityName	string	是	是	表示待启动的 Ability 名称。如果在 Want 中同时指定了 bundleName 和 abilityName，则 Want 可以直接匹配到指定的 Ability

表 5-4　Want 启动信息参数（续）

参数	类型	可读	可写	说明
uri	string	是	是	表示 URI 描述。如果在 Want 中指定了 URI，则 Want 将匹配指定的 URI 信息，包括 scheme、schemeSpecificPart、authority 和 path 信息
type	string	是	是	表示 MIME type 类型描述，比如："text/plain" "image/*"等
action	string	是	是	表示 action 选项描述。具体参考5.2.2节。 使用时通过 wantConstant.Action 获取，示例：wantConstant.Action.ACTION_HOME
entities	Array\<string>	是	是	表示 entities 相关描述。具体参考 5.2.2节。 使用时通过 wantConstant.Entity 获取，示例：wantConstant.Entity.ENTITY_DEFAULT
flags	number	是	是	表示处理 Want 的方式，默认传数字，具体参考 5.2.2节。 使用时通过 wantConstant.Flags 获取，示例：wantConstant.Flags.FLAG_INSTALL_ON_DEMAND
parameters	{[key:string]: any}	是	是	表示 WantParams 描述

③ 示例如下。

```
import featureAbility from '@ohos.ability.featureAbility';
export default {
    data: {
        title: ""
    },
    onInit() {
        this.title = this.$t('strings.world');
    },
    onShow(){
        featureAbility.getWant()
          .then((Want) => {
          console.info('Operation successful. Data: ' + JSON.stringify(Want));
        }).catch((error) => {
          console.error('Operation failed. Cause: ' + JSON.stringify(error));
        })
    }
}
```

5．getWant(callback: AsyncCallback\<Want>): void

以异步方法获取 Ability 启动时的参数，使用 callback 形式返回结果。

① getWant() callback 形式参数说明见表 5-5。

表 5-5　getWant() callback 形式参数说明

参数	类型	必填	说明
callback	AsyncCallback\<Want>	是	程序启动作为入参的回调函数

② 返回值：无。

③ 示例如下。

```
import featureAbility from '@ohos.ability.featureAbility';
export default {
    data: {
        title: ""
    },
```

```
onInit() {
    this.title = this.$t('strings.world');
},
onShow(){
    featureAbility.getWant((err, data) => {
        if (err) {
            console.error('Operation failed. Cause: ' + JSON.stringify(err));
            return;
        }
        console.info('Operation successful. Data:' + JSON.stringify(data));
    })
}
}
```

6．startAbility(parameter: StartAbilityParameter): Promise\<number\>

以异步方法启动 Ability，使用 Promise 形式返回。

① startAbility 参数说明见表 5-6。

表 5-6   startAbility 参数说明

参数	类型	必填	说明
parameter	StartAbilityParameter 详见表 5-7	是	启动参数

StartAbilityParameter 启动 Ability 所需参数见表 5-7。

表 5-7   StartAbilityParameter 启动 Ability 所需参数

参数	类型	可读	可写	说明
want	Want	是	是	启动 Ability 的 want 信息
abilityStartSetting	{[key: string]: any}	是	是	表示能力的特殊属性,启动能力时可作为调用中的输入参数传递

② startAbility 返回值说明见表 5-8。

表 5-8   startAbility 返回值说明

返回值	说明
Promise\<number\>	Promise 形式返回启动结果

③ 示例如下。

创建一个应用，在该应用中创建两个 FA，分别为 MainAbility 和 MainAbility2，在 MainAbility 的页面中放置两个按钮，代码如下。

```
<!--应用 1 的 MainAbility 中的 index.html-->
<div class="container">
    <input type="button" value="启动本应用中的 FA" onclick="onClick1"></input>
    <input type="button" value="启动另一个应用中的 FA" onclick="onClick2"></input>
</div>
```

两个按钮分别绑定了两个点击事件，用于启动另一个 FA，代码如下。

```
//启动当前应用中的 FA
onClick1() {
    var str = {
        "StartAbilityParameter": {
            "want": {
                "deviceId": "",
```

```
                    "bundleName": "com.xdw.myapplication24",
                    "abilityName": "com.xdw.myapplication24.MainAbility2",
                    "uri": "",
                    "type": "",
                    "options": {},
                    "action": "",
                    "parameters": {},
                    "entities": []
                },
                "abilityStartSetting": {}
            }
        };
        featureAbility.startAbility(str)
            .then((data) => {
            console.info('Operation successful. Data: ' + JSON.stringify(data))
        }).catch((error) => {
            console.error('Operation failed. Cause: ' + JSON.stringify(error));
        })
    },
    //启动另一个应用中的 FA
    onClick2() {
        var str = {
            "StartAbilityParameter": {
                "want": {
                    "deviceId": "",
                    "bundleName": "com.xdw.myapplication25",
                    "abilityName": "com.xdw.myapplication25.MainAbility",
                    "uri": "",
                    "type": "",
                    "options": {},
                    "action": "",
                    "parameters": {},
                    "entities": []
                },
                "abilityStartSetting": {}
            }
        };
        featureAbility.startAbility(str)
            .then((data) => {
            console.info('Operation successful. Data: ' + JSON.stringify(data))
        }).catch((error) => {
            console.error('Operation failed. Cause: ' + JSON.stringify(error));
        })
    }
```

功能默认创建一个 FA。再创建一个 FA，如图 5-3 所示，使用鼠标选中 entry 目录，然后单击鼠标右键，在弹出的菜单中依次选择"New"→"Ability"→"Empty Page Ability(JS)"。

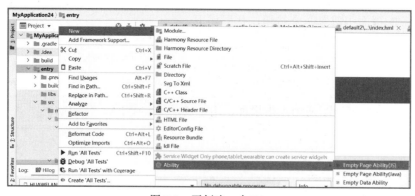

图 5-3　再创建一个 FA

7．startAbility(parameter: StartAbilityParameter, callback: AsyncCallback <number>): void

以异步方法启动 Ability。使用 callback 形式返回。

① startAbility 参数说明见表 5-9。

表 5-9　startAbility 参数说明

参数	类型	必填	说明
parameter	StartAbilityParameter	是	启动参数
callback	AsyncCallback<number>	是	callback 形式返回启动结果

② 返回值：无。

③ 示例如下。

基于上一个示例进行简单修改即可，修改部分如下。

```
featureAbility.startAbility(str, (err, data) => {
    if (err) {
        console.error('Operation failed. Cause:' + JSON.stringify(err));
        return;
    }
    console.info('Operation successful. Data: ' + JSON.stringify(data))
});
```

8．getContext(): Context

获取 Ability 上下文信息。context 对象在文件与数据存储中发挥重要作用，详见 5.3 节。

① 参数：无。

② getContext 返回值说明见表 5-10。

表 5-10　getContext 返回值说明

返回值	类型	说明
context	Context	Ability 上下文信息

③ 示例如下。

```
var context = featureAbility.getContext();
```

9．AbilityWindowConfiguration

使用时通过 featureAbility.AbilityWindowConfiguration 获取，示例：featureAbility. AbilityWindowConfiguration.WINDOW_MODE_UNDEFINED。AbilityWindowConfiguration 参数说明见表 5-11。

表 5-11　AbilityWindowConfiguration 参数说明

参数	值	说明
WINDOW_MODE_UNDEFINED	0	未定义
WINDOW_MODE_FULLSCREEN	1	全屏
WINDOW_MODE_SPLIT_PRIMARY	100	分屏主屏
WINDOW_MODE_SPLIT_SECONDARY	101	分屏次屏
WINDOW_MODE_FLOATING	102	悬浮窗

10．AbilityStartSetting

使用时通过 featureAbility.AbilityStartSetting 获取，示例：featureAbility. AbilityStartSetting. BOUNDS_KEY。AbilityStartSetting 参数说明见表 5-12。

表 5-12　AbilityStartSetting 参数说明

参数	值	说明
BOUNDS_KEY	"abilityBounds"	窗口显示大小属性的名称
WINDOW_MODE_KEY	"windowMode"	窗口显示模式属性的名称
DISPLAY_ID_KEY	"displayId"	窗口显示设备 ID 属性的名称

11．ErrorCode

使用时通过 featureAbility.ErrorCode 获取，示例：featureAbility.ErrorCode. NO_ERROR。ErrorCode 参数说明见表 5-13。

表 5-13　ErrorCode 参数说明

参数	值	说明
NO_ERROR	0	无错误
INVALID_PARAMETER	−1	非法参数
ABILITY_NOT_FOUND	−2	Ability 未发现
PERMISSION_DENY	−3	权限拒绝

5.2.2　意图常量

Want 启动信息中系统定义的相关常量。

1．支持设备

支持设备如下。

手机	平板电脑	智慧屏	智能穿戴设备
支持	支持	支持	支持

2．导入模块

导入模块如下。

```
import wantConstant from '@ohos.ability.wantConstant';
```

3．权限列表

无。

4．action

action 选项描述见表 5-14。

表 5-14　action 选项描述

选项	值	说明
ACTION_HOME	"ohos.want.action.home"	home 页面
ACTION_DIAL	"ohos.want.action.dial"	小键盘页面
ACTION_SEARCH	"ohos.want.action.search"	页面搜索功能

表 5-14 action 选项描述（续）

选项	值	说明
ACTION_WIRELESS_SETTINGS	"ohos.settings.wireless"	无线网设置相关页面，比如 WLAN 选项
ACTION_MANAGE_APPLICATIONS_SETTINGS	"ohos.settings.manage.applications"	已安装应用程序页面
ACTION_APPLICATION_DETAILS_SETTINGS	"ohos.settings.application.details"	指定应用的详细信息页面，操作时必须指定 bundle 等相关属性
ACTION_SET_ALARM	"ohos.want.action.setAlarm"	设置闹钟页面
ACTION_SHOW_ALARMS	"ohos.want.action.showAlarms"	显示所有闹钟页面
ACTION_SNOOZE_ALARM	"ohos.want.action.snoozeAlarm"	闹钟暂停页面
ACTION_DISMISS_ALARM	"ohos.want.action.dismissAlarm"	删除闹钟页面
ACTION_DISMISS_TIMER	"ohos.want.action.dismissTimer"	删除计时器页面
ACTION_SEND_SMS	"ohos.want.action.sendSms"	发送短信页面
ACTION_CHOOSE	"ohos.want.action.choose"	联系人或图片页面
ACTION_SELECT	"ohos.want.action.select"	应用程序选择 dialog 框
ACTION_SEND_DATA	"ohos.want.action.sendData"	记录发送页面
ACTION_SEND_MULTIPLE_DATA	"ohos.want.action.sendMultipleData"	多条记录发送页面
ACTION_SCAN_MEDIA_FILE	"ohos.want.action.scanMediaFile"	请求媒体扫描并添加文件到媒体库
ACTION_VIEW_DATA	"ohos.want.action.viewData"	查看数据 action
ACTION_EDIT_DATA	"ohos.want.action.editData"	编辑数据 action
INTENT_PARAMS_INTENT	"ability.want.params.INTENT"	表示 ACTION_PICKER 显示的选型
INTENT_PARAMS_TITLE	"ability.want.params.TITLE"	表示 ACTION_PICKER 使用时的对话框标题

5. entity

entities 相关描述见表 5-15。

表 5-15 entities 相关描述

名称	值	说明
ENTITY_DEFAULT	"entity.system.default"	默认为 entity
ENTITY_HOME	"entity.system.home"	表示 home screen 相关 entity
ENTITY_VOICE	"entity.system.voice"	语言交互 entity
ENTITY_BROWSABLE	"entity.system.browsable"	表示浏览器类别
ENTITY_VIDEO	"entity.system.video"	表示视频分类

6. Flags

Flags 相关描述见表 5-16。

表 5-16　Flags 相关描述

名称	值	说明
FLAG_ABILITY_FORWARD_RESULT	0x00000004	结果返回给源 Ability
FLAG_ABILITY_CONTINUATION	0x00000008	确定是否可以将本地设备上的 Ability 迁移到远程设备
FLAG_NOT_OHOS_COMPONENT	0x00000010	指定组件是否属于 OHOS
FLAG_START_FOREGROUND_ABILITY	0x00000200	表示 host 应用无论是否启动，都将使用系统服务模板
FLAG_INSTALL_ON_DEMAND	0x00000800	在当前未安装的情况下，安装指定的 Ability
FLAG_INSTALL_WITH_BACKGROUND_MODE	0x80000000	在当前未安装的情况下，后台安装指定的 Ability
FLAG_ABILITY_CLEAR_MISSION	0x00008000	清除其他的操作 missions
FLAG_ABILITY_NEW_MISSION	0x10000000	在历史 missions 栈上创建 mission
FLAG_ABILITY_MISSION_TOP	0x20000000	启动已有位于 missions 栈上的栈顶 mission，否则创建一个新的 Ability 实例

5.2.3　应用上下文

应用上下文用于获取全局应用对象 App。

1. 支持设备

支持设备如下。

API	手机	平板电脑	智慧屏	智能穿戴设备
app.getInfo	支持	支持	支持	支持
app.terminate	支持	支持	支持	支持

2. 导入模块

导入模块如下。

```
import wantConstant from '@ohos.ability.wantConstant';
```

3. 权限列表

无。

4. app.getInfo()

获取当前应用配置文件中声明的信息。

① 参数：无。

② app.getInfo()返回值说明见表 5-17。

表 5-17　app.getInfo()返回值说明

返回值	类型	说明
appID	string	表示应用的包名，用于标识应用的唯一性
appName	string	表示应用的名称

表 5-17　app.getInfo()返回值说明（续）

返回值	类型	说明
versionName	string	表示应用的版本名称
versionCode	number	表示应用的版本号

③ 示例如下。

```
var info = app.getInfo();
console.log(JSON.stringify(info));
```

5. app.terminate()

退出当前 Ability。

① 参数：无。

② 返回值：无。

③ 示例如下。

```
app.terminate();
```

5.2.4　日志打印

1. 支持设备

支持设备如下。

手机	平板电脑	智慧屏	智能穿戴设备
支持	支持	支持	支持

2. 导入模块

无。

3. 权限列表

无。

4. 使用方法

使用 console.debug|log|info|warn|error(message)打印日志信息。关于日志分类级别以及 DevEco Studio 中如何查看请详见 2.4.5 节。

① 参数如下。

参数：message。类型：string。必填：是。

参数说明：表示要打印的文本信息。

② 示例如下。

```
var versionCode = 1;
console.info('Hello World. The current version code is ' + versionCode);
console.log('versionCode: ${versionCode}')
console.log('versionCode:%d.', versionCode);
```

其中$\{xxx\}$为直接在字符串中引用变量 xxx 的值，无论变量 xxx 是什么类型，都以字符串形式输出。

5.2.5　页面路由

页面路由只有在页面渲染完成后才能调用，在 onInit 和 onReady 生命周期中，页面还处于渲染阶段，禁止调用页面路由方法。

1．支持设备

支持设备如下。

API	手机	平板电脑	智慧屏	智能穿戴设备
router.push	支持	支持	支持	支持
router.replace	支持	支持	支持	支持
router.back	支持	支持	支持	支持
router.clear	支持	支持	支持	支持
router.getLength	支持	支持	支持	支持
router.getState	支持	支持	支持	支持
router.enableAlertBeforeBackPage	支持	支持	不支持	不支持
router.disableAlertBeforeBackPage	支持	支持	不支持	不支持

2．导入模块

导入模块如下。

```
import router from '@system.router';
```

3．权限列表

无。

4．router.push(OBJECT)

跳转到应用内的指定页面。

① router.push 参数说明见表 5-18。

表 5-18　router.push 参数说明

参数	类型	必填	说明
uri	string	是	表示目标页面的 URI，可以用以下两种格式。 页面绝对路径，由配置文件中 pages 列表提供，如： pages/index/index pages/detail/detail 特殊值，如果 URI 的值是"/"，则跳转到首页
params	Object	否	跳转的同时传递数据到目标页面，跳转到目标页面后，参数可以在页面中直接使用，如 this.data1（data1 为跳转时 params 参数中的 key 值）。如果目标页面中已有该字段，其值会被传入的字段值覆盖

② 示例如下。

工程默认创建一个 index 页面。使用 DevEco Studio 再创建一个页面，取名为 login。如图 5-4 所示，选中 pages 目录，然后单击鼠标右键，依次选择"New"→"JS Page"。

创建完成后的工程目录如图 5-5 所示。

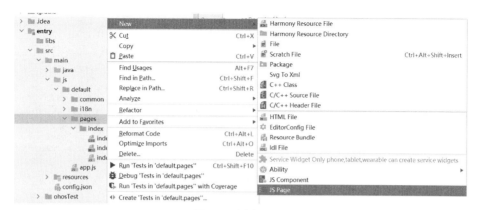

图 5-4 创建 JS Page

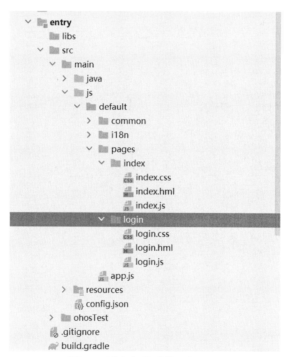

图 5-5 创建完成后的工程目录

将 login 页面切换为默认页，在 config.json 中配置如下。

```json
"js": [
  {
    "pages": [
      "pages/login/login",
      "pages/index/index"
    ],
    "name": "default",
    "window": {
      "designWidth": 720,
      "autoDesignWidth": true
    }
  }
]
```

编写 login 页面的代码如下。

```html
<!-- login.hml -->
<form onsubmit='pushPage' onreset='onReset'>
    <div class="container">
        <text class="title">用户登录</text>
        <div class="row">
            <label class="label" target="username">用户名：</label>
            <input class="input" id="username" type='text' name='username'></input>
        </div>
        <div class="row">
            <label class="label" target="password">密码：</label>
            <input  class="input"  id="password"  type='password'  name='password'>
</input>
        </div>
        <div class="row center">
            <input type='submit'>登录</input>
            <input type='reset'>重置</input>
        </div>
    </div>
</form>
```

```css
/*login.css*/
.container {
    flex-direction: column;
    justify-content: center;
    width: 100%;
    height: 100%;
    font-size: 16px;
}

.title {
    width: 100%;
    text-align: center;
    font-size: 40px;
    color: #000000;
    opacity: 0.9;
    margin-bottom: 50px;
}
.row {
    flex-direction: row;
    padding: 10px;
}
.center{
    justify-content: center;
}
.center>input{
    margin: 20px;
}
.label {
    width: 100px;
    flex-shrink: 0;
    text-align: center;
}
.input {
    margin-left: 5px;
}
```

```javascript
// login.js
import router from '@system.router';
export default {
    data: {},
    //登录之后跳转页面，并且将表单数据作为参数进行传递
    pushPage(result) {
        router.push({
            uri: 'pages/index/index',
```

```
        params: {
            //userdata 为自定义的页面间交互参数的名称，跳转页面调用数据的参数名必须和它保持
一致
            userdata:result
        }
    });
    },
    onReset() {
        console.info('reset all value')
    }
}
```

编写 index 页面的代码如下。

```
<div class="container">
    <text class="title">
        欢迎{{userdata.value.username}}成功登录主页
    </text>
</div>
```

登录页面跳转如图 5-6 所示。

图 5-6　登录页面跳转

- 页面路由栈支持的最大 Page 数量为 32。
- 使用 push 跳转页面后，在当前页面单击系统返回键会跳转到上一页。

5. router.replace(OBJECT)

使用应用内的某个页面替换当前页面，并销毁被替换的页面。

① router.replace 参数说明见表 5-19。

表 5-19　router.replace 参数说明

参数	类型	必填	说明
uri	string	是	表示目标页面的 URI，可以用以下两种格式。 页面绝对路径，由配置文件中 pages 列表提供，如： pages/index/index pages/detail/detail 特殊值，如果 URI 的值是"/"，则跳转到首页

表 5-19　router.replace 参数说明（续）

参数	类型	必填	说明
params	Object	否	跳转的同时传递数据到目标页面，跳转到目标页面后，参数可以在页面中直接使用，如 this.data1（data1 为跳转时 params 参数中的 key 值）。如果目标页面中已有该字段，其值会被传入的字段值覆盖

② 示例如下。

将 push 方法的示例进行修改，修改部分如下。

```
//登录之后跳转页面，并且将表单数据作为参数进行传递
pushPage(result) {
    router.replace({
        uri: 'pages/index/index',
        params: {
            //userdata 为自定义的页面间交互参数的名称，跳转页面调用数据的参数名必须和它保持
一致
            userdata:result
        }
    });
},
```

注意　　使用 replace 跳转页面之后，上一页已经销毁，在当前页单击系统返回键不会跳转到上一页，而是跳转到页面栈中存储的最近的页面，如果不存在，则返回到桌面。

6．router.back(OBJECT)

返回上一页或指定的页面。

① router.back 参数说明见表 5-20。

表 5-20　router.back 参数说明

参数	类型	必填	说明
uri	string	否	返回到指定 URI 的页面，如果页面栈上没有 URI 页面，则不响应该情况。如果 URI 未设置，则返回上一页

② 示例如下。

```
// index 页面
router.push({
  uri: 'pages/detail/detail',
});

// detail 页面
router.push({
  uri: 'pages/mall/mall',
});

// mall 页面通过 back，将返回 detail 页面
router.back();
// detail 页面通过 back，将返回 index 页面
router.back();
// 通过 back，返回 detail 页面
router.back({uri:'pages/detail/detail'});
```

7．router.clear()

清空页面栈中的所有历史页面，仅保留当前页面作为栈顶页面。

① 参数：无。

② 示例如下。

```
router.clear();
```

8. router.getLength()

获取当前页面栈内的页面数量。

① router.getLength()返回值说明见表 5-21。

表 5-21　router.getLength()返回值说明

返回值类型	说明
string	页面数量，页面栈支持最大数值是 32

② 示例如下。

```
var size = router.getLength();
console.log('pages stack size = ' + size);
```

9. router.getState()

获取当前页面的状态信息。

① router.getState()返回值说明见表 5-22。

表 5-22　router.getState()返回值说明

返回值	类型	说明
index	number	表示当前页面在页面栈中的索引。 从栈底到栈顶，index 从 1 开始递增
name	string	表示当前页面的名称，即对应文件名
path	string	表示当前页面的路径

② 示例如下。

```
var page = router.getState();
console.log('current index = ' + page.index);
console.log('current name = ' + page.name);
console.log('current path = ' + page.path);
```

10. router.enableAlertBeforeBackPage(OBJECT)

开启页面返回询问对话框。

① router.enableAlertBeforeBackPage 的参数说明见表 5-23。

表 5-23　router.enableAlertBeforeBackPage 的参数说明

参数	类型	必填	说明
message	string	是	询问对话框内容
success	() => void	否	接口调用成功的回调函数
fail	() => void	否	接口调用失败的回调函数
complete	() => void	否	接口调用结束的回调函数

② 示例如下。

该参数的使用场景很常见，比如为了防止用户误操作返回键，退出某个重要的页面，可以使用该参数进行弹窗提醒。

下面我们对之前的 login 页面代码进行修改，修改部分如下。

```
onShow(){
    router.enableAlertBeforeBackPage({
        message: 'Message Info',
        success: function() {
            console.log('success');
        },
        fail: function() {
            console.log('fail');
        },
    });
}
```

那么在 login 页面单击系统返回键后会进行弹窗提醒，选择确定之后才会执行返回操作，如图 5-7 所示。

图 5-7   login 页面弹窗提醒

11. router.disableAlertBeforeBackPage(OBJECT)

禁用页面返回询问对话框。

① router.disableAlertBeforeBackPage 的参数说明见表 5-24。

表 5-24   router.disableAlertBeforeBackPage 的参数说明

参数	类型	必填	说明
message	string	是	询问对话框内容
success	() => void	否	接口调用成功的回调函数
fail	() => void	否	接口调用失败的回调函数
complete	() => void	否	接口调用结束的回调函数

② 示例如下。

该参数主要是针对 enableAlertBeforeBackPage 进行的，已调用过 enableAlertBefore-BackPage 开启页面返回询问对话框功能之后，可以使用该参数将其禁止。

```
router.disableAlertBeforeBackPage({
  success: function() {
    console.log('success');
  },
  fail: function() {
    console.log('fail');
  },
});
```

5.2.6　弹窗

1．支持设备

支持设备如下。

API	手机	平板电脑	智慧屏	智能穿戴设备
prompt.showToast	支持	支持	支持	支持
prompt.showDialog	支持	支持	支持	支持
prompt.showActionMenu	支持	支持	不支持	不支持

2．导入模块

导入模块如下。

```
import prompt from '@system.prompt';
```

3．权限列表

无。

4．prompt.showToast(OBJECT)

显示文本弹窗。

① prompt.showToast 的参数说明见表 5-25。

表 5-25　prompt.showToast 的参数说明

参数	类型	必填	说明
message	string	是	显示文本信息
duration	number	否	默认值为 1500ms，建议区间为 1500ms～10000ms 若小于 1500ms 则取默认值，最大取值为 10000ms
[bottom]	<length>	否	设置弹窗边框距离屏幕底部的位置 仅支持手机和平板电脑

② 示例如下。

```
prompt.showToast({
  message: 'Message Info',
  duration: 2000,
});
```

showToast 示例如图 5-8 所示。

图 5-8　showToast 示例

5．prompt.showDialog(OBJECT)

在页面内显示对话框。

① prompt.showDialog 的参数说明见表 5-26。

表 5-26　prompt.showDialog 的参数说明

参数	类型	必填	说明
title	string	否	标题文本
message	string	否	内容文本
buttons	Array	否	对话框中按钮的数组，结构为：{text:'button', color: '#666666'}，支持 1～3 个按钮。其中第一个为 positiveButton，第二个为 negativeButton，第三个为 neutralButton
success	Function	否	接口调用成功的回调函数，返回值见表 5-27
cancel	Function	否	取消调用此接口的回调函数
complete	Function	否	弹窗退出时的回调函数

success 返回值说明见表 5-27。

表 5-27　success 返回值说明

返回值	类型	说明
index	number	选中按钮在 buttons 数组中的索引

② 示例如下。

```
prompt.showDialog({
  title: 'Title Info',
  message: 'Message Info',
  buttons: [
    {
      text: 'button',
      color: '#666666',
    },
  ],
  success: function(data) {
    console.log('dialog success callback, click button : ' + data.index);
  },
  cancel: function() {
    console.log('dialog cancel callback');
  },
});
```

showDialog 示例如图 5-9 所示。

图 5-9　showDialog 示例

6．prompt.showActionMenu(OBJECT)

显示操作菜单。

① prompt.showActionMenu 的参数说明见表 5-28。

表 5-28　prompt.showActionMenu 的参数说明

参数	类型	必填	说明
title	string	否	标题文本
buttons	Array	是	对话框中按钮的数组，结构为：{text: 'button', color: '#666666'}，支持 1～6 个按钮。大于 6 个按钮时弹窗不显示
success	(data: TapIndex) => void	否	接口调用成功的回调函数
cancel	() => void	否	接口调用失败的回调函数
complete	() => void	否	接口调用结束的回调函数

TapIndex 参数说明见表 5-29。

表 5-29　TapIndex 参数说明

参数	类型	说明
tapIndex	number	选中按钮在 buttons 数组中的索引，从 0 开始

② 示例如下。

```
prompt.showActionMenu({
  title: 'Title Info',
  buttons: [
    {
      text: 'item1',
      color: '#666666',
    },
    {
      text: 'item2',
      color: '#000000',
    },
  ],
  success: function(data) {
    console.log('dialog success callback, click button : ' + data.tapIndex);
  },
  fail: function(data) {
    console.log('dialog fail callback' + data.errMsg);
  },
});
```

showActionMenu 示例如图 5-10 所示。

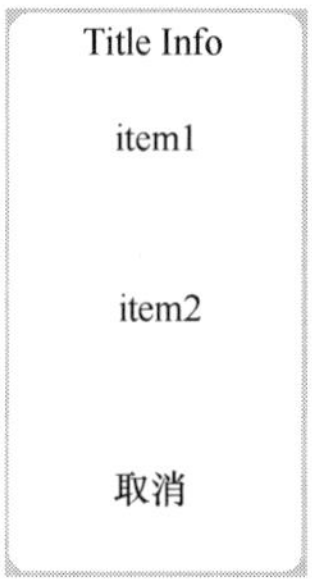

图 5-10　showActionMenu 示例

5.2.7　应用配置

1．支持设备

支持设备如下。

手机	平板电脑	智慧屏	智能穿戴设备
支持	支持	支持	支持

2．导入模块

导入模块如下。

```
import configuration from '@system.configuration';
```

3．权限列表

无。

4．configuration.getLocale()

获取应用当前的语言和地区，默认与系统的语言和地区同步。

① configuration.getLocale 返回值说明见表 5-30。

表 5-30　configuration.getLocale 返回值说明

返回值	类型	说明
language	string	语言。例如：zh
countryOrRegion	string	国家或地区。例如：CN
dir	string	文字布局方向。取值范围：ltr，从左到右；rtl，从右到左
unicodeSetting	string	语言环境定义的 Unicode 语言环境键集，如果此语言环境没有特定键集，则返回空集。 例如：{"nu":"arab"}表示当前环境下的数字采用阿拉伯数字

② 示例如下。

```
const localeInfo = configuration.getLocale();
console.info(localeInfo.language);
```

5.2.8　定时器

1．支持设备

支持设备如下。

手机	平板电脑	智慧屏	智能穿戴设备
支持	支持	支持	支持

2．导入模块

无。

3．权限列表

无。

4．setTimeout(handler[, delay[, ...args]])

设置一个定时器，定时器到期后执行一个函数。

① setTimeout 参数说明见表 5-31。

表 5-31　setTimeout 参数说明

参数	类型	必填	说明
handler	Function	是	定时器到期后执行函数
delay	number	否	延迟的毫秒数，函数的调用会在该延迟之后发生。如果省略该参数，delay 取默认值 0，即马上执行或尽快执行
...args	Array<any>	否	附加参数，一旦定时器到期，它们会作为参数传递给 handler

② 返回值为 timeoutID，定时器的 ID。

③ 示例如下。

```
var timeoutID = setTimeout(function() {
  console.log('delay 1s');
}, 1000);
```

5．clearTimeout(timeoutID)

取消通过调用 setTimeout()建立的定时器。

① clearTimeout 参数说明见表 5-32。

表 5-32　clearTimeout 参数说明

参数	类型	必填	说明
timeoutID	number	是	取消定时器的 ID，由 setTimeout()返回

② 示例如下。

```
var timeoutID = setTimeout(function() {
  console.log('do after 1s delay.');
}, 1000);

clearTimeout(timeoutID);
```

6．setInterval(handler[, delay[, ...args]])

重复调用一个函数，每两次调用之间有固定的时间延迟。

① setInterval 参数说明见表 5-33。

表 5-33　setInterval 参数说明

参数	类型	必填	说明
handler	Function	是	重复调用的函数
delay	number	否	延迟的毫秒数，函数的调用在该延迟之后发生
...args	Array<any>	否	附加参数，一旦定时器到期，它们会作为参数传递给 handler

② 返回值为 intervalID 重复定时器 ID。

③ 示例如下。

```
var intervalID = setInterval(function() {
  console.log('do very 1s.');
}, 1000);
```

7．clearInterval(intervalID)

取消通过 setInterval()设置的重复定时任务。

① clearInterval 参数说明见表 5-34。

表 5-34　clearInterval 参数说明

参数	类型	必填	说明
intervalID	number	是	取消重复定时器的 ID，由 setInterval()返回

② 示例如下。

```
var intervalID = setInterval(function() {
  console.log('do very 1s.');
}, 1000);

clearInterval(intervalID);
```

5.2.9　窗口

1．支持设备

支持设备如下。

手机	平板电脑	智慧屏	智能穿戴设备
支持	支持	支持	支持

2．导入模块

导入模块如下。

```
import window from '@ohos.window';
```

3．权限列表

无。

4．window.getTopWindow

获取当前窗口，用于获取 window 实例。

下列 API 示例都需使用 getTopWindow()获取 window 实例，再通过此实例调用对应方法。

① 参数：无。

② 返回值：无。

③ 示例如下。

```
window.getTopWindow((err, data) => {
    if (err) {
        console.error('Failed to obtain the top window. Cause: ' + JSON.stringify(err));
        return;
    }
    console.info('Succeeded in obtaining the top window. Data: ' + JSON.stringify (data));
    windowClass = data;
});
```

5．window.setSystemBarProperties

设置窗口内导航栏的颜色。

① window.setSystemBarProperties 参数说明见表 5-35。

表 5-35　window.setSystemBarProperties 参数说明

参数	类型	必填	说明
SystemBarProperties	SystemBarProperties	是	包含 statusBarColor、navigationBarColor 两个参数，需要分别设置 statusBarColor、navigationBarColor

SystemBarProperties属性说明见表 5-36。

表 5-36　SystemBarProperties属性说明

参数	类型	可读	可写	说明
statusBarColor	string	是	是	状态栏颜色，为 16 进制颜色，例如"#00FF00"或"#FF00FF00"
navigationBarColor	string	是	是	导航栏颜色，为 16 进制颜色，例如"#00FF00"或"#FF00FF00"

② 返回值：无。

③ 示例如下。

```
import window from '@ohos.window';
export default {
    data: {
        title: ""
    },
    onInit() {
        this.title = this.$t('strings.world');
    },
    onShow(){
        var windowClass;
        window.getTopWindow((err, data) => {
            if (err) {
                console.error('Failed to obtain the top window. Cause: ' + JSON. stringify
(err));
                return;
            }
            console.info('Succeeded in obtaining the top window. Data: ' + JSON. stringify
(data));
            windowClass = data;
            var statusBarColor = '#ff00ff';
            var navigationBarColor = '#00ff00';
            var navigationbar = {statusBarColor, navigationBarColor};
            windowClass.setSystemBarProperties(navigationbar, (err, data) => {
                if (err) {
                    console.error('Failed to set the system bar properties. Cause: ' +
JSON.stringify(err));
                    return;
                }
                console.info('Succeeded in setting the system bar properties. Data: '
+ JSON.stringify(data));
            });
        });var windowClass;
        window.getTopWindow((err, data) => {
            if (err) {
                console.error('Failed to obtain the top window. Cause: ' + JSON.stringify
(err));
                return;
            }
            console.info('Succeeded in obtaining the top window. Data: ' + JSON.stringify
(data));
            windowClass = data;
            var statusBarColor = '#ff00ff';
            var navigationBarColor = '#00ff00';
            var navigationbar = {statusBarColor, navigationBarColor};
            windowClass.setSystemBarProperties(navigationbar, (err, data) => {
                if (err) {
                    console.error('Failed to set the system bar properties. Cause: ' +
JSON.stringify(err));
                    return;
                }
```

```
                console.info('Succeeded in setting the system bar properties. Data: '
+ JSON.stringify(data));
            });
        });
    }
}
```

修改状态栏和导航栏背景色效果如图 5-11 所示。

图 5-11　修改状态栏和导航栏背景色效果

此时页面存在一个自带的标题栏。一般在修改状态栏颜色时，会将页面自带的标题栏去掉。去掉标题栏的方法是在 config.json 中的 abilities 添加以下配置。

```
"metaData": {
        "customizeData": [
          {
            "name": "hwc-theme",
            "value": "androidhwext:style/Theme.Emui.NoTitleBar"
          }
        ]
    },
```

去掉标题栏效果如图 5-12 所示。

图 5-12　去掉标题栏效果

6．window.getProperties

获取当前窗口的属性。

① 参数：无。

② 返回值：无。

③ 示例如下。

```
windowClass.getProperties((err, data) => {
    if (err) {
        console.error('Failed to obtain the window properties. Cause:' +JSON.stringify
(err));
        return;
    }
    console.info('Succeeded in obtaining the window properties. Data:'+JSON.stringify
(data));
});
```

7．window.setBackgroundColor

设置窗口的背景色。

① window.setBackgroundColor 参数说明见表 5-37。

表 5-37　window.setBackgroundColor 参数说明

参数	类型	必填	说明
color	string	是	需要设置的背景色，为 16 进制颜色，例如"#00FF00"或"#FF00FF00"

② 返回值：无。

③ 示例如下。

```
var color = '#00ff33';
windowClass.setBackgroundColor(color, (err, data) => {
    if (err) {
        console.error('Failed to set the background color. Cause:'+ JSON.stringify
(err));
        return;
    }
    console.info('Succeeded in setting the background color. Data:'+ JSON.stringify
(data));
});
```

8．window.setKeepScreenOn

屏幕是否设置为常亮状态。

① window.setKeepScreenOn 参数说明见表 5-38。

表 5-38　window.setKeepScreenOn 参数说明

参数	类型	必填	说明
isKeepScreenOn	boolean	是	是否设置为屏幕常亮状态

② 返回值：无。

③ 示例如下。

```
var isKeepScreenOn = true;
windowClass.setKeepScreenOn(isKeepScreenOn, (err, data) => {
    if (err) {
        console.error('Failed to set the screen to be always on. Cause:'+ JSON. stringify
(err));
        return;
    }
    console.info('Succeeded in setting the screen to be always on. Data:'+ JSON.
```

```
stringify (data));
});
```

9．window.setFullScreen

设置是否为全屏状态。

① window.setFullScreen 参数说明见表 5-39。

表 5-39　window.setFullScreen 参数说明

参数	类型	必填	说明
isFullScreen	boolean	是	是否设置为全屏状态

② 返回值：无。

③ 示例如下。

```
var isFullScreen = true;
windowClass.setFullScreen(isFullScreen, (err, data) => {
    if (err) {
        console.error('Failed to enable the full-screen mode. Cause: ' + JSON.stringify
(err));
        return;
    }
    console.info('Succeeded in enabling the full-screen mode. Data: ' + JSON.stringify
(data));
});
```

10．window.setBrightness

设置屏幕亮度值。

① window.setBrightness 参数说明见表 5-40。

表 5-40　window.setBrightness 参数说明

参数	类型	必填	说明
brightness	number	是	屏幕亮度值，值为 0～1

② 返回值：无。

③ 示例如下。

```
var brightness = 10;
windowClass.setBrightness(brightness, (err, data) => {
    if (err) {
        console.error('Failed to set the brightness. Cause: ' + JSON.stringify(err));
        return;
    }
    console.info('Succeeded in setting the brightness. Data: ' + JSON.stringify(data));
});
```

11．window.on

开启监听键盘高度变化。

① window.on 参数说明见表 5-41。

表 5-41　window.on 参数说明

参数	类型	必填	说明
type	string	是	设置监听类型为监听键盘高度变化，设置 type 为"keyboardHeightChange"

② 返回值：无。

③ 示例如下。

```
var type= 'keyboardHeightChange';
windowClass.on(type, (err, data) => {
    if (err) {
        console.error('Failed to enable the listener for keyboard height changes. Cause: '
+ JSON.stringify(err));
        return;
    }
    console.info('Succeeded in enabling the listener for keyboard height changes. Data: '
+ JSON.stringify(data));
});
```

12. window.off

关闭监听键盘高度变化。

① window.off 参数说明见表 5-42。

表 5-42　window.off 参数说明

参数	类型	必填	说明
type	string	是	设置监听类型为监听键盘高度变化，设置 type 为"keyboardHeightChange"

② 返回值：无。

③ 示例如下。

```
var type= 'keyboardHeightChange';
windowClass.off(type, (err, data) => {
    if (err) {
        console.error('Failed to disable the listener for keyboard height changes. Cause: '
+ JSON.stringify(err));
        return;
    }
    console.info('Succeeded in disabling the listener for keyboard height changes.
Data: ' + JSON.stringify(data));
});
```

5.2.10　剪贴板

1. 剪贴板开发概述

用户通过系统剪贴板服务，可实现应用之间的简单数据传递。例如，在应用 A 中复制的数据，可以在应用 B 中粘贴，反之亦可。

HarmonyOS 提供系统剪贴板服务的操作接口，支持用户程序从系统剪贴板中读取、写入和查询数据，以及添加、移除系统剪贴板数据变化的回调。

2. 剪贴板使用场景介绍

同一设备的应用程序 A、B 之间可以借助系统剪贴板服务完成简单数据的传递，即应用程序 A 向剪贴板服务写入数据后，应用程序 B 可以从中读取数据，如图 5-13 所示。

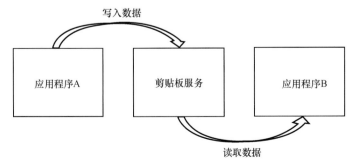

图 5-13　剪贴板使用场景

在使用剪贴板服务时，需要注意以下 4 点。

① 只有在前台获取到焦点的应用才有读取系统剪贴板的权限（系统默认输入法应用除外）。

② 写入剪贴板服务中的数据不会随应用程序结束而销毁。

③ 对同一用户而言，写入剪贴板服务的数据会被下一次写入的剪贴板数据覆盖。

④ 在同一设备内，剪贴板单次传递内容应不超过 500KB。

3．接口说明

SystemPasteboard 提供系统剪贴板操作的相关接口，比如复制、粘贴、配置回调等。

PasteData 是剪贴板服务操作的数据对象，一个 PasteData 由若干个内容节点（PasteData.Record）和一个属性集合对象（PasteData.DataProperty）组成。Record 是存放剪贴板数据的内容信息的最小单位，每个 Record 都有其特定的 MIME 类型，如纯文本、HTML、URI、Intent。剪贴板数据的属性信息存放在 PasteData.DataProperty 中，包括标签、时间戳等。

（1）支持设备

支持设备如下。

手机	平板电脑	智慧屏	智能穿戴设备
支持	支持	支持	支持

（2）导入模块

导入模块如下。

```
import pasteboard from '@ohos.pasteboard';
```

（3）接口说明

剪贴板接口说明见表 5-43。

表 5-43　剪贴板接口说明

接口	描述
createPlainTextData(text:string): PasteData	创建文本类型的 PasteData 对象
PasteData	在调用 PasteData 的接口前，需要先获取一个 PasteData 对象
getPrimaryText(): string	获取文本数据
getSystemPasteboard(): SystemPasteboard	获取系统剪贴板
SystemPasteboard	在调用 SystemPasteboard 的接口前，需要先通过 getSystemPasteboard 获取一个 SystemPasteboard 对象
setPasteData(pasteData:PasteData, callback:AsyncCallback<void>): void	将数据写入系统剪贴板
setPasteData(pasteData:PasteData): Promise<void>	将数据写入系统剪贴板
getPasteData(callback:AsyncCallback<PasteData>): void	读取系统剪贴板内容
getPasteData(): Promise<PasteData>	从系统剪贴板获取数据

4．使用示例

① 应用 A 获取系统剪贴板服务，示例如下。

```
var systemPasteboard = pasteboard.getSystemPasteboard();
```

② 应用 A 创建文本类型的 PasteData 对象，示例如下。

```
var pasteData = pasteboard.createPlainTextData("content");
```

③ 应用 A 向系统剪贴板中写入一条纯文本数据，示例如下。

```
systemPasteboard.setPasteData(pasteData, (error, data) => {
    if (error) {
        console.error('Failed to set PasteData. Cause: ' + error.message);
        return;
    }
    console.info('PasteData set successfully. ' + data);
});
```

④ 应用 B 获取系统剪贴板服务，示例如下。

```
var systemPasteboard = pasteboard.getSystemPasteboard();
```

⑤ 应用 B 读取系统剪贴板内容，示例如下。

```
systemPasteboard.getPasteData((error, pasteData) => {
    if (error) {
        console.error('Failed to obtain PasteData. Cause: ' + error.message);
        return;
    }
    var text = pasteData.getPrimaryText();
});
```

5.3 文件与数据存储

5.3.1 轻量级存储

1．概述

轻量级存储为应用提供 key-value 键值型的文件数据处理能力，支持应用对数据进行轻量级存储及查询。数据存储形式为键值对，键的类型为字符串型，值的存储数据类型包括数字型、字符型、布尔型。

2．接口说明

（1）支持设备

支持设备如下。

手机	平板电脑	智慧屏	智能穿戴设备
支持	支持	支持	支持

（2）导入模块

导入模块如下。

```
import data_storage from '@ohos.data.storage';
```

（3）接口说明

轻量级存储接口说明见表 5-44。

表 5-44 轻量级存储接口说明

接口	描述
getStorageSync(path: string): Storage	读取指定文件，将数据加载到 Storage 实例，用于数据操作，此方法为同步方法
getStorage(path: string, callback: AsyncCallback<Storage>)	读取指定文件，将数据加载到 Storage 实例，用于数据操作，使用 callback 形式返回结果
getStorage(path: string)	读取指定文件，将数据加载到 Storage 实例，用于数据操作，使用 promise 方式作为异步方法
deleteStorageSync(path: string)	从内存中移除指定文件对应的 Storage 实例，并删除指定文件及其备份文件、损坏文件。删除指定文件时，应用不允许再使用该实例进行数据操作，否则会出现数据一致性问题，此方法为同步方法
deleteStorage(path: string, callback: AsyncCallback<Storage>)	从内存中移除指定文件对应的 Storage 实例，并删除指定文件及其备份文件、损坏文件。删除指定文件时，应用不允许再使用该实例进行数据操作，否则会出现数据一致性问题，使用 callback 方式作为异步方法
deleteStorage(path: string)	从内存中移除指定文件对应的 Storage 实例，并删除指定文件及其备份文件、损坏文件。删除指定文件时，应用不允许再使用该实例进行数据操作，否则会出现数据一致性问题，使用 promise 方式作为异步方法
removeStorageFromCacheSync(path: string)	从内存中移除指定文件对应的 Storage 实例。移除 Storage 实例时，应用不允许再使用该实例进行数据操作，否则会出现数据一致性问题。此方法为同步方法
removeStorageFromCache(path: string, callback: AsyncCallback<Storage>)	从内存中移除指定文件对应的 Storage 实例。移除 Storage 实例时，应用不允许再使用该实例进行数据操作，否则会出现数据一致性问题。此方法为异步方法
removeStorageFromCache(path: string)	从内存中移除指定文件对应的 Storage 实例。移除 Storage 实例时，应用不允许再使用该实例进行数据操作，否则会出现数据一致性问题。此方法为异步方法
storage ( )	提供获取和修改存储数据的接口
getSync(key: string, defValue: ValueType)	获取键对应的值，如果值为 null 或者非默认值类型，返回默认数据。此方法为同步方法
get(key: string, defValue: ValueType, callback: AsyncCallback<ValueType>)	获取键对应的值，如果值为 null 或者非默认值类型，返回默认数据。此方法为异步方法
get(key: string, defValue: ValueType)	获取键对应的值，如果值为 null 或者非默认值类型，返回默认数据。此方法为异步方法
putSync(key: string, value: ValueType)	首先获取指定文件对应的 Storage 实例，然后借助 Storage API 将数据写入 Storage 实例，通过 flush 或者 flushSync 将 Storage 实例持久化。此方法为同步方法
put(key: string, value: ValueType, callback: AsyncCallback<void>)	首先获取指定文件对应的 Storage 实例，然后借助 Storage API 将数据写入 Storage 实例，通过 flush 或者 flushSync 将 Storage 实例持久化。此方法为异步方法
put(key: string, value: ValueType)	首先获取指定文件对应的 Storage 实例，然后借助 Storage API 将数据写入 Storage 实例，通过 flush 或者 flushSync 将 Storage 实例持久化。此方法为异步方法

表 5-44　轻量级存储接口说明（续）

接口	描述
hasSync(key: string)	检查存储对象是否包含名为给定 key 的存储。此方法为同步方法
has(key: string, callback: AsyncCallback<boolean>)	检查存储对象是否包含名为给定 key 的存储。此方法为异步方法
has(key: string)	检查存储对象是否包含名为给定 key 的存储。此方法为异步方法
deleteSync(key: string)	从此对象中删除名为给定 key 的存储。此方法为同步方法
delete(key: string, callback: AsyncCallback<void>)	从此对象中删除名为给定 key 的存储。此方法为异步方法
delete(key: string)	从此对象中删除名为给定 key 的存储。此方法为异步方法
flushSync()	将当前 Storage 对象中的修改保存到当前的 Storage，并同步存储到文件中。此方法为同步方法
flush(callback: AsyncCallback<void>)	将当前 Storage 对象中的修改保存到当前的 Storage，并异步存储到文件中。此方法为异步方法
flush()	将当前 Storage 对象中的修改保存到当前的 Storage，并异步存储到文件中。此方法为异步方法
clearSync()	清除此存储对象中的所有存储。此方法为同步方法
clear(callback: AsyncCallback<void>)	清除此存储对象中的所有存储。此方法为异步方法
clear()	清除此存储对象中的所有存储。此方法为异步方法
on(type: 'change', callback: Callback<StorageObserver>)	监听者类需要实现 StorageObserver 接口，当数据发生改变时，监听者的 StorageObserver#onChange 会被回调
off(type: 'change', callback: Callback<StorageObserver>)	监听者类需要实现 StorageObserver 接口，当不再进行数据监听时，使用此接口取消监听

（4）属性说明

轻量级存储属性说明见表 5-45。

表 5-45　轻量级存储属性说明

属性	类型	可读	可写	说明
MAX_KEY_LENGTH	string	是	否	key 的最大长度限制，大小为 80 字节
MAX_VALUE_LENGTH	string	是	否	string 类型 value 的最大长度限制，大小为 8192 字节

3．开发示例

以登录中常用的保存用户登录状态为例，登录成功后存储用户名，单击"注销"按钮后清除保存的用户名。

（1）获取 Storage 对象

```
const PATH = '/data/data/com.example.myapplication/mystore}';
let store = data_storage.getStorageSync(PATH);
```

（2）向 Storage 对象中写入用户名

```
let data = store.putSync('username','zhangsan');
```

（3）将保存的数据持久化

```
store.flushSync();
```

（4）注销后删除保存的用户名

```
//先从 store 对象中删除
store.deleteSync('username');
//删除文件中存储的用户信息，执行 flush
store.flushSync();
```

5.3.2 Ability 上下文

1．概述

在文件管理的操作中只有先获取 Ability 上下文对象才能调用相关 API。

Ability 上下文对象可以通过以下方式获取。

```
import ability_featureability from '@ohos.ability.featureAbility'
var context = ability_featureability.getContext();
```

2．接口说明

（1）支持设备

支持设备如下。

手机	平板电脑	智慧屏	智能穿戴设备
支持	支持	支持	支持

（2）导入模块

导入模块如下。

```
import ability_featureability from '@ohos.ability.featureAbility'
```

（3）接口说明

Ability 上下文接口说明见表 5-46。

表 5-46　Ability 上下文接口说明

接口	描述
getCacheDir(): Promise<string>	获取 Ability 在内部存储上的缓存目录路径，使用 promise 方式作为异步方法
getCacheDir(callback: AsyncCallback<string>): void	获取 Ability 在内部存储上的缓存目录路径，使用 callback 方式作为异步方法
getFilesDir(): Promise<string>	获取 Ability 在内部存储上的文件路径，使用 promise 方式作为异步方法
getFilesDir(callback: AsyncCallback<string>): void	获取 Ability 在内部存储上的文件路径，使用 callback 方式作为异步方法

3．使用示例

见 5.3.4 节中的示例。

5.3.3 文件交互

1．概述

可以在应用中调用系统自带的文件管理器功能选择文件，并且支持在应用内打开文件。注意打开文件并不一定会在本应用内打开，比如通过文件管理器选择一个图片并且打开。如果本应用不具备直接查看图片的能力，系统会弹窗提示选择打开方式进行图片查看，如图 5-14 所示。

图 5-14　弹出提示选择打开方式

2．接口说明

（1）支持设备

支持设备如下。

手机	平板电脑	智慧屏	智能穿戴设备
支持	支持	支持	不支持

（2）导入模块

导入模块如下。

```
import fileio from '@ohos.fileio';
```

（3）接口说明

文件交互接口说明见表 5-47。

表 5-47　文件交互接口说明

接口	描述
choose(type:string[]):Promise<string>	通过文件管理器选择文件，异步返回文件 URI，使用 promise 形式返回结果
choose(type:string[], callback:AsyncCallback<string>):void	通过文件管理器选择文件，异步返回文件 URI，使用 callback 形式返回结果
show(url:string, type:string):Promise<void>	异步打开 URI 对应的文件，使用 promise 形式返回结果
show(url:string, type:string, callback: AsyncCallback<void>):void	异步打开 URI 对应的文件，使用 callback 形式返回结果

3．使用示例

创建一个 Hello World 工程，给文本组件绑定 onclick 事件，在事件中调用文件选择器选择一个图片并打开，代码如下。

```
async click(){
    await document.choose("*", function(err, uri) {
        console.log("uri="+uri);
        document.show(uri, "*", function(err) {
            console.log("打开该文件");
        });
    });
}
```

使用模拟器测试时，可以先用系统的相机拍一张照片，然后打开该应用，单击文本组件即可打开文件管理器选择该图片，日志打印结果可以查看到系统相机拍摄的图片的路径，代码如下。

```
10-18 22:35:02.395 18709-27598/com.xdw.myapplication28 D 03B00/JSApp:  app Log:
uri=dataability:///media/external/images/media/34
```

5.3.4　文件管理

1．概述

文件管理即对文件/目录进行创建、读取、删除、复制等操作。使用该功能模块对文件/目录进行操作前，需要先获取其绝对路径，获取方式及其接口用法参考 5.3.2 节。

不同的目录类型使用的相关接口如下。

① 内部存储的缓存目录：可读写，随时可能清除，不保证持久性。一般用于下载临时目录或缓存目录。相关接口：getCacheDir。

② 内部存储目录：随应用卸载删除。相关接口：getFilesDir。

"文件/目录绝对路径" = "应用目录路径" + "文件/目录名"

若通过上述接口获取到应用目录路径为 dir，文件名为 "xxx.txt"，则文件所在绝对路径如下：

let path = dir + "xxx.txt"

2．接口说明

（1）支持设备

支持设备如下。

手机	平板电脑	智慧屏	智能穿戴设备
支持	支持	支持	支持

（2）导入模块

导入模块如下。

```
import ability_featureability from '@ohos.ability.featureAbility'
```

（3）接口说明

文件管理接口说明见表 5-48。

表 5-48　文件管理接口说明

接口	描述
stat(path: string): Promise<Stat>	以异步方法获取文件信息，使用 promise 形式返回结果
stat(path:string, callback:AsyncCallback<Stat>): void	以异步方法获取文件信息，使用 callback 形式返回结果
statSync(path:string): Stat	以同步方法获取文件的信息
opendir(path: string): Promise<Dir>	以异步方法打开文件目录，使用 promise 形式返回结果
opendir(path: string, callback: AsyncCallback<Dir>): void	以异步方法打开文件目录，使用 callback 形式返回结果

表 5-48　文件管理接口说明（续）

接口	描述
opendirSync(path: string): Dir	以同步方法打开文件目录
access(path: string, mode?: number): Promise<void>	以异步方法检查当前进程是否可访问某文件，使用 promise 形式返回结果
access(path: String, mode?: number, callback: AsyncCallback<void>): void	以异步方法检查当前进程是否可访问某文件，使用 callback 形式返回结果
accessSync(path: string, mode?: number): void	以同步方法检查当前进程是否可访问某文件
closeSync(fd: number): void	以同步方法关闭文件
copyFile(src:string | number, dest:string | number, mode?:number): Promise<void>	以异步方法复制文件，使用 promise 形式返回结果
copyFile(src:string | number, dest:string | number, mode?: number, callback: AsyncCallbak<void>): void	以异步方法复制文件，使用 callback 形式返回结果
copyFileSync(src:string | number, dest:string | number, mode?:number): void	以同步方法复制文件
mkdir(path:string, mode?: number): Promise<void>	以异步方法创建目录，使用 promise 形式返回结果
mkdir(path:string, mode?:number, callback:AsyncCallbak<void>): void	以异步方法创建目录，使用 callback 形式返回结果
mkdirSync(path: string, mode?: number): void	以同步方法创建目录
openSync(path:string, flags?:number, mode?:number): number	以同步方法打开文件
read(fd: number, buffer: ArrayBuffer, options?: Object): Promise<Readout>	以异步方法从文件读取数据，使用 promise 形式返回结果
read(fd: number, buffer: ArrayBuffer, options?: Object, callback: AsyncCallback<Readout>): void	以异步方法从文件读取数据，使用 callback 形式返回结果
readSync(fd: number, buffer: ArrayBuffer, options?: Object): number	以同步方法从文件读取数据
rmdirSync(path:string):void	以同步方法删除目录
unlink(path:string): Promise<void>	以异步方法删除文件，使用 promise 形式返回结果
unlink(path:string, callback:AsyncCallback<void>): void	以异步方法删除文件，使用 callback 形式返回结果
unlinkSync(path: string): void	以同步方法删除文件
write(fd: number, buffer: ArrayBuffer | string, options?: Object): Promise<number>	以异步方法将数据写入文件，使用 promise 形式返回结果
write(fd:number, buffer:ArrayBuffer | string,options?: Object, callback:AsyncCallback<number>): void	以异步方法将数据写入文件，使用 callback 形式返回结果
writeSync(fd: number, buffer: ArrayBuffer | string, options?:Object): number	以同步方法将数据写入文件
hash(path: string, algorithm: string): Promise<string>	以异步方法计算文件的哈希值，使用 promise 形式返回结果
hash(psth:string, algorithm:string, callback:AsyncCallback<string>): void	以异步方法计算文件的哈希值，使用 callback 形式返回结果

3. 使用示例

```html
<!--index.hml-->
<div class="container">
    <text class="title" onclick="click1">
        创建目录
    </text>
    <text class="title" onclick="click2">
        写入文件
    </text>
    <text class="title" onclick="click3">
        读取文件
    </text>
</div>
```

```js
//index.js
import featureAbility from '@ohos.ability.featureAbility'
import fileio from '@ohos.fileio';
export default {
    data: {
        rootpath: ""        //定义应用内目录根路径
    },
    onInit() {
        //在初始化时给 rootpath 赋值
        //获取 Ability 上下文对象
        var context = featureAbility.getContext();
        //获取应用内部存储目录
        context.getFilesDir((error, data) => {
            if (error) {
                console.error('Failed to obtain the file directory.Cause:'+JSON.
 stringify (error));
                return;
            }
            console.info('File directory obtained. Data: ' + JSON.stringify(data));
            this.rootpath =  data;
        })
    },
    //创建目录
    click1() {
        let dirpath = this.rootpath+'mydir';
        fileio.mkdirSync(dirpath);
    },

    //创建文件并写入数据
    click2(){
        let filepath = this.rootpath+'cc.txt';
        //创建文件，只有文件描述为 0o100 时才能创建文件，同时追加 0o2 读写权限，即为 0o102
        let fd = fileio.openSync(filepath, 0o102, 0o666);
        //0o666：所有者具有读、写权限， 所有用户组具有读、写权限，其余用户具有读、写权限
        fileio.writeSync(fd, "hello, world");
    },

    //读取文件数据
    async click3(){
        let filepath = this.rootpath+'cc.txt';
        let fd = fileio.openSync(filepath, 0o2);
        let buf = new ArrayBuffer(4096);
        let res = await fileio.read(fd, buf);
        console.log('mm='+String.fromCharCode.apply(null, new Uint8Array(res.buffer)));
    }
}
```

5.4　网络访问

5.4.1　数据请求

1．概述

基于 HTTP/HTTPS 与服务端进行数据交互。

① 使用该功能需要申请 ohos.permission.INTERNET 权限。

② 发起 http 网络请求限定并发个数为 100，超过限制的请求会失败。

③ 默认支持 https，如果要支持 http，需要在 config.json 里增加 network 标签，属性标识为"cleartextTraffic": true。

```
{
  "deviceConfig": {
    "default": {
      "network": {
        "cleartextTraffic": true
      }
      ...
    }
  }
  ...
}
```

2．接口说明

（1）支持设备

支持设备如下。

手机	平板电脑	智慧屏	智能穿戴设备
支持	支持	支持	支持

（2）导入模块

导入模块如下。

```
import http from '@ohos.net.http';
```

（3）接口说明

网络请求接口说明见表 5-49。

表 5-49　网络请求接口说明

接口	描述
createHttp(): HttpRequest	创建一个 http，包括发起请求、中断请求、订阅/取消订阅 HTTP Response Header 事件。每一个 HttpRequest 对象对应一个 Http 请求。如需发起多个 Http 请求，须为每个 Http 请求创建对应 HttpRequest 对象
request(url: string, callback: AsyncCallback\<HttpResponse\>):void	根据 URL 地址，发起 HTTP 网络请求，使用 callback 方式作为异步方法
request(url: string, options: HttpRequestOptions, callback: AsyncCallback\<HttpResponse\>):void	根据 URL 地址和相关配置项，发起 HTTP 网络请求，使用 callback 方式作为异步方法
request(url: string, options? : HttpRequestOptions): Promise\<HttpResponse\>	根据 URL 地址，发起 HTTP 网络请求，使用 Promise 方式作为异步方法

表 5-49　网络请求接口说明（续）

接口	描述
destroy()	中断请求任务
on(type: "headerReceive", callback: AsyncCallback<Object>):void	订阅 HTTP Response Header 事件
off(type: "headerReceive", callback?: AsyncCallback<Object>):void	取消订阅 HTTP Response Header 事件。 说明：可以指定传入 on 中的 callback 取消一个订阅，也可以不指定 callback 清空所有订阅

HttpRequestOptions 参数说明见表 5-50。

表 5-50　HttpRequestOptions 参数说明

参数	类型	必填	说明
method	RequestMethod	否	请求方式
extraData	string | Object	否	发送请求的额外数据。当 HTTP 请求为 GET、OPTIONS、DELETE、TRACE、CONNECT 等方法时，此字段为 HTTP 请求的参数补充，参数内容会拼接到 URL 中发送。当 HTTP 请求为 POST、PUT 等方法时，此字段为 HTTP 请求的 content
header	Object	否	HTTP 请求头字段。默认为{'Content-Type': 'application/json'}
readTimeout	number	否	读取超时时间。单位为毫秒（ms），默认为 60000ms
connectTimeout	number	否	连接超时时间。单位为毫秒（ms），默认为 60000ms

RequestMethod 为 HTTP 请求方法，其参数说明见表 5-51。

表 5-51　RequestMethod 参数说明

参数	说明
OPTIONS	HTTP 请求 OPTIONS
GET	HTTP 请求 GET
HEAD	HTTP 请求 HEAD
POST	HTTP 请求 POST
PUT	HTTP 请求 PUT
DELETE	HTTP 请求 DELETE
TRACE	HTTP 请求 TRACE
CONNECT	HTTP 请求 CONNECT

ResponseCode 为发起请求返回的响应码，其参数说明见表 5-52。

表 5-52　ResponseCode（发起请求返回的响应码）参数说明

参数	值	说明
OK	200	请求成功。一般用于 GET 与 POST 请求
CREATED	201	已创建。成功请求并创建新资源
ACCEPTED	202	已接受。已经接受请求，但未处理完成
NOT_AUTHORITATIVE	203	非授权信息。请求成功
NO_CONTENT	204	无内容。服务器成功处理，但未返回内容
RESET	205	重置内容
PARTIAL	206	部分内容。服务器成功处理了部分 GET 请求
MULT_CHOICE	300	多种选择
MOVED_PERM	301	永久移动。请求的资源已被永久地移动到新 URI，返回信息包括新的 URI，浏览器会自动定向到新 URI
MOVED_TEMP	302	临时移动
SEE_OTHER	303	查看其他地址
NOT_MODIFIED	304	未修改
USE_PROXY	305	使用代理
BAD_REQUEST	400	客户端请求的语法错误，服务器无法识别
UNAUTHORIZED	401	请求要求用户的身份认证
PAYMENT_REQUIRED	402	保留，将来使用
FORBIDDEN	403	服务器识别客户端的请求，但是拒绝执行此请求
NOT_FOUND	404	服务器无法根据客户端的请求找到资源（网页）
BAD_METHOD	405	客户端请求的方法被禁止
NOT_ACCEPTABLE	406	服务器无法根据客户端请求的内容特性完成请求
PROXY_AUTH	407	请求要求代理的身份认证
CLIENT_TIMEOUT	408	请求时间过长，超时
CONFLICT	409	服务器完成客户端的 PUT 请求时可能返回此代码，服务器处理请求时发生了冲突
GONE	410	客户端请求的资源已经不存在
LENGTH_REQUIRED	411	服务器无法处理客户端发送的不带 Content-Length 的请求信息
PRECON_FAILED	412	客户端请求信息的先决条件错误
ENTITY_TOO_LARGE	413	由于请求的实体过大，服务器无法处理，因此拒绝请求
REQ_TOO_LONG	414	请求的 URI 过长（URI 通常为网址），服务器无法处理
UNSUPPORTED_TYPE	415	服务器无法处理请求的格式
INTERNAL_ERROR	500	服务器内部错误，无法完成请求
NOT_IMPLEMENTED	501	服务器不支持请求的功能，无法完成请求
BAD_GATEWAY	502	充当网关或代理的服务器，从远端服务器接收到一个无效的请求
UNAVAILABLE	503	由于超载或系统维护，服务器暂时无法处理客户端的请求
GATEWAY_TIMEOUT	504	充当网关或代理的服务器，未及时从远端服务器获取请求
VERSION	505	服务器请求的 HTTP 的版本

HttpResponse 参数说明见表 5-53。

表 5-53 HttpResponse 参数说明

参数	类型	必填	说明
result	string | Object	是	Http 请求的响应内容当前是以 string 形式返回,如需 Http 响应具体内容,需开发者自行解析
responseCode	ResponseCode | number	是	回调函数执行成功时,此字段为 Response Code。否则,此字段为通用错误码
header	Object	是	发起 Http 请求返回的响应头。当前返回的是 JSON 字符串,如需具体字段内容,需开发者自行解析

3. 使用示例

```
import http from '@ohos.net.http';

// 每一个 HttpRequest 对应一个 http 请求任务,不可复用
let httpRequest = http.createHttp();
// 用于订阅 Http 响应头,此接口比 Request 请求先返回。可以根据业务需要订阅此消息
httpRequest.on('headerReceive', (err, data) => {
    if (!err) {
        console.info('header: ' + data.header);
    } else {
        console.info('error:' + err.data);
    }
});
httpRequest.request(
    // 填写 Http 请求的 URL 地址,可以带参数也可以不带参数。URL 地址需要开发者自定义。GET 请求的参数可以在 extraData 中指定
    "EXAMPLE_URL",
    {
        method: 'POST', // 可选,默认为 "GET"
        // 开发者根据自身业务需要添加 header 字段
        header: {
            'Content-Type': 'application/json'
        },
        // 当使用 POST 请求时此字段用于传递内容
        extraData: "data to post",
        readTimeout: 60000, // 可选,默认为 60000ms
        connectTimeout: 60000 // 可选,默认为 60000ms
    },(err, data) => {
        if (!err) {
            // data.result 为 Http 响应内容,可根据业务需要进行解析
            console.info('Result:' + data.result);
            console.info('code:' + data.responseCode);
            // data.header 为 Http 响应头,可根据业务需要进行解析
            console.info('header:' + data.header);
        } else {
            console.info('error:' + err.data);
        }
    }
);
```

5.4.2 上传下载

1. 概述

上传下载是基于 HTTP/HTTPS 进行文件的上传与下载。

① 使用该功能需要申请 ohos.permission.INTERNET 权限。

② 默认支持 https，如果要支持 http，需要在 config.json 里增加 network 标签，属性标识为 "cleartextTraffic": true。

```
{
  "deviceConfig": {
    "default": {
      "network": {
        "cleartextTraffic": true
      }
      ...
    }
  }
  ...
}
```

2．接口说明

（1）支持设备

支持设备如下。

手机	平板电脑	智慧屏	智能穿戴设备
支持	支持	支持	支持

（2）导入模块

导入模块如下。

```
import request from '@ohos.request';
```

（3）接口说明

常量说明见表 5-54。

表 5-54　常量说明

常量	参数类型	可读	可写	说明
NETWORK_MOBILE	number	是	否	使用蜂窝网络时允许下载的位标志
NETWORK_WIFI	number	是	否	使用 WLAN 时允许下载的位标志

request 对象接口说明见表 5-55。

表 5-55　request 对象接口说明

接口	描述
upload(config: UploadConfig): Promise<UploadTask>	上传，异步方法，使用 promise 形式返回结果
upload(config: UploadConfig, callback: AsyncCallback<UploadTask>): void	上传，异步方法，使用 callback 形式返回结果
download(config: DownloadConfig): Promise<DownloadTask>	下载，异步方法，使用 promise 形式返回结果
download(config: DownloadConfig, callback: AsyncCallback<DownloadTask>): void	下载，异步方法，使用 callback 形式返回结果

UploadTask 对象接口说明见表 5-56。

表 5-56　UploadTask 对象接口说明

接口	描述
on(type: 'progress', callback: (uploadedSize: number, totalSize: number) => void): void	开启上传任务，异步方法，使用 callback 形式返回结果
off(type: 'progress', callback?: (uploadedSize: number, totalSize: number) => void): void	关闭上传任务，异步方法，使用 callback 形式返回结果
remove(): Promise<boolean>	移除上传任务，异步方法，使用 promise 形式返回结果
remove(callback: AsyncCallback<boolean>): void;	移除上传任务，异步方法，使用 callback 形式返回结果

UploadConfig 参数说明见表 5-57。

表 5-57　UploadConfig 参数说明

参数	类型	必填	说明
url	string	是	文件服务器地址
header	Object	否	添加包含在上传请求中的 HTTP 或 HTTPS 标头
method	string	否	请求方法：POST、PUT。默认为 POST
files	Array<File>	是	要上传的文件列表，使用 multipart/form-data 提交
data	Array<RequestData>	否	请求的表单数据

File 参数说明见表 5-58。

表 5-58　File 参数说明

参数	类型	必填	说明
filename	string	否	提交 multipart 时，请求头中的文件名
name	string	否	提交 multipart 时，表单项的名称。默认值为文件
uri	string	是	文件的本地存储路径。 支持"dataability"和"internal"两种协议类型，但"internal"仅支持临时目录，示例： dataability://com.domainname.dataability.persondata/person/10/file.txt internal://cache/path/to/file.txt
type	string	否	文件的内容类型，默认根据文件名或路径的后缀获取

RequestData 参数说明见表 5-59。

表 5-59　RequestData 参数说明

参数	类型	必填	说明
name	string	是	表示表单元素的名称
value	string	是	表示表单元素的值

DownloadTask 对象接口说明见表 5-60。

表 5-60　DownloadTask 对象接口说明

接口	描述
on(type: 'progress', callback: (receivedSize: number, totalSize: number) => void): void;	开启下载任务，异步方法，使用 callback 形式返回结果
off(type: 'progress', callback?: (receivedSize: number, totalSize: number) => void): void;	关闭下载任务，异步方法，使用 callback 形式返回结果
remove(): Promise<boolean>	移除下载任务，异步方法，使用 promise 形式返回结果
remove(callback: AsyncCallback<boolean>): void;	移除下载任务，异步方法，使用 callback 形式返回结果

DownloadConfig 参数说明见表 5-61。

表 5-61　DownloadConfig 参数说明

参数	类型	必填	说明
url	string	是	资源地址
header	Object	否	添加包含在下载请求中的 HTTP 或 HTTPS 标头
enableMetered	boolean	否	允许在计量连接下下载
enableRoaming	boolean	否	允许在漫游网络中下载
description	string	否	设置下载会话的描述
networkType	number	否	设置允许下载的网络类型
title	string	否	设置下载会话标题

3．使用示例
上传文件。

```
Export default{
  upload(){
    request.upload({
      url:'http://www.path.com',
      files:[
        {
          url:'internal://cache/path/to/file.txt',
          name:'file',
          filename:'file.txt',
        },
      ],
      data:[
        {
          name: 'name1',
          value: 'vale',
        },
      ],
      Success: function(data){
        Console.log('upload success,code:'+data.code);
      },
      fail: function(){
        console.log('upload fail');
      },
    });
  }
}
```

5.4.3　WebSocket 连接

1．概述

使用 WebSocket 建立服务器与客户端的双向连接,需要先通过 createWebSocket 方法创建 WebSocket 对象,然后通过 connect 方法连接到服务器。连接成功后,客户端会收到 open 事件的回调,之后客户端就可以通过 send 方法与服务器进行通信。当服务器发信息给客户端时,客户端会收到 message 事件的回调。当客户端不需要此连接时,可以通过调用 close 方法主动断开连接,之后客户端会收到 close 事件的回调。若在上述任一过程中发生错误,客户端会收到 error 事件的回调。

WebSocket 连接需要 ohos.permission.INTERNET 权限。

2．接口说明

（1）支持设备

支持设备如下。

手机	平板电脑	智慧屏	智能穿戴设备
支持	支持	支持	支持

（2）导入模块

导入模块如下。

```
import webSocket from '@ohos.net.webSocket';
```

（3）接口说明

创建 WebSocket 对象的接口说明见表 5-62。

表 5-62　创建 WebSocket 对象的接口说明

接口	描述
createWebSocket(): WebSocket	创建一个 WebSocket 对象,用于处理建立连接、关闭连接、发送数据和订阅/取消订阅 WebSocket 连接的打开事件、接收服务器消息事件、关闭事件和错误事件

获取到 WebSocket 对象之后,可以用该对象调用表 5-63 中的接口。

表 5-63　WebSocket 对象的接口说明

接口	描述
connect(url: string, callback: AsyncCallback<boolean>): void	根据 URL 地址,建立一个 WebSocket 连接,使用 callback 方式作为异步方法
connect(url: string, options: WebSocketRequestOptions, callback: AsyncCallback<boolean>): void	根据 URL 地址和 header,建立一个 WebSocket 连接,使用 callback 方式作为异步方法
connect(url: string, options?: WebSocketRequestOptions): Promise<boolean>	根据 URL 地址和 header,建立一个 WebSocket 连接,使用 promise 方式作为异步方法
send(data: string, callback: AsyncCallback<boolean>): void	通过 WebSocket 连接发送数据,使用 callback 方式作为异步方法

表 5-63　WebSocket 对象的接口说明（续）

接口	描述
send(data: string): Promise\<boolean>	通过 WebSocket 连接发送数据，使用 promise 方式作为异步方法
close(callback: AsyncCallback\<boolean>): void	关闭 WebSocket 连接，使用 callback 方式作为异步方法
close(options: WebSocketCloseOptions, callback: AsyncCallback\<boolean>): void	根据可选参数 code 和 reason，关闭 WebSocket 连接，使用 callback 方式作为异步方法
close(options?: WebSocketCloseOptions): Promise\<boolean>	根据可选参数 code 和 reason，关闭 WebSocket 连接，使用 promise 方式作为异步方法
on(type: 'open', callback: AsyncCallback\<Object>): void	订阅 WebSocket 的打开事件，使用 callback 方式作为异步方法
off(type: 'open', callback?: AsyncCallback\<Object>): void	取消订阅 WebSocket 的打开事件，使用 callback 方式作为异步方法 说明：可以指定传入 on 中的 callback 取消一个订阅，也可以不指定 callback 清空所有订阅
on(type: 'message', callback: AsyncCallback\<string>): void	订阅 WebSocket 的接收服务器消息事件，使用 callback 方式作为异步方法
off(type: 'message', callback?: AsyncCallback\<string>): void	取消订阅 WebSocket 的接收服务器消息事件，使用 callback 方式作为异步方法
on(type: 'close', callback: AsyncCallback\<{ code: number, reason: string }>): void	订阅 WebSocket 的关闭事件，使用 callback 方式作为异步方法
off(type: 'close', callback?: AsyncCallback\<{ code: number, reason: string }>): void	取消订阅 WebSocket 的关闭事件，使用 callback 方式作为异步方法
on(type: 'error', callback: ErrorCallback): void	订阅 WebSocket 的 Error 事件，使用 callback 方式作为异步方法
off(type: 'error', callback?: ErrorCallback): void	取消订阅 WebSocket 的 Error 事件，使用 callback 方式作为异步方法

WebSocketRequestOptions 参数说明见表 5-64。

表 5-64　WebSocketRequestOptions 参数说明

参数	类型	必填	说明
header	Object	否	建立 WebSocket 连接可选参数，代表建立连接时携带的 HTTP 头信息。参数内容自定义，也可以不指定

WebSocketCloseOptions 参数说明见表 5-65。

表 5-65　WebSocketCloseOptions 参数说明

参数	类型	必填	说明
code	number	否	错误码，关闭 WebSocket 连接时的可选参数，可根据实际情况来填。默认值为 1000
reason	string	否	原因值，关闭 WebSocket 连接时的可选参数，可根据实际情况来填。默认值为空字符串（""）

close 错误码说明见表 5-66。

表 5-66　close 错误码说明

错误码	说明
1000	正常关闭
1001	服务器主动关闭
1002	协议错误
1003	无法处理的数据类型
1004～1015	保留值

3．使用示例

```
import webSocket from '@ohos.net.webSocket';

var defaultIpAddress = "ws://";
let ws = webSocket.createWebSocket();
ws.on('open', (err, value) => {
    console.log("on open, status:" + value.status + ", message:" + value.message);
    // 当收到 on('open')事件时，可以通过 send()方法与服务器进行通信
    ws.send("Hello, server!", (err, value) => {
        if (!err) {
            console.log("send success");
        } else {
            console.log("send fail, err:" + JSON.stringify(err));
        }
    });
});
ws.on('message', (err, value) => {
    console.log("on message, message:" + value);
    // 当收到服务器的'bye'消息时（此消息字段仅为示意，具体字段需要与服务器协商），主动断开连接
    if (value === 'bye') {
        ws.close((err, value) => {
            if (!err) {
                console.log("close success");
            } else {
                console.log("close fail, err is " + JSON.stringify(err));
            }
        });
    }
});
ws.on('close', (err, value) => {
    console.log("on close, code is " + value.code + ", reason is " + value.reason);
});
ws.on('error', (err) => {
    console.log("on error, error:" + JSON.stringify(err));
});
ws.connect(defaultIpAddress, (err, value) => {
    if (!err) {
```

```
      console.log("connect success");
    } else {
      console.log("connect fail, err:" + JSON.stringify(err));
    }
});
```

5.5　系统能力

5.5.1　通知消息

1．支持设备
支持设备如下。

手机	平板电脑	智慧屏	智能穿戴设备
支持	支持	支持	支持

2．导入模块
导入模块如下。

```
import notification from '@system.notification';
```

3．权限列表
无。

4．notification.show(OBJECT)
显示通知。

① notification.show 参数说明见表 5-67。

表 5-67　notification.show 参数说明

参数	类型	必填	说明
contentTitle	string	否	通知标题
contentText	string	否	通知内容
clickAction	ActionInfo	否	通知单击后触发的动作

ActionInfo参数说明见表 5-68。

表 5-68　ActionInfo参数说明

参数	类型	必填	说明
bundleName	string	是	单击通知后跳转到应用的 bundleName
abilityName	string	是	单击通知后跳转到应用的 abilityName
uri	string	是	要跳转到的 URI，可以是下面的两种格式。 ① 页面绝对路径，由配置文件中 pages 列表提供，例如：pages/index/index 和 pages/detail/detail。 ② 特殊地，如果 URI 的值是"/"，则跳转到首页

② 示例如下。

```
notification.show({
  contentTitle: 'title info',
  contentText: 'text',
  clickAction: {
    bundleName: 'com.huawei.testapp',
    abilityName: 'notificationDemo',
    uri: '/path/to/notification',
  },
});
```

5.5.2　振动

振动功能需要对应硬件支持，仅支持真机调试。

1. 支持设备

支持设备如下。

手机	平板电脑	智慧屏	智能穿戴设备
支持	支持	不支持	支持

2. 导入模块

导入模块如下。

```
import vibrator from '@system.vibrator';
```

3. 权限列表

ohos.permission.VIBRATE。

4. vibrator.vibrate(OBJECT)

触发设备振动。

① vibrator.vibrate 参数说明见表 5-69。

表 5-69　vibrator.vibrate 参数说明

参数	类型	必填	说明
mode	string	否	振动的模式，其中 long 表示长振动，short 表示短振动，默认为 long

② 示例如下。

```
vibrator.vibrate({
  mode: 'short',
  success: function(ret) {
    console.log('vibrate is successful');
  },
  fail: function(ret) {
    console.log('vibrate is failed');
  },
  complete: function(ret) {
    console.log('vibrate is completed');
  }
});
```

5.5.3　传感器

传感器功能需要对应硬件支持，仅支持真机调试。

1. 支持设备

传感器 API 支持的设备见表 5-70。

表 5-70　传感器 API 支持的设备

API	手机	平板电脑	智慧屏	智能穿戴设备
sensor.subscribeAccelerometer	支持	支持	不支持	支持
sensor.unsubscribeAccelerometer	支持	支持	不支持	支持
sensor.subscribeCompass	支持	支持	不支持	支持
sensor.unsubscribeCompass	支持	支持	不支持	支持
sensor.subscribeProximity	支持	支持	不支持	不支持
sensor.unsubscribeProximity	支持	支持	不支持	不支持
sensor.subscribeLight	支持	支持	不支持	支持
sensor.unsubscribeLight	支持	支持	不支持	支持
sensor.subscribeStepCounter	支持	支持	不支持	支持
sensor.unsubscribeStepCounter	支持	支持	不支持	支持
sensor.subscribeBarometer	支持	支持	不支持	支持
sensor.unsubscribeBarometer	支持	支持	不支持	支持
sensor.subscribeHeartRate	不支持	不支持	不支持	支持
sensor.unsubscribeHeartRate	不支持	不支持	不支持	支持
sensor.subscribeOnBodyState	不支持	不支持	不支持	支持
sensor.unsubscribeOnBodyState	不支持	不支持	不支持	支持
sensor.getOnBodyState	不支持	不支持	不支持	支持
sensor.subscribeDeviceOrientation	支持	支持	不支持	支持
sensor.unsubscribeDeviceOrientation	支持	支持	不支持	支持
sensor.subscribeGyroscope	支持	支持	不支持	支持
sensor.unsubscribeGyroscope	支持	支持	不支持	支持

2．导入模块

导入模块如下。

```
import sensor from '@system.sensor';
```

3．权限列表

计步器：ohos.permission.ACTIVITY_MOTION。

心率：ohos.permission.READ_HEALTH_DATA。

加速度：ohos.permission.ACCELEROMETER。

陀螺仪：ohos.permission.GYROSCOPE。

4．传感器错误码列表

传感器错误码列表如下。

错误码：900。

错误码说明：当前设备不支持相应的传感器。

5．API

传感器 API 描述见表 5-71。

表 5-71　传感器 API 描述

API	描述
sensor.subscribeAccelerometer(OBJECT)	观察加速度数据变化。同一个应用，多次调用会覆盖前面的调用效果，即仅最后一次调用生效
sensor.unsubscribeAccelerometer()	取消订阅加速度数据
sensor.subscribeCompass(OBJECT)	订阅罗盘数据变化。同一个应用，多次调用会覆盖前面的调用效果，即仅最后一次调用生效
sensor.unsubscribeCompass()	取消订阅罗盘
sensor.subscribeProximity(OBJECT)	订阅距离感应数据变化。同一个应用，多次调用会覆盖前面的调用效果，即仅最后一次调用生效
sensor.unsubscribeProximity()	取消订阅距离感应
sensor.subscribeLight(OBJECT)	订阅环境光线感应数据变化。同一个应用，多次调用会覆盖前面的调用效果，即仅最后一次调用生效
sensor.unsubscribeLight()	取消订阅环境光线感应
sensor.subscribeStepCounter(OBJECT)	订阅计步传感器数据变化。同一个应用，多次调用会覆盖前面的调用效果，即仅最后一次调用生效
sensor.unsubscribeStepCounter()	取消订阅计步传感器
sensor.subscribeBarometer(Object)	订阅气压传感器数据变化。同一个应用，多次调用会覆盖前面的调用效果，即仅最后一次调用生效
sensor.unsubscribeBarometer()	取消订阅气压传感器
sensor.subscribeHeartRate(Object)	订阅心率传感器数据变化。同一个应用，多次调用会覆盖前面的调用效果，即仅最后一次调用生效
sensor.unsubscribeHeartRate()	取消订阅心率
sensor.subscribeOnBodyState(Object)	订阅设备佩戴状态。同一个应用，多次调用会覆盖前面的调用效果，即仅最后一次调用生效
sensor.unsubscribeOnBodyState()	取消订阅设备佩戴状态
sensor.getOnBodyState()	获取设备佩戴状态
sensor.subscribeDeviceOrientation(OBJECT)	观察设备方向传感器数据变化。同一个应用，多次调用会覆盖前面的调用效果，即仅最后一次调用生效
sensor.unsubscribeDeviceOrientation()	取消订阅设备方向传感器数据
sensor.subscribeGyroscope(OBJECT)	观察陀螺仪数据变化。同一个应用，多次调用会覆盖前面的调用效果，即仅最后一次调用生效
sensor.unsubscribeGyroscope()	取消订阅陀螺仪数据

6. 使用示例

下面代码为订阅计步传感器数据变化，其他类型的传感器调用流程与这个类似。

```
sensor.subscribeStepCounter({
  success: function(ret) {
  console.log('get step value:' + ret.steps);
  },
  fail: function(data, code) {
  console.log('subscribe step count fail, code:' + code + ', data:' + data);
  },
});
```

建议在页面销毁时，即 onDestory 回调中，取消数据订阅，避免不必要的性能开销。

5.5.4　地理位置

1．支持设备

支持设备如下。

手机	平板电脑	智慧屏	智能穿戴设备
支持	支持	支持	支持

2．导入模块

导入模块如下。

```
import geolocation from '@system.geolocation';
```

3．权限列表

ohos.permission.LOCATION

4．geolocation.getLocation(OBJECT)

获取设备的地理位置。

① geolocation.getLocation 参数见表 5-72。

表 5-72　geolocation.getLocation 参数

参数	类型	必填	说明
timeout	number	否	超时时间，单位为 ms，默认值为 30000。 设置超时是为了防止出现权限被系统拒绝、定位信号弱或者定位设置不当，导致请求阻塞的情况。超时后会使用 fail 回调函数。 取值范围为 32 位正整数。如果设置值小于等于 0，系统按默认值处理
coordType	string	否	坐标系的类型，可通过 getSupportedCoordTypes 获取可选值，缺省值为 wgs84
success	Function	否	接口调用成功的回调函数
fail	Function	否	接口调用失败的回调函数
complete	Function	否	接口调用结束的回调函数

success 返回值见表 5-73。

表 5-73　success 返回值

返回值	类型	说明
longitude	number	设备位置信息：经度
latitude	number	设备位置信息：纬度
altitude	number	设备位置信息：海拔
accuracy	number	设备位置信息：精确度
time	number	设备位置信息：时间

fail 返回错误代码见表 5-74。

表 5-74　fail 返回错误代码

错误代码	说明
601	获取定位权限失败，失败原因：用户拒绝
602	权限未声明
800	超时，失败原因：网络状况不佳或 GPS 不可用
801	系统位置开关未打开
802	该次调用结果未返回前接口又被重新调用，该次调用失败返回错误码

② 示例如下。

```
geolocation.getLocation({
  success: function(data) {
    console.log('success get location data. latitude:' + data.latitude);
  },
  fail: function(data, code) {
    console.log('fail to get location. code:' + code + ', data:' + data);
  },
});
```

5．geolocation.getLocationType(OBJECT)

获取当前设备支持的定位类型。

① geolocation.getLocationType 参数见表 5-75。

表 5-75　geolocation.getLocationType 参数

参数	类型	必填	说明
success	Function	否	接口调用成功的回调函数
fail	Function	否	接口调用失败的回调函数
complete	Function	否	接口调用结束的回调函数

success 返回值见表 5-76。

表 5-76　success 返回值

返回值	类型	说明
types	Array<string>	可选的定位类型['gps', 'network']

② 示例如下。

```
geolocation.getLocationType({
  success: function(data) {
    console.log('success get location type:' + data.types[0]);
  },
  fail: function(data, code) {
    console.log('fail to get location. code:' + code + ', data:' + data);
  },
});
```

6．geolocation.subscribe(OBJECT)

订阅设备的地理位置信息多次调用的话，只有最后一次调用生效。

① geolocation.subscribe 参数见表 5-77。

表 5-77　geolocation.subscribe 参数

参数	类型	必填	说明
coordType	string	否	坐标系的类型，可通过 getSupportedCoordTypes 获取可选值，默认值为 wgs84
success	Function	是	位置信息发生变化的回调函数
fail	Function	否	接口调用失败的回调函数

success 返回值见表 5-78。

表 5-78　success 返回值

返回值	类型	说明
longitude	number	设备位置信息：经度
latitude	number	设备位置信息：纬度
altitude	number	设备位置信息：海拔
accuracy	number	设备位置信息：精确度
time	number	设备位置信息：时间

fail 返回错误代码见表 5-79。

表 5-79　fail 返回错误代码

错误代码	说明
601	获取定位权限失败，失败原因：用户拒绝
602	权限未声明
801	系统位置开关未打开

② 示例如下。

```
geolocation.subscribe({
  success: function(data) {
    console.log('get location. latitude:' + data.latitude);
  },
  fail: function(data, code) {
    console.log('fail to get location. code:' + code + ', data:' + data);
  },
});
```

7. geolocation.unsubscribe()

取消订阅设备的地理位置信息。

示例如下。

```
geolocation.unsubscribe();
```

8. geolocation.getSupportedCoordTypes()

获取设备支持的坐标系类型。返回值为字符串数组，表示坐标系类型，如[wgs84, gcj02]。

示例如下。

```
var types = geolocation.getSupportedCoordTypes();
```

5.5.5　网络状态

1．支持设备

支持设备如下。

手机	平板电脑	智慧屏	智能穿戴设备
支持	支持	支持	支持

2．导入模块

导入模块如下。

```
import network from '@system.network';
```

3．权限列表

ohos.permission.GET_WIFI_INFO

ohos.permission.GET_NETWORK_INFO

4．network.getType(OBJECT)

获取当前设备的网络类型。

① network.getType 参数见表 5-80。

表 5-80　network.getType 参数

参数	类型	必填	说明
success	Function	否	接口调用成功的回调函数
fail	Function	否	接口调用失败的回调函数
complete	Function	否	接口调用结束的回调函数

success 返回值见表 5-81。

表 5-81　success 返回值

返回值	类型	说明
metered	boolean	是否按照流量计费
type	string	网络类型，可能的值有 2g、3g、4g、wifi、none 等

fail 返回错误代码见表 5-82。

表 5-82　fail 返回错误代码

错误代码	说明
602	当前权限未声明
200	订阅失败

② 示例如下。

```
network.getType({
  success: function(data) {
    console.log('success get network type:' + data.type);
  },
  fail: function(data, code) {
    console.log('fail to get network type code:' + code + ', data:' + data);
  },
});
```

5．network.subscribe(OBJECT)

订阅当前设备的网络连接状态。多次调用会覆盖前一次调用。

① network.subscribe 参数见表 5-83。

表 5-83　network.subscribe 参数

参数	类型	必填	说明
success	Function	否	网络发生变化的回调函数
fail	Function	否	接口调用失败的回调函数

success 返回值见表 5-84。

表 5-84　success 返回值

返回值	类型	说明
metered	boolean	是否按照流量计费
type	string	网络类型，可能的值有 2g、3g、4g、wifi、none 等

fail 返回错误代码见表 5-85。

表 5-85　fail 返回错误代码

错误代码	说明
602	当前权限未声明
200	订阅失败

② 示例如下。

```
network.subscribe({
  success: function(data) {
    console.log('network type change type:' + data.type);
  },
  fail: function(data, code) {
    console.log('fail to subscribe network, code:' + code + ', data:' + data);
  },
});
```

6．network.unsubscribe()

取消订阅设备的网络连接状态。

示例如下。

```
network.unsubscribe();
```

5.5.6　设备信息

1．支持设备

支持设备如下。

手机	平板电脑	智慧屏	智能穿戴设备
支持	支持	支持	支持

2．导入模块

导入模块如下。

```
import deviceInfo from '@ohos.deviceInfo';
```

3．权限列表

无。

4．属性

设备属性说明见表 5-86。

表 5-86　设备属性说明

属性	类型	可读	可写	说明
deviceType	string	是	否	设备类型
manufacture	string	是	否	设备厂家名称
brand	string	是	否	设备品牌名称
marketName	string	是	否	外部产品系列
productSeries	string	是	否	产品系列
productModel	string	是	否	认证型号
softwareModel	string	是	否	内部软件子型号
hardwareModel	string	是	否	硬件版本号
hardwareProfile	string	是	否	硬件 Profile
serial	string	是	否	设备序列号
bootloaderVersion	string	是	否	Bootloader 版本号
abiList	string	是	否	应用二进制接口（Abi）列表
securityPatchTag	string	是	否	安全补丁级别
displayVersion	string	是	否	产品版本
incrementalVersion	string	是	否	差异版本号
osReleaseType	string	是	否	系统的发布类型，取值如下。 Canary：面向特定开发者发布的早期预览版本，不承诺 API 稳定性。 Beta：面向开发者公开发布的 Beta 版本，不承诺 API 稳定性。 Release：面向开发者公开发布的正式版本，承诺 API 稳定性
osFullName	string	是	否	系统版本
majorVersion	number	是	否	Major 版本号，随主版本更新增加
seniorVersion	number	是	否	Senior 版本号，随局部架构、重大特性增加
featureVersion	number	是	否	Feature 版本号，标识规划的新特性版本
buildVersion	number	是	否	Build 版本号，标识编译构建的版本号
sdkApiVersion	number	是	否	系统软件 API 版本
firstApiVersion	number	是	否	首个版本系统软件 API 版本
versionId	string	是	否	版本 ID
buildType	string	是	否	构建类型

表 5-86　设备属性说明（续）

属性	类型	可读	可写	说明
buildUser	string	是	否	构建用户
buildHost	string	是	否	构建主机
buildTime	string	是	否	构建时间
buildRootHash	string	是	否	构建版本 Hash

当开发者需要查询对应的设备信息时，可通过以下方式获取（以获取设备类型为例）。

```
var deviceTypeInfo = deviceInfo.deviceType;
```

5.5.7　屏幕亮度

1. 支持设备

支持设备如下。

手机	平板电脑	智慧屏	智能穿戴设备
支持	支持	支持	支持

2. 导入模块

导入模块如下。

```
import brightness from '@system.brightness';
```

3. 权限列表

无。

4. brightness.getValue(OBJECT)

获得设备当前的屏幕亮度值。

① 参数见表 5-87。

表 5-87　brightness.getValue 参数

参数	类型	必填	说明
success	Function	否	接口调用成功的回调函数
fail	Function	否	接口调用失败的回调函数
complete	Function	否	接口调用结束的回调函数

success 返回值见表 5-88。

表 5-88　success 返回值

返回值	类型	说明
value	number	屏幕亮度，取值为 1～255 的整数

② 示例如下。

```
brightness.getValue({
  success: function(data){
    console.log('success get brightness value:' + data.value);
  },
  fail: function(data, code) {
    console.log('get brightness fail, code: ' + code + ', data: ' + data);
  },
});
```

5．brightness.setValue(OBJECT)

设置设备当前的屏幕亮度值。

① brightness.setValue 参数详见表 5-89。

表 5-89　brightness.setValue 参数

参数	类型	必填	说明
value	number	是	屏幕亮度，取值为 1～255 的整数。 如果值小于等于 0，系统按 1 处理。 如果值大于 255，系统按 255 处理。 如果值为小数，系统将取整数。若设置为 8.1，系统按 8 处理
success	Function	否	接口调用成功的回调函数
fail	Function	否	接口调用失败的回调函数
complete	Function	否	接口调用结束的回调函数

② 示例如下。

```
brightness.setValue({
  value: 100,
  success: function(){
    console.log('handling set brightness success.');
  },
  fail: function(data, code){
    console.log('handling set brightness value fail, code:' + code + ', data: ' + data);
  },
});
```

6．brightness.getMode(OBJECT)

获得当前屏幕亮度模式。

① brightness.getMode 参数见表 5-90。

表 5-90　brightness.getMode 参数

参数	类型	必填	说明
success	Function	否	接口调用成功的回调函数
fail	Function	否	接口调用失败的回调函数
complete	Function	否	接口调用结束的回调函数

success 返回值见表 5-91。

表 5-91　success 返回值

返回值	类型	说明
mode	number	取值为 0 或 1： ① 0 为手动调节屏幕亮度模式； ② 1 为自动调节屏幕亮度模式

② 示例如下。

```
brightness.getMode({
  success: function(data){
    console.log('success get mode:' + data.mode);
  },
  fail: function(data, code){
    console.log('handling get mode fail, code:' + code + ', data: ' + data);
  },
});
```

7．brightness.setMode(OBJECT)

设置设备当前的屏幕亮度模式。

① brightness.setMode 参数见表 5-92。

表 5-92　brightness.setMode 参数

参数	类型	必填	说明
mode	number	是	取值为 0 或 1： ① 0 为手动调节屏幕亮度； ② 1 为自动调节屏幕亮度
success	Function	否	接口调用成功的回调函数
fail	Function	否	接口调用失败的回调函数
complete	Function	否	接口调用结束的回调函数

② 示例如下。

```
brightness.setMode({
  mode: 1,
  success: function(){
    console.log('handling set mode success.');
  },
  fail: function(data, code){
    console.log('handling set mode fail, code:' + code + ', data: ' + data);
  },
});
```

8．brightness.setKeepScreenOn(OBJECT)

设置屏幕是否保持常亮状态。

① brightness.setKeepScreenOn 参数见表 5-93。

表 5-93　brightness.setKeepScreenOn 参数

参数	类型	必填	说明
keepScreenOn	boolean	是	是否保持屏幕常亮
success	Function	否	接口调用成功的回调函数
fail	Function	否	接口调用失败的回调函数
complete	Function	否	接口调用结束的回调函数

② 示例如下。

```
brightness.setKeepScreenOn({
  keepScreenOn: true,
  success: function () {
    console.log('handling set keep screen on success.')
  },
  fail: function (data, code) {
    console.log('handling set keep screen on fail, code:' + code + ', data: ' + data);
  },
});
```

5.5.8　电池和充电属性

1．支持设备
支持设备如下。

手机	平板电脑	智慧屏	智能穿戴设备
支持	支持	支持	支持

2．导入模块
导入模块如下。

```
import batteryInfo from '@ohos.batteryinfo';
```

3．权限列表
无。

4．batteryInfo
batteryInfo 说明见表 5-94。

表 5-94　batteryInfo 说明

名称	读写属性	类型	描述
batterySOC	只读	number	表示当前设备剩余的电池容量
chargingStatus	只读	BatteryChargeState	表示当前设备电池的充电状态
healthStatus	只读	BatteryHealthState	表示当前设备电池的健康状态
pluggedType	只读	BatteryPluggedType	表示当前设备连接的充电器类型
voltage	只读	number	表示当前设备电池的电压
technology	只读	string	表示当前设备电池的技术型号
batteryTemperature	只读	number	表示当前设备电池的温度

示例如下。

```
import batteryInfo from '@ohos.batteryInfo';
var batterySoc = batteryInfo.batterySOC;
```

5．BatteryPluggedType
表示连接的充电器类型的枚举见表 5-95。

表 5-95　连接的充电器类型的枚举

充电器类型	默认值	描述
NONE	0	表示连接充电器类型未知
AC	1	表示连接的充电器类型为交流充电器
USB	2	表示连接的充电器类型为 USB
WIRELESS	3	表示连接的充电器类型为无线充电器

6．BatteryChargeState
表示电池充电状态的枚举见表 5-96。

表 5-96　电池充电状态的枚举

充电状态	默认值	描述
NONE	0	表示电池充电状态未知
ENABLE	1	表示电池充电状态为使能状态
DISABLE	2	表示电池充电状态为停止状态
FULL	3	表示电池充电状态为已充满状态

7. BatteryHealthState

表示电池的健康状态的枚举见表 5-97。

表 5-97　电池的健康状态的枚举

健康状态	默认值	描述
UNKNOWN	0	表示电池健康状态未知
GOOD	1	表示电池健康状态为正常
OVERHEAT	2	表示电池健康状态为过热
OVERVOLTAGE	3	表示电池健康状态为过压
COLD	4	表示电池健康状态为低温
DEAD	5	表示电池健康状态为僵死状态

5.5.9　电量信息

1. 支持设备

支持设备如下。

手机	平板电脑	智慧屏	智能穿戴设备
支持	支持	支持	支持

2. 导入模块

导入模块如下。

```
import battery from '@system.battery';
```

3. 权限列表

无。

4. battery.getStatus(OBJECT)

获取设备当前的充电状态及剩余电量。

① battery.getStatus 的参数见表 5-98。

表 5-98　battery.getStatus 的参数

参数	类型	必填	说明
success	Function	否	接口调用成功的回调函数
fail	Function	否	接口调用失败的回调函数
complete	Function	否	接口调用结束的回调函数

success 返回值见表 5-99。

表 5-99　success 返回值

返回值	类型	说明
charging	boolean	当前电池是否在充电中
level	number	当前电池电量的取值范围为 0.00～1.00

② 示例如下。

```
battery.getStatus({
  success: function(data) {
    console.log('success get battery level:' + data.level);
  },
  fail: function(data, code) {
    console.log('fail to get battery level code:' + code + ', data: ' + data);
  },
});
```

5.5.10　应用管理

1．支持设备

支持设备如下。

手机	平板电脑	智慧屏	智能穿戴设备
支持	支持	支持	支持

2．导入模块

导入模块如下。

```
import pkg from '@system.package';
```

3．权限列表

ohos.permission.GET_BUNDLE_INFO

4．package.hasInstalled(OBJECT)

查询指定应用是否存在，或者原生应用是否安装。

① package.hasInstalled 的参数见表 5-100。

表 5-100　package.hasInstalled 的参数

参数	类型	必填	说明
bundleName	string	是	应用包名
success	Function	否	接口调用成功的回调函数
fail	Function	否	接口调用失败的回调函数
complete	Function	否	接口调用结束的回调函数

success 返回值见表 5-101。

表 5-101　success 返回值

返回值	类型	说明
result	boolean	表示查询的应用是否存在，或者原生应用是否安装

② 示例如下。

```
pkg.hasInstalled({
  bundleName: 'com.example.bundlename',
  success: function(data) {
    console.log('package has installed: ' + data);
  },
  fail: function(data, code) {
    console.log('query package fail, code: ' + code + ', data: ' + data);
  },
});
```

5.5.11　媒体查询

1. 支持设备

支持设备如下。

手机	平板电脑	智慧屏	智能穿戴设备
支持	支持	支持	支持

2. 导入模块

导入模块如下。

```
import mediaquery from '@system.mediaquery';
```

3. 权限列表

无。

4. mediaquery.matchMedia(condition)

根据媒体查询条件，创建 MediaQueryList 对象。

① mediaquery.matchMedia 的参数见表 5-102。

表 5-102　mediaquery.matchMedia 的参数

参数	类型	必填	说明
condition	string	是	用于查询的条件

属性见表 5-103。

表 5-103　MediaQueryList 属性

属性	类型	说明
matches	boolean	如果查询条件匹配成功则返回 true，否则返回值为 false，只读
media	string	序列化的媒体查询条件，只读
onchange	Function	matches 状态变化时的执行函数

② 示例如下。

```
var mMediaQueryList = mediaquery.matchMedia('(max-width: 466)');
```

5. mediaquerylist.addListener(OBJECT)

给 mediaquerylist 添加回调函数，回调函数应在 onShow 生命周期之前添加，即需要在 onInit 或 onReady 生命周期里添加。

① mediaquerylist.addListener 的参数见表 5-104。

表 5-104　mediaquerylist.addListener 的参数

参数	类型	必填	说明
callback	Function	是	匹配条件发生变化的响应函数

② 示例如下。

```
import mediaquery from '@system.mediaquery';
export default {
  onReady() {
    var mMediaQueryList = mediaquery.matchMedia('(max-width: 466)');
    function maxWidthMatch(e) {
      if (e.matches) {
        // do something
      }
    }
    mMediaQueryList.addListener(maxWidthMatch);
  },
}
```

6．mediaquerylist.removeListener(OBJECT)

移除 mediaquerylist 中的回调函数。

① mediaquerylist.removeListener 的参数见表 5-105。

表 5-105　mediaquerylist.removeListener 的参数

参数	类型	必填	说明
callback	Function	是	匹配条件发生变化的响应函数

② 示例如下。

```
query.removeListener(minWidthMatch);
```

5.5.12　国际化

1．支持设备

支持设备如下。

手机	平板电脑	智慧屏	智能穿戴设备
支持	支持	支持	支持

2．导入模块

无须导入。

3．权限列表

无。

4．Intl.DateTimeFormat

Intl.可以支持同一日期在不同国家或地区的不同显示风格，也可以支持开发者设置对应的日期格式化的样式，返回不同的格式的日期。

（1）构造参数

Intl.DateTimeFormat 构造参数见表 5-106。

表 5-106　Intl.DateTimeFormat 构造参数说明

参数	类型	必填	说明
locale	string	否	设置需要格式化对应的语言、地区信息，支持 language[-script][-region]的设定方式
options	DateTimeFormatOptions	否	设置格式化的日期样式

Intl.DateTimeFormatOptions参数说明见表 5-107。

表 5-107　Intl.DateTimeFormatOptions参数说明

参数	类型	必填	默认值	说明
hour12	bool	否	根据 locale 信息自动确定	是否使用 12 小时制，可选项有： ① true 的设置时间为 12 小时制； ② false 的设置时间为 24 小时制
weekday	string	否	—	星期的展示方式，默认不显示，可选项有： ① short 为短格式的星期显示； ② long 为显示完整的星期
year	string	否	numeric	年的展示方式，可选项有： ① 2-digit 为显示两位数年份； ② Numeric 为显示完整的年份
month	string	否	numeric	月份的展示方式，可选项有： ① numeric 为显示数字月份； ② 2-digit 为显示两位数字的月份； ③ short 为显示短格式的月份； ④ long 为显示完整的月份
day	string	否	numeric	日的展示方式，可选项有： ① numeric 为显示数字日； ② 2-digit 为显示两位数字日
hour	string	否	—	小时的展示方式，默认不显示，可选项有： ① numeric 为显示数字小时； ② 2-digit 为显示两位数字小时
minute	string	否	—	分钟的展示方式，默认不显示，可选项有： ① numeric 为显示数字分钟； ② 2-digit 为显示两位数字分数
second	string	否	—	秒的展示方式，默认不显示，可选项有： ① numeric 为显示数字秒； ② 2-digit 为显示两位数字秒

（2）实例方法

format(date: Date)：对指定的日期对象采用构造器中定义的样式进行格式化，参数说明见表 5-108。

表 5-108　format 参数说明

参数	类型	必填	说明
date	Date	是	需要进行格式化的日期对象

（3）示例

示例如下。

```
const dateFormat = new Intl.DateTimeFormat("zh-CN", {
 hour12:true,
 weekday : 'long',
 year : 'numeric',
 month : 'long',
 day : 'numeric',
 hour : '2-digit',
 minute : '2-digit',
 second : '2-digit',
});
// 2020 年 9 月 22 日星期二 下午 05:14:13
console.log(dateFormat.format(new Date()));
```

5．Intl.NumberFormat

开发者可以根据传入的国家或地区信息，设置不同的数字样式，实现对数字的本地化操作。

（1）构造参数

Intl.NumberFormat 构造参数见表 5-109。

表 5-109　Intl.NumberFormat 构造参数说明

参数	类型	必填	说明
locale	string	否	设置需要格式化对应的语言、地区信息，支持 language[-script][-region]的设定方式
options	NumberFormatOptions	否	设置数字或者百分比的样式

Intl.NumberFormatOptions 构造参数说明见表 5-110。

表 5-110　Intl.NumberFormatOptions 构造参数说明

参数	类型	必填	默认值	说明
style	string	否	decimal	使用的格式样式，可选项有： ① decimal 为纯数字格式； ② percent 为百分比格式
useGrouping	bool	否	TRUE	是否使用分隔符，可选项有： ① true 为使用分隔符； ② false 为不使用分隔符
minimumIntegerDigits	number	否	1	使用的整数数字的最小数目，可以设置为 1～21
minimumFractionDigits	number	否	0	使用的小数位的最小数目，可以设置为 0～20
maxmumFractionDigits	number	否	minimumFractionDigits 与 3 更大的一个	使用的小数位的最大数目，可以设置为 0～20

（2）实例方法

format(num:number)：对传入的数字按照构造器中设置的样式进行格式化，参数说明见表 5-111。

表 5-111　format 参数说明

参数	类型	必填	说明
num	number	是	需要进行格式化的数字对象

（3）示例

示例如下。

```
const numberFormat = new Intl.NumberFormat('zh-CN', {
  style:'decimal',
  usegrouping:true,
  maximumFractionDigits:4,
  mininumFractionDigits:2,
});
//1.2346
console.log(numberFormat.format(1.234567));
//12,345.6789
console.log(numberFormat.format(12345.6789));
```

5.6　通信与连接

WLAN 的通信与连接情况如下。

1．支持设备

支持设备如下。

手机	平板电脑	智慧屏	智能穿戴设备
支持	支持	支持	支持

2．导入模块

导入模块如下。

```
import wifi from '@ohos.wifi';
```

3．权限列表

ohos.permission.GET_WIFI_INFO

4．getLinkedInfo(): Promise<WifiLinkedInfo>

获取 WLAN 连接信息，使用 promise 方式作为异步方法。

getLinkedInfo 返回值见表 5-112。

表 5-112　getLinkedInfo 返回值

返回值类型	说明
Promise<WifiLinkedInfo>	返回 WLAN 连接的相关信息

5．WifiLinkedInfo

提供 WLAN 连接的相关信息，详见表 5-113。

表 5-113　WifiLinkedInfo 参数说明

参数	类型	读写属性	说明
ssid	string	只读	热点的 SSID，编码格式为 UTF-8

表 5-113　　WifiLinkedInfo 参数说明（续）

参数	类型	读写属性	说明
bssid	string	只读	热点的 BSSID
networkId	number	只读	WLAN 连接的唯一化 ID 标识
rssi	number	只读	热点的信号强度（dBm）
band	number	只读	WLAN 接入点的频段
linkSpeed	number	只读	WLAN 接入点的速度
frequency	number	只读	WLAN 接入点的频率
isHidden	boolean	只读	WLAN 接入点是不是隐藏网络
isRestricted	boolean	只读	WLAN 接入点是否限制数据量
chload	number	只读	WLAN 接入点的负载值，数值越大，负载越高
snr	number	只读	连接的信噪比
macAddress	string	只读	设备的 MAC 地址
ipAddress	number	只读	WLAN 连接的 IP 地址
suppState	SuppState	只读	WLAN 连接的请求状态
connState	ConnState	只读	WLAN 连接状态

6. SuppState

SuppState 表示连接请求状态的枚举，参数说明详见表 5-114。

表 5-114　　SuppState 参数说明

参数	默认值	说明
DISCONNECTED	0	请求方未关联或与 AP 断开连接
INTERFACE_DISABLED	1	网络接口已禁用
INACTIVE	2	请求方已禁用
SCANNING	3	请求者正在扫描 WLAN 连接
AUTHENTICATING	4	请求方正在与 AP 进行身份验证
ASSOCIATING	5	请求方正在关联 AP
ASSOCIATED	6	请求方已关联 AP
FOUR_WAY_HANDSHAKE	7	正在进行四次握手
GROUP_HANDSHAKE	8	正在进行群组握手
COMPLETED	9	所有身份验证已完成
UNINITIALIZED	10	与请求方建立连接失败
INVALID	11	请求方处于未知或无效状态

7. ConnState

ConnState 表示 WLAN 连接状态的枚举，参数说明详见表 5-115。

表 5-115　ConnState 参数说明

参数	默认值	说明
SCANNING	0	设备正在搜索可用的 AP
CONNECTING	1	正在建立 WLAN 连接
AUTHENTICATING	2	WLAN 连接正在认证中
OBTAINING_IPADDR	3	正在获取 WLAN 连接的 IP 地址
CONNECTED	4	WLAN 连接已建立
DISCONNECTING	5	WLAN 连接正在断开
DISCONNECTED	6	WLAN 连接已断开
UNKNOWN	7	WLAN 连接建立失败

8. getLinkedInfo(callback: AsyncCallback<WifiLinkedInfo>): void

获取 WLAN 连接信息，使用 callback 方式作为异步方法。

（1）参数

getLinkedInfo 参数说明见表 5-116。

表 5-116　getLinkedInfo 参数说明

参数	类型	必填	说明
callback	AsyncCallback<WifiLinkedInfo>	是	获取 WLAN 连接信息结果回调函数

（2）示例

示例如下。

```
import wifi from '@ohos.wifi';

wifi.getLinkedInfo().then(data => {
    console.info("get wifi linked info: " + JSON.stringify(data));
}).catch(error => {
    console.info("get wifi linked info error");
});

wifi.getLinkedInfo(
    (err, data) => {
        if (err) {
            console.error('get wifi linked info error: ' + JSON.stringify(err));
            return;
        }
        console.info("get wifi linked info: " + JSON.stringify(data));
    });
```

第6章
Java PA 开发

本章主要内容

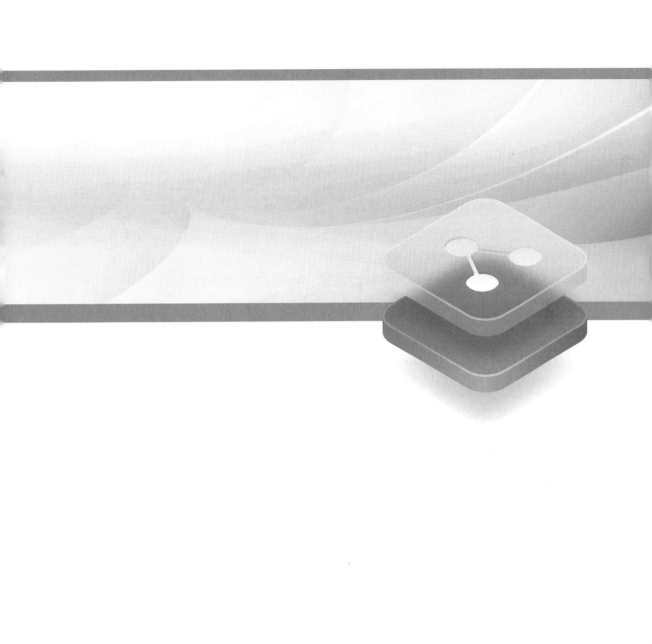

FA/PA 是应用的基本组成单元，能够实现特定的业务功能。FA 有 UI 页面，而 PA 无 UI 页面。目前，在 HarmonyOS 中，PA 包括 Service Ability 和 Data Ability，只支持 Java 语言进行创建，支持 JS FA 与 Java PA 之间的交互。本书只讲解 JS FA 与 Java PA 之间的交互。

6.1　Service Ability 开发

6.1.1　Service Ability 的基本概念

Service Ability 是基于 Service 模板的 Ability（以下简称 Service），它主要用于执行后台运行任务（如音乐播放、文件下载），但不提供用户交互页面。Service 可被其他应用或 Ability 启动，即使用户切换到其他应用，Service 仍在后台继续运行。

Service 是单实例的。在一个设备上，相同的 Service 只存在一个实例。如果多个 Ability 共用一个实例，那么只有所有的 Ability 退出后，Service 才能退出。

由于 Service 是在主线程里执行的，如果在 Service 里的操作时间过长会造成主线程阻塞，从而导致应用程序无响应，因此，开发者必须在 Service 里创建新的线程进行处理，以防止主线程阻塞。

6.1.2　创建 Service

创建 Service 主要有以下两个步骤。

步骤 1：创建 Ability 的子类，实现 Service 相关的生命周期方法。

Service 也是一种 Ability，Ability 为 Service 提供了以下生命周期方法，用户可以重写以下方法，添加其他 Ability 请求与 Service 交互时的处理方法。

（1）onStart()

onStart()在创建 Service 的时候调用，用于 Service 的初始化。在 Service 的整个生命周期中只调用一次，调用时传入的 Intent 为空。

（2）onCommand()

onCommand()在 Service 创建完成后调用，之后在客户端每次启动该 Service 时也会调用。用户可以在该方法中做一些数据统计、初始化类的操作。

（3）onConnect()

onConnect()在 Ability 和 Service 连接时调用，返回 IRemoteObject 对象。用户可以在该回调函数中生成对应 Service 的 IPC 通信通道，以便 Ability 与 Service 进行交互。Ability 可以多次连接同一个 Service，系统会缓存该 Service 的 IPC 通信对象。只有当第一个客户端连接 Service 时，系统才会调用 Service 的 onConnect()来生成 IRemoteObject 对象，然后，将同一个 IRemoteObject 对象传递至其他连接同一个 Service 的所有客户端。这时系统无须再次调用 onConnect()。

（4）onDisconnect()

onDisconnect()在 Ability 与绑定的 Service 断开连接时调用。

（5）onStop()

onStop()在 Service 销毁时调用。Service 通过此方法清理任何资源，如关闭线程、注册的侦听器。

创建 Ability 的子类的代码示例如下。

```java
//ServiceAbility.java
import ohos.aafwk.ability.Ability;
import ohos.aafwk.content.Intent;
import ohos.rpc.IRemoteObject;
import ohos.hiviewdfx.HiLog;
import ohos.hiviewdfx.HiLogLabel;

public class ServiceAbility extends Ability {
    private static final HiLogLabel LABEL_LOG = new HiLogLabel(3, 0xD001100, "Demo");

    @Override
    public void onStart(Intent intent) {
        HiLog.error(LABEL_LOG, "ServiceAbility::onStart");
        super.onStart(intent);
    }

    @Override
    public void onBackground() {
        super.onBackground();
        HiLog.info(LABEL_LOG, "ServiceAbility::onBackground");
    }

    @Override
    public void onStop() {
        super.onStop();
        HiLog.info(LABEL_LOG, "ServiceAbility::onStop");
    }

    @Override
    public void onCommand(Intent intent, boolean restart, int startId) {
    }

    @Override
    public IRemoteObject onConnect(Intent intent) {
        return null;
    }

    @Override
    public void onDisconnect(Intent intent) {
    }
}
```

步骤 2：注册 Service。

Service 也需要在应用配置文件中进行注册，注册类型需要设置为 service，在 abilities 标签下添加以下代码。

```json
    {
        "name": "com.xdw.myapplication31.ServiceAbility",
        "icon": "$media:icon",
        "description": "$string:serviceability_description",
        "type": "service"
    }
```

我们除了使用上述代码创建 Service 外，还可以使用 DevEco Studio 开发工具快速创建 Service。我们首先选择"Project"中的"entry"，然后单击鼠标右键，在弹出的菜单中依次选择"New"→"Ability"→"Empty Service Ability"，即可创建 Service，如图 6-1 所示。

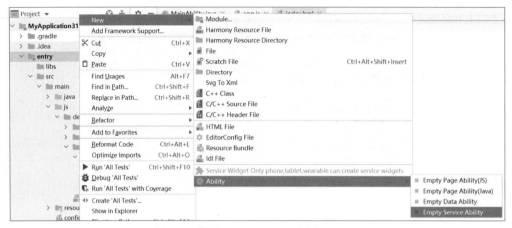

图 6-1　使用 DevEco Studio 创建 Service

6.1.3　启动 Service

Ability 为开发者提供了 startAbility()方法来启动另外一个 Ability。由于 Service 也是 Ability 的一种，开发者同样可以通过将参数 Intent（Intent 是对象之间传递信息的载体）传递给该方法来启动 Service。startAbility()不仅支持启动本地设备 Service，还支持启动远程设备 Service。

开发者可以通过构造包含 DeviceId、BundleName 与 AbilityName 的 Operation 对象，设置目标 Service。这 3 个参数的含义如下。

① DeviceId：表示设备 ID。如果是本地设备，则该参数可以直接留空；如果是远程设备，则可以通过 ohos.distributedschedule.interwork.DeviceManager 提供的 getDeviceList 获取设备列表。

② BundleName：表示包名称。

③ AbilityName：表示待启动的 Ability 名称。

本地设备 Service 的启动代码示例如下。

```
Intent intent = new Intent();
Operation operation = new Intent.OperationBuilder()
 .withDeviceId("")
 .withBundleName("com.xdw.myapplication31")
 .withAbilityName("com.xdw.myapplication31.ServiceAbility")
 .build();
intent.setOperation(operation);
startAbility(intent);
```

远程设备 Service 的启动代码示例如下。

```
Intent intent = new Intent();
Operation operation = new Intent.OperationBuilder()
 .withDeviceId("deviceId")
 .withBundleName("com.xdw.myapplication31")
 .withAbilityName("com.xdw.myapplication31.ServiceAbility")
 .withFlags(Intent.FLAG_ABILITYSLICE_MULTI_DEVICE) // 设置支持分布式调度系统多设备启动
的标识
 .build();
intent.setOperation(operation);
startAbility(intent);
```

执行上述代码后，Ability 将通过 startAbility()方法启动 Service，分为以下两种情况。

① 如果 Service 尚未运行，则系统先调用 onStart()初始化 Service，再回调 Service 的 onCommand()启动 Service。

② 如果 Service 正在运行，则系统直接回调 Service 的 onCommand()启动 Service。

如果 Service 需要在应用首次运行时启动，则可以在应用的入口类 MyApplication 的 onInitialize()中进行启动，代码如下。

```
public void onInitialize() {
    super.onInitialize();
    Intent intent = new Intent();
    Operation operation = new Intent.OperationBuilder()
            .withDeviceId("")
            .withBundleName("com.xdw.myapplication31")
            .withAbilityName("com.xdw.myapplication31.ServiceAbility")
            .build();
    intent.setOperation(operation);
    startAbility(intent,0); // 第二个参数为 requestcode，设置任意 int 值即可。
MyApplication 不支持单参数的 startAbility
    }
```

6.1.4　停止 Service

Service 一旦创建就会一直保持在后台运行，除非必须回收内存资源，否则系统不会停止或销毁 Service。开发者可以在 Service 中通过 terminateAbility()停止该 Service，或者在其他 Ability 调用 stopAbility()停止 Service。

停止 Service 同样支持停止本地设备 Service 和远程设备 Service，使用的方法与启动 Service 一样。一旦调用停止 Service 的方法，系统便会尽快销毁 Service。

6.2　JS FA 调用 Java PA

JS UI 框架提供 JS FA 调用 Java PA 的机制，该机制提供了一种通道传递方法调用、处理数据返回及上报订阅事件。

当前，JS FA 对 Java PA 提供 Ability 和 Internal Ability 两种调用方式，开发者可以根据业务场景选择合适的调用方式进行开发。

① Ability：拥有独立的 Ability 生命周期，JS FA 使用远端进程通信拉起并请求 Java PA 服务，适用于基本服务供多 JS FA 调用或者 Service 在后台独立运行的场景。

② Internal Ability：与 JS FA 共进程，采用内部函数调用的方式和 JS FA 进行通信，适用于对服务响应时延要求较高的场景。该调用方式下 Java PA 不支持其他 JS FA 访问调用。

JS FA 端与 Java PA 端通过 BundleName 和 AbilityName 进行关联。在系统收到 JS FA 调用请求后，根据开发者在 JS 接口中设置的参数选择对应的处理方式。开发者在 onRemoteRequest()中实现 Java PA 提供的业务逻辑。

6.2.1　JS FA 调用 Java PA 接口

JS FA 端提供以下 3 个 JS 接口。

① FeatureAbility.callAbility(OBJECT)：调用 Java PA 能力。

② FeatureAbility.subscribeAbilityEvent (OBJECT, Function)：订阅 Java PA 能力。

③ FeatureAbility.unsubscribeAbilityEvent (OBJECT)：取消订阅 Java PA 能力。

Java PA 端提供以下两类接口。

① IRemoteObject.onRemoteRequest(int,MessageParcel, MessageParcel, MessageOption)：Ability 调用方式，JS FA 使用远端进程通信拉起并请求 Java PA 服务。

② AceInternalAbility.AceInternalAbilityHandler.onRemoteRequest (int,MessageParcel, MessageParcel,MessageOption)：Internal Ability 调用方式，采用内部函数调用的方式和 JS FA 通信。

6.2.2　JS FA 调用 Java PA 的常见问题

callAbility 返回报错："Internal ability not register."，说明 JS 接口调用请求未在系统中找到对应的 InternalAbilityHandler 进行处理，因此需要检查以下 3 点是否正确执行。

① 在 AceAbility 继承类中对 AceInternalAbility 继承类执行了 register 方法，具体注册方法可参考 Internal Ability 的示例代码。

② JS FA 端填写的 BundleName 和 AbilityName 与 AceInternalAbility 继承类构造函数中填写的名称保持相同，该名称对大小写敏感。

③ 检查 JS FA 端填写的 AbilityType（0 表示 Ability；1 表示 Internal Ability），确保没有将 AbilityType 缺省或误填写为 Ability 方式。

Ability 和 Internal Ability 是 JS FA 调用 Java PA 的两种不同的方式，表 6-1 列举了两者在开发时的差异项，供开发者参考，以避免开发者在开发时将两者混淆使用。

表 6-1　Ability 和 InternalAbility 差异项

差异项	Ability	InternalAbility
JS FA 端（AbilityType）	0	1
是否需要在 config.json 的 Abilities 中为 Java PA 添加声明	需要（有独立的生命周期）	不需要（和 JS FA 共生命周期）
是否需要在 JS FA 中注册	不需要	需要
继承类	ohos.aafwk.ability.Ability	ohos.ace.ability.AceInternalAbility
是否允许被其他 JS FA 访问调用	是	否

FeatureAbility.callAbility 中的参数 syncOption 说明如下。

① 对于 JS FA 端，返回的结果都是 Promise 对象，因此无论参数 syncOption 取何值，都采用异步方式等待 Java PA 端响应。

② 对于 Java PA 端，在 Internal Ability 调用方式下收到 JS FA 的请求后，根据该参数的取值来选择，可通过同步的方式获取结果后返回；或者异步执行 Java PA 逻辑，获取结果后使用 remoteObject.sendRequest 的方式将结果返回 JS FA。

6.2.3　完整示例

本节以智能家居 App 项目为例，介绍 JS FA 对 Java PA 的调用，具体需求如下。

在某个房间（客厅）页面中放置 3 个按钮，分别为"查询所有设备""添加设备""删除设备"。当单击这 3 个按钮时，便开始进行数据交互。而数据交互的业务都是在 Java PA 开发的 Service 中实现的（比如在 Service 中进行关系数据库的读写操作，本节暂时只用静态数据进行模拟。待学习完关系数据库之后，读者可自行扩展）。JS FA 调用 Java PA 的 UI 运行效果如图 6-2 所示。

图 6-2　JS FA 调用 Java PA 的 UI 运行效果

JS FA 调用 Java PA 完整的工程目录结构如图 6-3 所示。

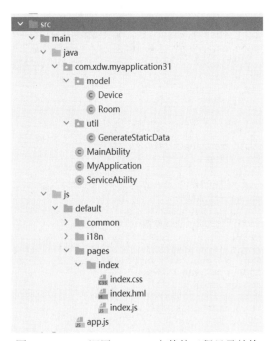

图 6-3　JS FA 调用 Java PA 完整的工程目录结构

JS FA 端相关的代码如下。

```html
<!--index.html-->
<div class="container">
    <text class="title">客厅</text>
    <input class="btn" type="button" value="查询所有设备" onclick="click1"/>
    <input class="btn" type="button" value="添加设备" onclick="click2"/>
    <input class="btn" type="button" value="删除设备" onclick="click3"/>
</div>
```

```css
/*index.css*/
.container {
    flex-direction: column;
    justify-content: center;
    align-items: center;
    width: 100%;
    height: 100%;
}

.title {
    font-size: 40px;
    color: #000000;
    opacity: 0.9;
}

.btn{
    margin-top: 10px;
}
```

```js
//index.js
// abilityType: 0-Ability; 1-Internal Ability
const ABILITY_TYPE_EXTERNAL = 0;
const ABILITY_TYPE_INTERNAL = 1;
// syncOption(Optional, default sync): 0-Sync; 1-Async
const ACTION_SYNC = 0;
const ACTION_ASYNC = 1;
const ACTION_MESSAGE_CODE_FIND_ALL = 1001; //自定义的业务码，与 Java PA 中的匹配。这里定
义为查询所有智能家居设备的业务
const ACTION_MESSAGE_CODE_INSERT = 1002; //定义添加智能家居设备的业务
const ACTION_MESSAGE_CODE_DELETE_BYID = 1003; //定义删除智能家居设备的业务
export default {
    data: {
        title: ""
    },
    onInit() {
        this.title = this.$t('strings.world');
    },
    callPA: async function(messageCode){
        //需要传递给 Java PA 的数据
        var actionData = {};
        actionData.roomId = 1000;
        actionData.roomName = "客厅";

        //定义调用 Java PA 时用到的 action 参数
        var action = {};
        action.bundleName = 'com.xdw.myapplication31';
        action.abilityName = 'com.xdw.myapplication31.ServiceAbility';
        action.messageCode = messageCode;
        action.data = actionData;
        action.abilityType = ABILITY_TYPE_EXTERNAL;
        action.syncOption = ACTION_SYNC;

        var result = await FeatureAbility.callAbility(action); //调用 Java PA
        //处理 Java PA 的返回结果
```

```
            var ret = JSON.parse(result);
            if (ret.code == 0) {
                console.info('result is:' + JSON.stringify(ret.paResult));
            } else {
                console.error('error code:' + JSON.stringify(ret.code));
            }
        },
        //查询按钮绑定的事件
        click1(){
            this.callPA(ACTION_MESSAGE_CODE_FIND_ALL);
        },
        //添加按钮绑定的事件
        click2(){
            this.callPA(ACTION_MESSAGE_CODE_INSERT);
        },
        //删除按钮绑定的事件
        click3(){
            this.callPA(ACTION_MESSAGE_CODE_DELETE_BYID);
        }
}
```

Java PA 端对应的代码如下。

实体类 Device.java。

```
package com.xdw.myapplication31.model;

public class Device {
    private int deviceId;

    public String getDeviceName() {
        return deviceName;
    }

    public void setDeviceName(String deviceName) {
        this.deviceName = deviceName;
    }

    private String deviceName;

    public int getDeviceId() {
        return deviceId;
    }

    public void setDeviceId(int deviceId) {
        this.deviceId = deviceId;
    }
}
```

实体类 Room.java。

```
package com.xdw.myapplication31.model;

public class Room {
    private int roomId;
    private String roomName;

    public int getRoomId() {
        return roomId;
    }

    public void setRoomId(int roomId) {
        this.roomId = roomId;
    }

    public String getRoomName() {
        return roomName;
```

```
    }

    public void setRoomName(String roomName) {
        this.roomName = roomName;
    }
}
```

静态数据生成工具类 GenerateStaticData.java。

```
package com.xdw.myapplication31.util;

import com.xdw.myapplication31.model.Device;

import java.util.ArrayList;
import java.util.List;

public class GenerateStaticData {
    public static List<Device> getDevices(){
        String[] deviceNames = {"电视","空调","空气净化器","电灯","跑步机"};
        List<Device> devices = new ArrayList<>();
        for(int i=0;i<=4;i++){
            Device device = new Device();
            device.setDeviceId(i+1);
            device.setDeviceName(deviceNames[i]);
            devices.add(device);
        }
        return devices;
    }
}
```

入口类 MyApplication.java。

```
package com.xdw.myapplication31;

import ohos.aafwk.ability.AbilityPackage;
import ohos.aafwk.content.Intent;
import ohos.aafwk.content.Operation;

public class MyApplication extends AbilityPackage {
    @Override
    public void onInitialize() {
        super.onInitialize();
        Intent intent = new Intent();
        Operation operation = new Intent.OperationBuilder()
                .withDeviceId("")
                .withBundleName("com.xdw.myapplication31")
                .withAbilityName("com.xdw.myapplication31.ServiceAbility")
                .build();
        intent.setOperation(operation);
        startAbility(intent,0); // 第二个参数为requestcode，设置任意int值即可。
MyApplication 中不支持单参数的 startAbility
    }
}
```

ServiceAbility.java。

```
package com.xdw.myapplication31;

import com.xdw.myapplication31.model.Room;
import com.xdw.myapplication31.util.GenerateStaticData;
import ohos.aafwk.ability.Ability;
import ohos.aafwk.content.Intent;
import ohos.rpc.*;
import ohos.hiviewdfx.HiLog;
import ohos.hiviewdfx.HiLogLabel;
import ohos.utils.zson.ZSONObject;

import java.util.HashMap;
import java.util.Map;
```

```
public class ServiceAbility extends Ability {
    private static final HiLogLabel LABEL_LOG = new HiLogLabel(3, 0xD001100, "Demo");

    @Override
    public void onStart(Intent intent) {
        HiLog.error(LABEL_LOG, "ServiceAbility::onStart");
        super.onStart(intent);
    }

    @Override
    public void onBackground() {
        super.onBackground();
        HiLog.info(LABEL_LOG, "ServiceAbility::onBackground");
    }

    @Override
    public void onStop() {
        super.onStop();
        HiLog.info(LABEL_LOG, "ServiceAbility::onStop");
    }

    @Override
    public void onCommand(Intent intent, boolean restart, int startId) {
    }

    @Override
    public IRemoteObject onConnect(Intent intent) {
        return remote.asObject();    //关键操作，进行服务连接的时候远程调用
    }

    @Override
    public void onDisconnect(Intent intent) {
    }

    private MyRemote remote = new MyRemote();    //定义远程调用对象

    //JS FA 在请求 Java PA 服务时调用 AbilityconnectAbility 连接 Java PA，当连接成功后，需要
在 onConnect() 返回一个 Remote 对象，供 JS FA 向 Java PA 发送消息
    class MyRemote extends RemoteObject implements IRemoteBroker {
        private static final int ERROR = -1;     //定义数据请求错误码
        private static final int SUCCESS = 0;    //定义数据请求成功码
        private static final int FIND_ALL = 1001; //自定义的业务码，与 Java PA 中的匹配。
这里定义为查询所有智能家居设备的业务
        private static final int INSERT = 1002;   //定义添加智能家居设备的业务
        private static final int DELETE_BYID = 1003; //定义删除智能家居设备的业务

        MyRemote() {
            super("MyService_MyRemote");
        }

        @Override
        public boolean onRemoteRequest(int code, MessageParcel data, MessageParcel
reply, MessageOption option) {
            switch (code) {
                case FIND_ALL: {
                    HiLog.info(LABEL_LOG, "收到 JS FA 的远程调用请求，请求查询所有智能家居设
备");
                    String dataStr = data.readString();
                    HiLog.info(LABEL_LOG, "收到 JS FA 的请求参数为："+dataStr);
                    //请求参数为字符串类型，将请求参数转化为 Java 中的实体类
                    Room faParam = new Room();
                    try {
                        faParam = ZSONObject.stringToClass(dataStr, Room.class);
                    } catch (RuntimeException e) {
```

```
                    HiLog.error(LABEL_LOG, "convert failed.");
                }
                // 返回结果当前仅支持 String，对于复杂结构可以序列化为 ZSON 字符串上报
                Map<String, Object> zsonResult = new HashMap<String, Object>();
                zsonResult.put("code", SUCCESS);
                zsonResult.put("paResult", GenerateStaticData.getDevices());
                reply.writeString(ZSONObject.toZSONString(zsonResult));
                break;
            }
            case INSERT:
                HiLog.info(LABEL_LOG, "收到 JS FA 的远程调用请求，请求添加 XX 智能家居设备");
                break;
            case DELETE_BYID:
                HiLog.info(LABEL_LOG, "收到 JS FA 的远程调用请求，请求删除 XX 智能家居设备");
                break;
            default: {
                return false;
            }
        }
        return true;
    }

    @Override
    public IRemoteObject asObject() {
        return this;      //JS FA 远程调用此处不能返回 Null
    }
}
}
```

运行之后，单击"查询"按钮的打印日志如图 6-4 所示。

```
11-05 12:48:27.907 14156-14529/com.xdw.myapplication31 I 01100/Demo:  收到JS FA的远程调用请求，请求查询所有智能家居设备        dev
11-05 12:48:27.907 14156-14529/com.xdw.myapplication31 I 01100/Demo:  收到JS FA的请求参数为: {"roomId":1000,"roomName":"客厅"}
11-05 12:48:27.912 14156-14732/com.xdw.myapplication31 I 03910/Ace:  PluginHandlersManager: reply data to js, containerId: 2, call
11-05 12:48:27.913 14156-14678/com.xdw.myapplication31 I 03B00/JSApp:  app Log: result is:[{"deviceId":1,"deviceName":"电视"},{"dev
```

图 6-4　打印日志

6.3　关系型数据库

6.3.1　关系型数据库概述

关系型数据库（Relational Database，RDB）是一种基于关系模型管理数据的数据库。HarmonyOS 关系型数据库基于 SQLite 组件提供了一套完整的对本地数据库进行管理的机制，提供对外通用的操作接口。其底层使用 SQLite 作为持久化存储引擎，支持 SQLite 所有的数据库特性，包括但不限于事务、索引、视图、触发器、外键、参数化查询和预编译 SQL 语句。

6.3.2　数据库的创建和删除

关系型数据库提供了数据库创建方式及对应的删除接口，涉及的 API 见表 6-2。

表 6-2　数据库创建和删除 API

API	类	描述
DatabaseHelper(Context context)	DatabaseHelper	DatabaseHelper 是数据库操作的辅助类，当数据库创建成功后，数据库文件将存储在由上下文指定的目录里。数据库文件存储的路径会因上下文指定的不同而存在差异。获取上下文参考方法：ohos.app.Context#getApplicationContext()、ohos.app.AbilityContext#getContext()。查看详细路径信息：ohos.app.Context#getDatabaseDir()
public StoreConfig builder()	StoreConfig.Builder	对数据库进行配置，包括设置数据库名、存储模式、日志模式、同步模式，是否为只读，以及数据库是否加密
public abstract void onCreate(RdbStore store)	RdbOpenCallback	数据库创建时被回调，开发者可以在该方法中初始化表结构，并添加一些应用需要的初始化数据
public abstract void onUpgrade(RdbStore store, int currentVersion, int targetVersion)	RdbOpenCallback	数据库升级时被回调
public void onDowngrade(RdbStore store, int currentVersion, int targetVersion)	RdbOpenCallback	数据库降级时被回调
public RdbStore getRdbStore(StoreConfig config, int version, RdbOpenCallback openCallback, ResultSetHook resultSetHook)	DatabaseHelper	根据配置创建或打开数据库
public boolean deleteRdbStore(String name)	DatabaseHelper	删除指定的数据库

数据库的创建步骤如下。

① 配置数据库的相关信息，包括数据库的名称、存储模式、是否为只读模式等。

② 初始化数据库表结构和相关数据。

③ 创建数据库。

数据库的创建示例代码如下。

```
DatabaseHelper helper = new DatabaseHelper(context);
StoreConfig config = StoreConfig.newDefaultConfig("RdbStoreTest.db");
RdbOpenCallback callback = new RdbOpenCallback() {
    @Override
    public void onCreate(RdbStore store) {
        store.executeSql("CREATE TABLE IF NOT EXISTS device (deviceId INTEGER PRIMARY
KEY AUTOINCREMENT, deviceName TEXT NOT NULL, roomId INTEGER, status TEXT)");
    }
    @Override
    public void onUpgrade(RdbStore store, int oldVersion, int newVersion) {
    }
};

RdbStore store = helper.getRdbStore(config, 1, callback, null);
```

6.3.3　插入数据

关系型数据库提供了插入数据的接口，通过 ValuesBucket 输入要存储的数据，通过返回值判断是否插入成功，插入成功时返回最新插入数据所在的行号，失败则返回−1。数据库插入数据 API 见表 6-3。

表 6-3　数据库插入数据 API

API	类	描述
long insert (String table, ValuesBucket initialValues)	RdbStore	向数据库插入数据。 table：待添加数据的表名。 initialValues：以 ValuesBucket 存储的待插入的数据。它提供一系列 PUT 方法，如 putString（String columnName、String values）、putDouble（String columnName、double value），用于向 ValuesBucket 中添加数据

插入数据的开发步骤如下。

① 构造要插入的数据，以 ValuesBucket 形式存储。

② 调用关系型数据库提供的插入数据 API。

插入数据的开发示例代码如下。

```
ValuesBucket values = new ValuesBucket();
values.putInteger("deviceId", 1);
values.putString("deviceName", "电视机");
values.putInteger("roomId", 1000);
values.putString("status", "off");
ValuesBucket values2 = new ValuesBucket();
values2.putInteger("deviceId", 2);
values2.putString("deviceName", "空调");
values2.putInteger("roomId", 1000);
values2.putString("status", "on");
long id = store.insert("device", values);
long id2 = store.insert("device", values2);
```

6.3.4　更新数据

关系型数据库提供了更新数据的接口，以输入要更新的数据，并通过 AbsRdbPredicates 指定更新条件。该接口的返回值表示更新操作影响的行数，如果更新失败，则返回 0。数据库更新数据 API 见表 6-4。

表 6-4　数据库更新数据 API

API	类	描述
int update(ValuesBucket values, AbsRdbPredicates predicates)	RdbStore	更新数据库表中符合谓词指定条件的数据。 values：以 ValuesBucket 存储的待更新数据。 predicates：指定了更新操作的表名和条件。AbsRdbPredicates 的实现类有 RdbPredicates 和 RawRdbPredicates 两个。 RdbPredicates：支持调用谓词提供的如 equalTo 接口，设置更新条件

更新数据的开发步骤如下。

① 构造谓词对象，根据需要设置查询条件。

② 构造需要更新的数据，以 ValuesBucket 形式存储。

③ 调用关系型数据库提供的更新数据 API。

更新数据的开发示例代码如下。

```
RdbPredicates predicates = new RdbPredicates("device").equalTo("deviceId", 1);
ValuesBucket values = new ValuesBucket();
values.putString("status", "on");
store.update(values, predicates);
```

6.3.5　删除数据

关系型数据库提供了删除数据的接口，通过 AbsRdbPredicates 指定删除条件。该接口的返回值表示删除的数据行数，可根据此值判断是否删除成功。如果删除失败，则返回 0。数据库删除数据 API 见表 6-5。

表 6-5　数据库删除数据 API

API	类	描述
int delete(AbsRdbPredicates predicates）	RdbStore	删除数据。 predicates: Rdb 谓词，指定了删除操作的表名和条件。AbsRdbPredicates 的实现类有 RdbPredicates 和 RawRdbPredicates 两个。 RdbPredicates: 支持调用谓词提供的如 equalTo 接口，设置更新条件。 RawRdbPredicates: 仅支持设置表名、where 条件子句、whereArgs 这 3 个参数，不支持如 equalTo 接口调用

删除数据的开发步骤如下。

① 构造谓词对象，根据需要设置查询条件。

② 调用关系型数据库提供的删除数据 API。

删除数据的开发示例代码如下。

```
RdbPredicates predicates = new RdbPredicates("device").equalTo("deviceId", 1);
store.delete(predicates);
```

6.3.6　查询数据

关系型数据库提供了以下两种查询数据的方式。

① 直接调用查询接口。使用该接口，系统会将包含查询条件的谓词自动拼接成完整的 SQL 语句进行查询，无须用户传入原生的 SQL 语句。

② 执行原生的用于查询的 SQL 语句。

通过调用表 6-6 中查询数据 API 可以实现数据查询功能。

表 6-6 数据库查询数据 API

API	类	描述
ResultSet query (AbsRdbPredicates predicates, String[] columns)	RdbStore	查询数据。 predicates：谓词，可以设置查询条件。AbsRdbPredicates 的实现类有 RdbPredicates 和 RawRdbPredicates 两个。 RdbPredicates：支持调用谓词提供的如 equalTo 接口，设置查询条件。 RawRdbPredicates：仅支持设置表名、where 条件子句、whereArgs 这 3 个参数，不支持 equalTo 等接口调用。 columns：规定查询返回的列
ResultSet querySql (String sql, String[] sqlArgs)	RdbStore	执行原生的用于查询操作的 SQL 语句。 sql：原生用于查询的 SQL 语句。 sqlArgs：SQL 语句中占位符参数的值，若 select 语句中没有使用占位符，该参数可以设置为 Null

查询数据的开发步骤如下。

① 构造用于查询的谓词对象，设置查询条件。

② 指定查询返回的数据列。

③ 调用查询接口查询数据。

④ 调用结果集接口，遍历返回结果。

查询数据的开发示例代码如下。

```
String[] columns = new String[]{"deviceId", "deviceName", "roomId", "status"};
RdbPredicates rdbPredicates = new RdbPredicates("device").equalTo("deviceId",
1).orderByAsc("deviceId");
ResultSet resultSet = store.query(rdbPredicates, columns);
while (resultSet.goToNextRow()) {
    HiLog.info(LABEL_LOG, "deviceId=%s,deviceName=%s,roomId=%s,status=%s",resultSet.
getInt(0),resultSet.getString(1),resultSet.getInt(2),resultSet.getString(3));
}
```

6.3.7 数据库谓词的使用

关系型数据库提供了用于设置数据库操作条件的谓词 AbsRdbPredicates，其中包括两个实现子类：RdbPredicates 和 RawRdbPredicates。

① RdbPredicates：开发者无须编写复杂的 SQL 语句，仅通过调用该类中条件相关的方法，如 equalTo、notEqualTo、groupBy、orderByAsc、beginsWith 等，就可自动完成 SQL 语句拼接，方便用户聚焦业务操作。

② RawRdbPredicates：可满足复杂 SQL 语句的场景，支持开发者自己设置 where 条件子句和 whereArgs 参数，不支持如 equalTo 的条件接口的使用。

开发者可调用的数据库谓词 API 见表 6-7。

表 6-7　数据库谓词 API

API	类	描述
RdbPredicates equalTo (String field, String value)	RdbPredicates	设置谓词条件，满足 field 字段与 value 值相等
RdbPredicates notEqualTo (String field, String value)	RdbPredicates	设置谓词条件，满足 field 字段与 value 值不相等
RdbPredicates beginsWith (String field, String value)	RdbPredicates	设置谓词条件，满足 field 字段以 value 值开头
RdbPredicates between (String field, int low, int high)	RdbPredicates	设置谓词条件，满足 field 字段在最小值（Low）和最大值（High）之间
RdbPredicates orderByAsc (String field)	RdbPredicates	设置谓词条件，根据 field 字段升序排列
void setWhereClause (String whereClause)	RawRdbPredicates	设置 where 条件子句
void setWhereArgs (List<String> whereArgs)	RawRdbPredicates	设置 whereArgs 参数，该值表示 where 条件子句中占位符的值

6.4　对象关系映射数据库

6.4.1　对象关系映射数据库概述

HarmonyOS 对象关系映射（Object Relational Mapping，ORM）数据库是一种基于 SQLite 的数据库框架，屏蔽了底层 SQLite 数据库的 SQL 操作，针对实体和关系提供了增删改查等一系列面向对象的接口。开发者不必再去编写复杂的 SQL 语句，以操作对象的形式来操作数据库，使在提升效率的同时也能聚焦于业务开发。

对象关系映射数据库的 3 个主要组件。

① 数据库：被开发者用@Database 注解，且继承了 OrmDatabase 的类，对应关系型数据库。

② 实体对象：被开发者用@Entity 注解，且继承了 OrmObject 的类，对应关系型数据库中的表。

③ 对象数据操作接口：包括数据库操作的入口 OrmContext 类和谓词接口（OrmPredicate）等。

对象关系数据库提供了供开发者调用的注解，见表 6-8。

表 6-8　对象关系映射数据库提供的注解

注解	描述
@Database	被@Database 注解且继承了 OrmDatabase 的类对应数据库类
@Entity	被@Entity 注解且继承了 OrmObject 的类对应数据表类
@Column	被@Column 注解的变量对应数据表的字段
@PrimaryKey	被@PrimaryKey 注解的变量对应数据表的主键
@ForeignKey	被@ForeignKey 注解的变量对应数据表的外键
@Index	被@Index 注解的内容对应数据表索引的属性

6.4.2 配置 gradle

如果要使用对象关系映射数据库，开发者需要在 build.gradle 文件中对数据库进行配置，分为以下 3 种情况。

① 如果使用注解处理器的模块为 com.huawei.ohos.HAP，则需要在模块的 build.gradle 文件的 ohos 节点中添加以下配置。

```
compileOptions{
    annotationEnabled true
}
```

② 如果使用注解处理器的模块为 com.huawei.ohos.library，则需要在模块的 build.gradle 文件的 dependencies 节点中配置注解处理器。

查看"orm_annotations_java.jar""orm_annotations_processor_java.jar""javapoet_java.jar"这 3 个 jar 包在 Huawei SDK 的 Sdk/java/x.x.x.xx/build-tools/lib/目录，并将这 3 个 jar 包导入。

```
dependencies {
    compile files("orm_annotations_java.jar 的路径","orm_annotations_processor_java.jar 的路径", "javapoet_java.jar 的路径")
    annotationProcessor files("orm_annotations_java.jar 的路径", "orm_annotations_processor_java.jar 的路径", "javapoet_java.jar 的路径")
}
```

③ 如果使用注解处理器的模块为 java-library，则需要在模块的 build.gradle 文件的 dependencies 节点中配置注解处理器，并导入 ohos.jar。

```
dependencies {
    compile files("ohos.jar 的路径","orm_annotations_java.jar 的路径","orm_annotations_processor_java.jar 的路径","javapoet_java.jar 的路径")
    annotationProcessor files("orm_annotations_java.jar 的路径","orm_nnotations_processor_java.jar 的路径","javapoet_java.jar 的路径")
}
```

6.4.3 构造数据库的类

开发者需要先定义一个表示数据库的类，继承 OrmDatabase，再通过@Database 注解内的 entities 属性指定哪些数据模型类属于这个数据库。

使用@Database 注解时需要配置以下属性。

① version：数据库版本号。

② entities：数据库内包含的表。

例如，定义了一个数据库类 BookStore.java，数据库包含 User、Book、AllDataType 3 个表，其版本号为 1。数据库类的 getVersion 方法和 getHelper 方法不需要实现，直接将数据库类设为虚类即可。构造数据库的代码如下。

```
@Database(entities = {User.class, Book.class, AllDataType.class}, version = 1)
public abstract class BookStore extends OrmDatabase {
}
```

这里需要用到 User、Book、AllDataType 这 3 个实体类，它们将会在下面的构建数据表中进行创建。

6.4.4　构造数据表

开发者可通过创建一个继承了 OrmObject 并用@Entity 注解的类，获取数据库实体对象，也就是数据表的对象。

使用@Entity 注解时需要配置以下属性。

① tableName：表名。

② primaryKeys：主键名，一个表里只能有一个主键，一个主键可以由多个字段组成。

③ foreignKeys：外键列表。

④ indices：索引列表。

例如，定义了一个实体类 User.java，对应数据库内的数据表名为 User；indices 为 firstName 和 lastName 两个字段建立了复合索引 name_index，并且索引值是唯一的；ignoredColumns 表示该字段不需要添加到数据表 User 的属性中。构造数据表的代码示例如下。

```
@Entity(tableName = "user", ignoredColumns = {"ignoredColumn1", "ignoredColumn2"},
    indices = {@Index(value = {"firstName", "lastName"}, name = "name_index", unique
= true)})
public class User extends OrmObject {
    // 此处将 userId 设置为自增主键。注意：只有当数据类型为包装类型时，自增主键才能生效
    @PrimaryKey(autoGenerate = true)
    private Integer userId;
    private String firstName;
    private String lastName;
    private int age;
    private double balance;
    private int ignoredColumn1;
    private int ignoredColumn2;

    // 需添加各字段的 getter 和 setter 方法
}
```

同理，创建数据表 Book 对应的实体类，具体代码如下。

```
@Entity(tableName = "Book", foreignKeys = {
        @ForeignKey(name = "BookUser", parentEntity = User.class, parentColumns =
"userId", childColumns = "user_id",
            onDelete = CASCADE)})
public class Book extends OrmObject {
    @PrimaryKey(autoGenerate = true)
    private int id;

    @Column(name = "Name", index = true)
    private String name;

    @Column(name = "user_id")
    private int userId;

    // 需添加各字段的 getter 和 setter 方法
}
```

创建数据表 AllDataType 对应的实体类，具体代码如下。

```
@Entity(tableName = "AllDataType")
public class AllDataType extends OrmObject {
    @PrimaryKey(autoGenerate = true)
    private int id;

    private Integer integerValue;

    private Long longValue;
```

```
    private Short shortValue;

    private Boolean booleanValue;

    private Double doubleValue;

    private Float floatValue;

    private String stringValue;

    private Blob blobValue;

    private Clob clobValue;

    private Byte byteValue;

    private Date dateValue;

    private Time timeValue;

    private Timestamp timestampValue;

    private Calendar calendarValue;

    private Character characterValue;

    private int primIntValue;

    private long primLongValue;

    private short primShortValue;

    private float primFloatValue;

    private double primDoubleValue;

    private boolean primBooleanValue;

    private byte primByteValue;

    private char primCharValue;

    private Integer order;

    // 需添加各字段的 getter 和 setter 方法
}
```

6.4.5　创建数据库

　　使用对象数据操作接口 OrmContext 创建数据库。例如，通过对象数据操作接口 OrmContext，创建一个别名为 BookStore、数据库文件名为 BookStore.db 的数据库。如果数据库已经存在，则执行以下代码不会重复创建。通过 context.getDatabaseDir()可以获取创建的数据库文件所在的目录。

```
// context 入参类型为 ohos.app.Context，注意不要使用 slice.getContext()获取 context，请直
接传入 slice，否则会出现找不到类的报错
DatabaseHelper helper = new DatabaseHelper(this);
OrmContext context = helper.getOrmContext("BookStore", "BookStore.db", BookStore.
class);
```

6.4.6　对象数据的增删改查

对象关系数据库提供了表 6-9 中的对象数据操作接口供开发者调用，以对数据执行增删改查操作。

表 6-9　对象数据操作接口

接口	类	描述
<T extends OrmObject> boolean insert(T object)	OrmContext	添加方法
<T extends OrmObject> boolean update(T object)	OrmContext	更新方法
<T extends OrmObject> List<T> query(OrmPredicates predicates)	OrmContext	查询方法
<T extends OrmObject> boolean delete(T object)	OrmContext	删除方法
<T extends OrmObject> OrmPredicates where (Class< T> clz)	OrmContext	设置谓词方法

1．添加数据

例如，在数据库的名为 User 的数据表中，新建一个 User 对象并设置对象的属性。直接传入 OrmObject 对象的增加接口，只有在 flush()接口被调用后才会持久化到数据库中。添加数据的代码示例如下。

```
User user = new User();
user.setFirstName("Zhang");
user.setLastName("San");
user.setAge(29);
user.setBalance(100.51);
boolean isSuccessed = context.insert(user);
isSuccessed = context.flush();
```

2．更新或删除数据

更新或删除数据，分为以下两种情况。

① 通过直接传入 OrmObject 对象的接口更新数据。

我们首先需要从数据表中查到需要更新的 User 对象列表，然后修改对象的值，最后调用更新接口持久化到数据库中。删除数据与更新数据的方法类似，只是不需要更新对象的值。例如，更新数据表 User 中 Age 为 "29" 的行，需要首先查找对应的数据，得到一个 User 的列表，然后选择列表中需要更新的 User 对象（如第 0 个对象），然后设置需要更新的值，并调用更新接口传入被更新的 User 对象，最后调用 flush 接口持久化到数据库中。这种情况下更新或删除数据的代码示例如下。

```
// 更新数据
OrmPredicates predicates = context.where(User.class);
predicates.equalTo("age", 29);
List<User> users = context.query(predicates);
User user = users.get(0);
user.setFirstName("Li");
context.update(user);
context.flush();

// 删除数据
OrmPredicates predicates = context.where(User.class);
predicates.equalTo("age", 29);
List<User> users = context.query(predicates);
User user = users.get(0);
context.delete(user);
context.flush();
```

② 通过传入谓词的接口更新和删除数据，具体方法与 OrmObject 对象的接口类似，只是无须 flush 就可以持久化到数据库中。这种情况下更新数据的代码如下。删除数据的代码与此类似，读者可自行编写。

```
ValuesBucket valuesBucket = new ValuesBucket();
valuesBucket.putInteger("age", 31);
valuesBucket.putString("firstName", "ZhangU");
valuesBucket.putString("lastName", "SanU");
valuesBucket.putDouble("balance", 300.51);
OrmPredicates update = context.where(User.class).equalTo("userId", 1);
context.update(update, valuesBucket);
```

3．查询数据

例如，在数据库的数据表 User 中查询 lastName 为"San"的 User 对象列表。查询数据的代码示例如下。

```
OrmPredicates query = context.where(User.class).equalTo("lastName", "San");
List<User> users = context.query(query);
```

6.4.7　设置数据变化观察者

通过使用对象数据操作接口，开发者可以在某些数据上设置观察者，以接收数据变化的通知，见表 6-10。

表 6-10　数据变化观察者接口

接口	类	描述
void registerStoreObserver (String alias, OrmObjectObserver observer)	OrmContext	注册数据库变化回调
void registerContextObserver (OrmContext watchedContext, OrmObjectObserver observer)	OrmContext	注册上下文变化回调
void registerEntityObserver (String entityName, OrmObjectObserver observer)	OrmContext	注册数据库实体变化回调
void registerObjectObserver (OrmObject ormObject, OrmObjectObserver observer)	OrmContext	注册对象变化回调

设置数据变化观察者的代码示例如下。

```
// 定义一个观察者类
private class CustomedOrmObjectObserver implements OrmObjectObserver {
    @Override
    public void onChange(OrmContext changeContext, AllChangeToTarget subAllChange)
{
        // 用户可以在此处定义观察者行为
    }
}

// 调用 registerEntityObserver 方法注册一个观察者 Observer
CustomedOrmObjectObserver observer = new CustomedOrmObjectObserver();
context.registerEntityObserver("user", observer);

// 当以下方法被调用，并 flush 成功时，观察者 Observer 的 onChange 方法会被触发，其中，方法的传入
参数必须为 User 类的对象
public <T extends OrmObject> boolean insert(T object)
public <T extends OrmObject> boolean update(T object)
public <T extends OrmObject> boolean delete(T object)
```

6.4.8　备份数据库

例如，原数据库名为 OrmTest.db，备份数据库名为 OrmBackup.db。创建备份数据库的代码示例如下。

```
OrmContext context = helper.getObjectContext("OrmTest", "OrmTest.db", BookStore.
class);
context.backup("OrmBackup.db");
context.close();
```

6.4.9　删除数据库

例如，删除 OrmTest.db，具体代码示例如下。

```
helper.deleteRdbStore("OrmTest.db");
```

6.5　Data Ability 开发

6.5.1　Data Ability 基本概念

使用 Data 模板的 Ability（以下简称 Data）有助于应用管理其自身和其他应用存储数据的访问，并提供与其他应用共享数据的方法。Data 既可用于相同设备不同应用的数据共享，也可用于跨设备不同应用的数据共享。

数据的存储形式多样，可以是数据库，也可以是磁盘上的文件。Data 对外提供对数据的增删改查，以及打开文件接口，这些接口的具体实现由开发者提供。

1．URI 介绍

Data 的提供方和使用方都通过统一资源标志符（Uniform Resource Identifier，URI）标识一个具体的数据，例如，数据库中的某个表，或者磁盘上的某个文件。HarmonyOS 的 URI 仍基于 URI 的通用标准，其格式如图 6-5 所示。

图 6-5　URI 格式

URI 格式内容说明如下。

① Scheme：协议方案名，固定为 dataability，表示 Data Ability 使用的协议类型。

② authority：设备 ID。如果为跨设备场景，则为目标设备的 ID；如果为本地设备场景，则不需要填写。

③ path：资源的路径信息，表示特定资源的位置信息。

④ query：查询参数。

⑤ fragment：可以用于指示要访问的子资源。

2．URI 示例

① 跨设备场景：dataability://device_id/com.domainname.dataability. persondata/person/10。

② 本地设备场景：dataability:///com.domainname.dataability.persondata/person/10。

说明

本地设备场景的 device_id 字段为空，因此在 dataability: 后面有 3 个 "/"。

6.5.2　创建 Data

使用 Data 模板的 Ability 形式仍然是 Ability，因此，开发者需要为应用添加一个或多个 Ability 的子类，来提供程序与其他应用之间的接口。Data 为结构化数据和文件提供了不同 API 供用户使用，因此，开发者需要首先确定使用何种类型的数据。本节主要介绍创建 Data 的基本步骤和需要使用的接口。

Data 提供方可以自定义数据的增删改查，以及文件打开功能，并对外提供这些接口。

1．确定数据存储方式

确定数据的存储方式，Data 支持以下两种数据形式。

① 文件数据：如文本、图片、音乐等。

② 结构化数据：如数据库。

2．实现 UserDataAbility

UserDataAbility 用于接收其他应用发送的请求，提供外部程序访问的入口，从而实现应用间的数据访问。

使用 DevEco Studio 开发工具创建 UserDataAbility，在"Project"中选择"entry"，单击鼠标右键，在弹出的菜单中依次选择"File"→"New"→"Ability"→"Empty Data Ability"，设置 Data Name 后即可完成 UserDataAbility 的创建。这个过程如图 6-6 所示。

图 6-6　使用 DevEco Studio 创建 UserDataAbility

Data 提供了文件存储和数据库存储两组接口供用户使用。

（1）文件存储

开发者需要在 Data 中重写 FileDescriptor openFile（Uri uri, String mode）方法操作文件，其中，uri 为客户端传入的请求目标路径；mode 为开发者对文件的操作选项，可选的操作选项包含 r（读）、w（写）、rw（读写）等。

开发者可通过 MessageParcel 的静态方法 dupFileDescriptor()复制待操作文件流的文件描述符，并将其返回，供远端应用访问文件。

（2）数据库存储

① 初始化数据库连接

系统在应用启动时调用 onStart()方法创建 Data 实例。在此方法中，开发者应该创建数据库连接，并获取连接对象，以便后续和数据库进行操作。为了避免影响应用的启动速度，开发者应尽可能地将非必要的耗时任务推迟到使用时执行，而不是在此方法中执行所有的初始化操作。

代码示例如下。

```
private static final String DATABASE_NAME = "UserDataAbility.db";
private static final String DATABASE_NAME_ALIAS = "UserDataAbility";
private static final HiLogLabel LABEL_LOG = new HiLogLabel(HiLog.LOG_APP, 0xD00201,
"Data_Log");
private OrmContext ormContext = null;

@Override
public void onStart(Intent intent) {
    super.onStart(intent);
    DatabaseHelper manager = new DatabaseHelper(this);
    ormContext = manager.getOrmContext(DATABASE_NAME_ALIAS, DATABASE_NAME, BookStore.
class);
}
```

② 编写数据库操作方法。

Ability 定义了 6 种方法供用户处理对数据库表数据的增删改查。这 6 种方法在 Ability 中已默认实现，开发者可按需重写。Data Ability 操作数据库方法，具体见表 6-11。

表 6-11　Data Ability 操作数据库方法

方法	描述
ResultSet query (Uri uri, String[] columns, DataAbilityPredicates predicates)	查询数据库
int insert (Uri uri, ValuesBucket value)	向数据库中插入单条数据
int batchInsert (Uri uri, ValuesBucket[] values)	向数据库中插入多条数据
int delete (Uri uri, DataAbilityPredicates predicates)	删除一条或多条数据
int update (Uri uri, ValuesBucket value, DataAbilityPredicates predicates)	更新数据库
DataAbilityResult[] executeBatch (ArrayList<DataAbilityOperation> operations)	批量操作数据库

1）query()

该方法接收 3 个参数，分别是查询的目标路径、查询的列名，以及查询条件，其中，查询条件由类 DataAbilityPredicates 构建。根据输入的列名和查询条件，查询用户表的代码示例如下。

```
public ResultSet query(Uri uri, String[] columns, DataAbilityPredicates predicates)
{
    if (ormContext == null) {
        HiLog.error(LABEL_LOG, "failed to query, ormContext is null");
        return null;
    }

    // 查询用户表
    OrmPredicates ormPredicates = DataAbilityUtils.createOrmPredicates (predicates,
User.class);
    ResultSet resultSet = ormContext.query(ormPredicates, columns);
    if (resultSet == null) {
        HiLog.info(LABEL_LOG, "resultSet is null");
    }

    // 返回结果
    return resultSet;
}
```

2）insert()

该方法接收两个参数，分别是插入的目标路径和插入的数据值。其中，插入的数据由 Values Bucket 封装，服务端可以从该参数中解析出对应的属性，然后插入数据库中。此方法返回一个 int 类型的值用于标识结果。接收用户信息并把它保存到数据库中的代码示例如下。

```
public int insert(Uri uri, ValuesBucket value) {
    // 参数校验
    if (ormContext == null) {
        HiLog.error(LABEL_LOG, "failed to insert, ormContext is null");
        return -1;
    }

    // 构造插入数据
    User user = new User();
    user.setUserId(value.getInteger("userId"));
    user.setFirstName(value.getString("firstName"));
    user.setLastName(value.getString("lastName"));
    user.setAge(value.getInteger("age"));
    user.setBalance(value.getDouble("balance"));

    // 插入数据库
    boolean isSuccessful = ormContext.insert(user);
    if (!isSuccessful) {
        HiLog.error(LABEL_LOG, "failed to insert");
        return -1;
    }
    isSuccessful = ormContext.flush();
    if (!isSuccessful) {
        HiLog.error(LABEL_LOG, "failed to insert flush");
        return -1;
    }
    DataAbilityHelper.creator(this, uri).notifyChange(uri);
    int id = Math.toIntExact(user.getRowId());
    return id;
}
```

3）batchInsert()

该方法为批量插入方法，接收一个 ValuesBucket 数组用于单次插入一组对象。它的作用是提高多条重复数据的插入效率。该方法在系统中已默认实现，开发者可以直接调用。

4）delete()

该方法用来执行删除操作。删除条件由类 DataAbilityPredicates 构建，服务端在收到该参数之后可以从中解析出要删除的数据，然后到数据库中执行。根据输入的条件删除用户表数据的代码示例如下。

```
public int delete(Uri uri, DataAbilityPredicates predicates) {
    if (ormContext == null) {
        HiLog.error(LABEL_LOG, "failed to delete, ormContext is null");
        return -1;
    }

    OrmPredicates ormPredicates = DataAbilityUtils.createOrmPredicates(predicates,
User.class);
    int value = ormContext.delete(ormPredicates);
    DataAbilityHelper.creator(this, uri).notifyChange(uri);
    return value;
}
```

5）update()

此方法用来执行更新操作。用户可以在 ValuesBucket 参数中指定需要更新的数据，以及在 DataAbilityPredicates 中构建更新的条件。更新用户表数据的代码示例如下。

```
public int update(Uri uri, ValuesBucket value, DataAbilityPredicates predicates) {
    if (ormContext == null) {
        HiLog.error(LABEL_LOG, "failed to update, ormContext is null");
        return -1;
    }

    OrmPredicates ormPredicates = DataAbilityUtils.createOrmPredicates(predicates,
User.class);
    int index = ormContext.update(ormPredicates, value);
    HiLog.info(LABEL_LOG, "UserDataAbility update value:" + index);
    DataAbilityHelper.creator(this, uri).notifyChange(uri);
    return index;
}
```

6）executeBatch()

此方法用来批量执行操作。DataAbilityOperation 中提供了设置操作类型、数据和操作条件的方法，用户可自行设置要执行的数据库操作。该方法在系统中已默认实现，开发者可以直接调用。

3．注册 UserDataAbility

和 Service 类似，开发者必须在配置文件中注册 Data Ability。

配置文件中 UserDataAbility 字段在创建 Data Ability 时会自动创建，其名字与创建的 Data Ability 一致。

注册 UserDataAbility 时需要关注以下属性。

① type：类型设置为 data。

② uri：对外提供的访问路径，具体全局唯一性。

③ permissions：访问该 Data Ability 时需要申请的访问权限。

如果权限非系统权限，需要在配置文件中进行自定义。

开发工具创建 Data Ability 的时候会自动添加注册信息，注册 UserDataAbility 的代码示例如下。

```
{
    "name": ".UserDataAbility",
    "type": "data",
    "visible": true,
    "uri": "dataability://com.example.myapplication5.DataAbilityTest",
    "permissions": [
        "com.example.myapplication5.DataAbility.DATA"
    ]
}
```

6.6　访问 Data

开发者可以通过 DataAbilityHelper 类来访问当前应用或其他应用提供的共享数据。DataAbilityHelper 作为客户端，与提供方的 Data 进行通信。Data Ability 收到请求后，执行相应的处理，并返回结果。DataAbilityHelper 提供了一系列与 Data Ability 对应的方法。

下面介绍 DataAbilityHelper 具体的使用步骤。

6.6.1 声明使用权限

如果待访问的 Data 声明了访问需要权限，则访问此 Data 需要在配置文件中声明需要此权限，代码示例如下。

```
"reqPermissions": [
    {
        "name": "com.example.myapplication5.DataAbility.DATA"
    },
    // 访问文件还需要添加访问存储读写权限
    {
        "name": "ohos.permission.READ_USER_STORAGE"
    },
    {
        "name": "ohos.permission.WRITE_USER_STORAGE"
    }
]
```

6.6.2 创建 DataAbilityHelper

DataAbilityHelper 为开发者提供了 creator()方法创建 DataAbilityHelper 实例。该方法为静态方法，有多个重载。最常见的方法是通过输入一个 context 对象创建 DataAbilityHelper。

创建 DataAbilityHelper 示例代码如下。

```
DataAbilityHelper helper = DataAbilityHelper.creator(this);
```

6.6.3 访问 Data Ability

DataAbilityHelper 为开发者提供了一系列接口访问不同类型的数据（如文件、数据库）。

本节以数据库为例，介绍 Data Ability 的访问。

DataAbilityHelper 为开发者提供了增删改查，以及批量处理的方法操作数据库，具体见表 6-12。

表 6-12　DataAbilityHelper 提供的方法

操作方法	描述
ResultSet query (Uri uri, String[] columns, DataAbilityPredicates predicates)	查询数据库
int insert (Uri uri, ValuesBucket value)	向数据库中插入单条数据
int batchInsert (Uri uri, ValuesBucket[] values)	向数据库中插入多条数据
int delete (Uri uri, DataAbilityPredicates predicates)	删除一条或多条数据
int update (Uri uri, ValuesBucket value, DataAbilityPredicates predicates)	更新数据库
DataAbilityResult[] executeBatch(ArrayList<DataAbilityOperation> operations)	批量操作数据库

这些方法的使用说明如下。

（1）query()

query()为查询方法，其中，uri 为目标资源路径，columns 为想要查询的字段。开发者的查询条件可以通过 DataAbilityPredicates 构建。例如，查询用户表中 IP 在 101～103 之间的用户，并把结果打印出来的代码示例如下。

```
DataAbilityHelper helper = DataAbilityHelper.creator(this);

// 构造查询条件
DataAbilityPredicates predicates = new DataAbilityPredicates();
predicates.between("userId", 101, 103);

// 进行查询
ResultSet resultSet = helper.query(uri, columns, predicates);

// 处理结果
resultSet.goToFirstRow();
do {
    // 在此处理 ResultSet 中的记录;
} while(resultSet.goToNextRow());
```

（2）insert()

insert()为新增方法，其中，uri 为目标资源路径，ValuesBucket 为要新增的对象。例如，插入一条用户信息的代码示例如下。

```
DataAbilityHelper helper = DataAbilityHelper.creator(this);

// 构造插入数据
ValuesBucket valuesBucket = new ValuesBucket();
valuesBucket.putString("name", "Tom");
valuesBucket.putInteger("age", 12);
helper.insert(uri, valuesBucket);
```

（3）batchInsert()

batchInsert()为批量插入方法，和 insert()方法类似。例如，批量插入用户信息的代码示例如下。

```
DataAbilityHelper helper = DataAbilityHelper.creator(this);

// 构造插入数据
ValuesBucket[] values = new ValuesBucket[2];
values[0] = new ValuesBucket();
values[0].putString("name", "Tom");
values[0].putInteger("age", 12);
values[1] = new ValuesBucket();
values[1].putString("name", "Tom1");
values[1].putInteger("age", 16);
helper.batchInsert(uri, values);
```

（4）delete()

delete()为删除方法，其中，删除条件可以通过 DataAbilityPredicates 构建。例如，删除用户表中 ID 在 101～103 之间的用户的代码示例如下。

```
DataAbilityHelper helper = DataAbilityHelper.creator(this);

// 构造删除条件
DataAbilityPredicates predicates = new DataAbilityPredicates();
predicates.between("userId", 101, 103);
helper.delete(uri, predicates);
```

（5）update()

update()为更新方法，更新数据由 ValuesBucket 输入，更新条件由 DataAbilityPredicates 构建。例如，更新 ID 为 102 的用户，代码示例如下。

```
DataAbilityHelper helper = DataAbilityHelper.creator(this);

// 构造更新条件
DataAbilityPredicates predicates = new DataAbilityPredicates();
predicates.equalTo("userId", 102);
```

```
// 构造更新数据
ValuesBucket valuesBucket = new ValuesBucket();
valuesBucket.putString("name", "Tom");
valuesBucket.putInteger("age", 12);
helper.update(uri, valuesBucket, predicates);
```

（6）executeBatch()

executeBatch()为执行批量操作方法。DataAbilityOperation 提供了设置操作类型、数据和操作条件的方法，开发者可自行设置要执行的数据库操作。例如，插入多条数据的代码示例如下。

```
DataAbilityHelper helper = DataAbilityHelper.creator(abilityObj, insertUri);

// 构造批量操作
ValuesBucket value1 = initSingleValue();
DataAbilityOperation  opt1  =  DataAbilityOperation.newInsertBuilder(insertUri).
withValuesBucket(value1).build();
ValuesBucket value2 = initSingleValue2();
DataAbilityOperation  opt2  =  DataAbilityOperation.newInsertBuilder(insertUri).
withValuesBucket(value2).build();
ArrayList<DataAbilityOperation> operations = new ArrayList<DataAbilityOperation>();
operations.add(opt1);
operations.add(opt2);
DataAbilityResult[] result = helper.executeBatch(insertUri, operations);
```

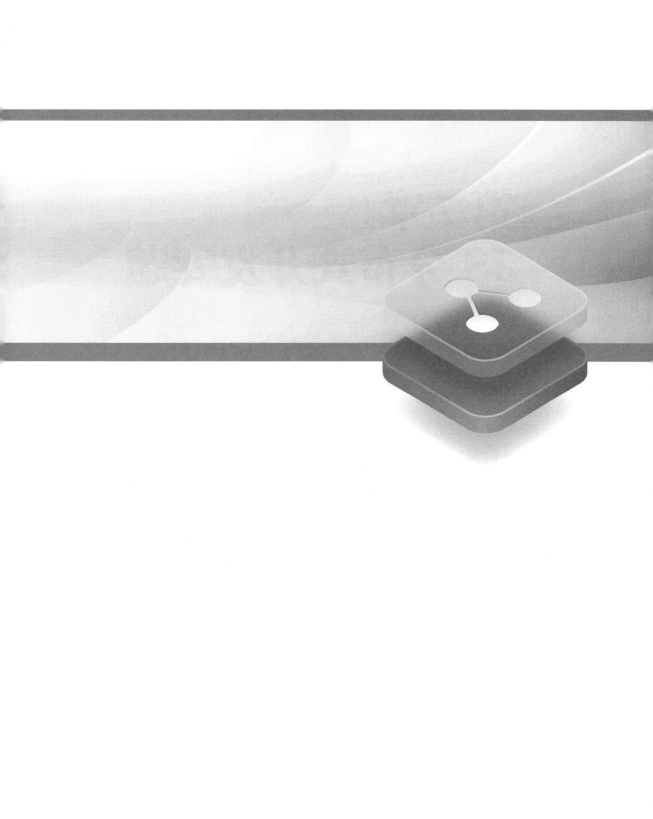

第 7 章
JS 分布式开发专题

本章主要内容

在 HarmonyOS 中，分布式任务调度平台对搭载 HarmonyOS 的多设备构筑的超级虚拟终端提供统一的组件管理能力，为应用定义统一的能力基线、接口形式、数据结构、服务描述语言，屏蔽硬件差异；支持远程启动、远程调用、业务无缝迁移等分布式任务。

分布式任务调度平台在底层实现 Ability 跨设备的启动与关闭、连接与断开连接、迁移等能力，实现跨设备的组件管理。

① 启动和关闭：向开发者提供管理远程 Ability 的能力，即支持启动 Page 模板的 Ability，以及启动、关闭 Service 模板的 Ability。

② 连接和断开连接：向开发者提供跨设备控制服务（Service 模板的 Ability）的能力，开发者可以通过与远程服务连接及断开连接，实现获取或注销跨设备管理服务的对象，达到和本地一致的服务调度。

③ 迁移能力：向开发者提供跨设备业务的无缝迁移能力。开发者可以通过调用基于 Page 模板的 Ability 的迁移接口，将本地业务无缝迁移到指定设备中，打通设备间的壁垒。

本章只讲解基于 JS 的分布式拉起与迁移。

7.1 分布式流转概述

随着全场景多设备生活方式的不断普及，用户拥有的设备越来越多，每个设备能在合适的场景下为使用者提供良好的体验，例如：手表可以提供实时的信息查看能力，电视可以带来沉浸式观影体验。但是，每个设备也有使用场景的局限，例如：在电视上输入文本的体验是非常糟糕的。当多个设备通过分布式操作系统能够相互感知，进而整合成一个超级终端时，设备与设备之间就可以取长补短、相互帮助，为用户提供更加自然流畅的分布式体验。

7.1.1 基本概念

分布式流转的基本概念如下。

① 流转：在 HarmonyOS 中泛指多设备分布式操作。流转能力打破设备界限，多设备联动，使用户应用程序可分可合、可流转，实现如邮件跨设备编辑、健身多设备协同进行、多屏游戏等分布式业务。流转为开发者提供更广泛的使用场景和更新的产品视角，强化产品优势，实现体验升级。流转按照体验可分为跨端迁移和多端协同。

② 跨端迁移：一种实现用户应用程序流转的技术方案，指在 A 端运行的 FA 迁移到 B 端上，完成迁移后，B 端 FA 继续任务，而 A 端应用退出。在用户使用设备的过程中，当使用情境发生变化时（例如，从室内走到户外或者周围有更合适的设备），之前使用的设备可能已经不适合继续操作当前的任务，此时，用户可以选择新的设备来完成当前的任务。常见的跨端迁移场景实例如下。

a. 视频来电时从手机迁移到智慧屏，这时，视频聊天体验更佳，手机视频应用退出。

b. 手机上阅读应用浏览文章，迁移到平板电脑上继续查看，手机阅读应用退出。

③ 多端协同：用来实现用户应用程序流转的技术方案。一种是指多端上的不同 FA/PA 同时运行或者交替运行，实现完整的业务；另一种是指多端上的相同 FA/PA 同时

运行，实现完整的业务。多个设备作为一个整体，为用户提供比单设备更加高效沉浸式的体验。例如，用户通过智慧屏的应用 A 拍照后，A 可调用手机的应用 B 进行人像美颜，最终将美颜后的照片保存在智慧屏的应用 A。常见的多端协同场景实例还有以下几种。

a．手机侧应用 A 做游戏手柄，智慧屏侧应用 B 做游戏显示，为用户提供一种全新的游戏体验。

b．平板电脑侧应用 A 做答题板，智慧屏侧应用 B 做直播，为用户提供一种全新的网课体验。

7.1.2　流转架构

HarmonyOS 流转提供了一组 API 库，让用户更轻松地使用应用程序，可以快捷地完成流转体验。HarmonyOS 流转架构的优势如下。

① 统一流转管理 UI，支持发现、选择设备及任务管理。

② 支持远程服务调用等能力，轻松设计业务。

③ 支持多个应用同时进行流转。

④ 支持不同设备，如手机、平板电脑、TV、手表等。

HarmonyOS 流转架构如图 7-1 所示。

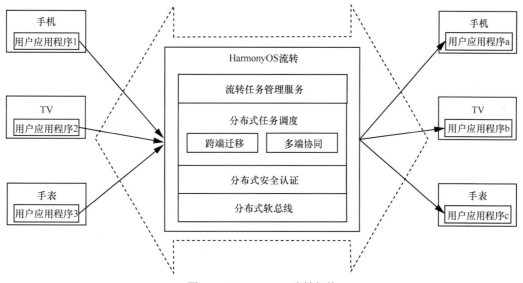

图 7-1　HarmonyOS 流转架构

HarmonyOS 流转架构有以下 4 个功能模块。

① 流转任务管理服务：在流转发起端，接受用户应用程序注册，提供流转入口、状态显示、退出流转等管理能力。

② 分布式任务调度：提供远程服务启动、远程服务连接、远程迁移等能力，并通过不同能力的组合，支撑用户应用程序完成跨端迁移或多端协同的业务体验。

③ 分布式安全认证：提供 E2E 的加密通道，为用户应用程序提供安全的跨端传输机制，保证"正确的人，通过正确的设备，正确地使用数据"。

④ 分布式软总线：使用基于手机、TV 和手表等分布式设备的统一通信基座，为设备之间的互联互通提供统一的分布式通信能力。

7.2　权限

设计人员在进行分布式流转开发的时候，需要申请 ohos.permission.DISTRIBUTED_DATASYNC 权限，该权限属于敏感权限，需要进行动态申请。目前，在 JS 分布式流转开发中，也需要进行该权限的动态申请，而权限的动态申请操作目前只能使用 Java 进行开发。

7.2.1　权限开发概述

1. 基本概念

（1）应用沙盒

系统利用内核保护机制识别和隔离应用资源，可将不同的应用隔离开，保护应用自身和系统免受恶意应用的攻击。在默认情况下，应用之间不能彼此交互，而且对系统的访问会受到限制。例如，如果应用 A（一个单独的应用）尝试在没有权限的情况下读取应用 B 的数据或者调用系统的能力拨打电话，那么系统会阻止此类行为，这是因为应用 A 没有被授予相应的权限。

（2）应用权限

由于系统通过沙盒机制管理各个应用，在默认规则下，应用只能访问有限的系统资源。但应用为了扩展功能，需要访问自身沙盒之外的系统或其他应用的数据（包括用户个人数据）或能力；系统或应用也必须以明确的方式对外提供接口共享其数据或能力。为了保证这些数据或能力不会被不当使用或恶意使用，需要有一种访问控制机制加以保护，这就是应用权限。

应用权限是程序访问操作某种对象的许可。权限在应用层面要求明确定义且经用户授权，以便系统化地规范各类应用程序的行为准则与权限许可。

（3）权限保护的对象

权限保护的对象可以分为数据和能力。数据包含了个人数据（如照片、通讯录、日历、位置等）、设备数据（如设备标识、相机、麦克风等）、应用数据；能力包括了设备能力（如打电话、发短信、联网等）、应用能力（如弹出悬浮框、创建快捷方式等）等。

（4）权限开放范围

权限开放范围指一个权限能被哪些应用申请。按可信程度从高到低的顺序，不同的权限开放范围对应的应用可分为系统服务、系统应用、系统预置特权应用、同签名应用、系统预置普通应用、持有权限证书的后装应用、其他普通应用，这些应用的开放范围依次扩大。

（5）敏感权限

敏感权限指涉及访问个人数据（如照片、通讯录、日历、本机号码、短信等）和操作敏感能力（如相机、麦克风）的权限。

（6）应用核心功能

一个应用可能提供了多种功能，其中，为满足用户的关键需求而提供的功能，称为应用的核心功能。用户选择安装一个应用，通常是被应用的核心功能吸引。比如导航类应用，定位导航就是这种应用的核心功能；又如媒体类应用，播放及媒体资源管理就是其核心功能，这些功能所需要的权限，用户在安装时内心已经倾向于授予（否则就不会安装）。与核心功能相对应的是辅助功能，这些功能所需权限，需要向用户清晰地说明使用目的、场景，由用户进行授权。既不属于核心功能，也不是支撑核心功能的辅助功能，就是多余功能。不少应用具有不为用户服务的功能，这些功能所需要的权限通常会被用户禁止。

（7）最小必要权限

最小必要权限指保障应用某类型服务正常运行所需要的应用权限的最小集合，一旦缺少将导致该类型服务无法正常运行的应用权限。

2．权限声明

了解相关权限核心概念后，应用需要在代码中进行权限授权控制，首先需要进行权限声明。具体如下。

① 应用需要在 config.json 中使用 reqPermissions 属性对需要的权限逐个进行声明。

② 若应用使用的第三方库涉及权限使用，那么该权限也需统一在应用的 config.json 中逐个声明。

③ 没有在 config.json 中声明的权限无法授权给应用。

3．权限保护方法

① 保护 Ability：通过在 config.json 中对应的 Ability 中配置"permissions": ["权限名"]属性，即可实现保护整个 Ability 的目的。无指定权限的应用不能访问此 Ability。

② 保护 API：若 Ability 对外提供的数据或能力有多种，且开放范围或保护级别不同，则可以针对不同的数据或能力在接口代码实现中，通过 verifyPermission（String permissionName, int pid, int uid）对 uid 标识的调用者进行鉴权。

4．自定义权限

HarmonyOS 为了保证应用对外提供的接口不被恶意调用，需要对接口的调用者进行鉴权。

在大多情况下，系统已定义的权限满足应用的基本需要，若有特殊的访问控制需要，应用可在 config.json 中以"defPermissions": []属性定义新的权限，并通过 availableScope 和 grantMode 两个属性分别确定权限的开放范围和授权方式，使权限定义更加灵活且易于理解。为了避免应用自定义的新权限出现重名的情况，建议应用对新权限的命名以包名的前两个字段开头，这样可以防止不同开发者的应用中出现自定义权限重名的情况。自定义权限的操作指导请参阅 7.2.3 节。

5．动态申请敏感权限

动态申请敏感权限基于用户可知可控的原则，需要在应用运行时主动调用系统动态申请权限的接口，其中，系统弹窗由用户授权。用户结合应用运行场景的上下文，识别应用申请相应敏感权限的合理性，从而做出正确的选择。

即使用户向应用授予了请求的权限，应用在调用此权限管控的接口前，也应该先检查自己有无此权限，而不能把之前授予的状态持久化，这是因为用户在动态授予后还可以通过设置取消应用的权限。动态申请敏感权限的操作指导请参阅 7.2.4 节。

6. 约束与限制

① 同一应用自定义权限的个数不能超过 1024。

② 同一应用申请权限的个数不能超过 1024。

③ 为避免与系统权限名冲突，应用自定义权限名不能以 ohos 开头，且权限名长度不能超过 256 字符。

④ 自定义权限的授予方式不能为 user_grant。

⑤ 自定义权限的开放范围不能为 restricted。restricted 含义见 7.2.3 节。

7.2.2　敏感权限与非敏感权限

已在 config.json 文件中声明的非敏感权限会在应用安装时自动授予。该类权限的授权方式为系统授权（system_grant）。

敏感权限需要应用动态申请，通过运行时以发送弹窗的方式请求用户授权。该类权限的授权方式为用户授权（user_grant）。

非敏感权限不涉及用户的敏感数据或危险操作，仅需在 config.json 中声明，应用安装后即被授权。系统自带的非敏感权限见表 7-1。

表 7-1　系统自带的非敏感权限

权限	说明
ohos.permission.GET_NETWORK_INFO	允许应用获取数据网络信息
ohos.permission.GET_WIFI_INFO	允许获取 WLAN 信息
ohos.permission.USE_BLUETOOTH	允许应用查看蓝牙的配置
ohos.permission.DISCOVER_BLUETOOTH	允许应用配置本地蓝牙，并允许其查找远端设备且与之配对
ohos.permission.SET_NETWORK_INFO	允许应用控制数据网络
ohos.permission.SET_WIFI_INFO	允许配置 WLAN 设备
ohos.permission.SPREAD_STATUS_BAR	允许应用以缩略图方式呈现在状态栏
ohos.permission.INTERNET	允许使用网络 socket
ohos.permission.MODIFY_AUDIO_SETTINGS	允许应用程序修改音频设置
ohos.permission.RECEIVER_STARTUP_COMPLETED	允许应用接收设备启动完成广播
ohos.permission.RUNNING_LOCK	允许申请休眠运行锁，并执行相关操作
ohos.permission.ACCESS_BIOMETRIC	允许应用使用生物识别能力进行身份认证
ohos.permission.RCV_NFC_TRANSACTION_EVENT	允许应用接收卡模拟交易事件
ohos.permission.COMMONEVENT_STICKY	允许发布粘性公共事件的权限
ohos.permission.SYSTEM_FLOAT_WINDOW	提供显示悬浮窗的能力
ohos.permission.VIBRATE	允许应用程序使用马达
ohos.permission.USE_TRUSTCIRCLE_MANAGER	允许调用设备间认证能力

表 7-1　系统自带的非敏感权限（续）

权限	说明
ohos.permission.USE_WHOLE_SCREEN	允许通知携带一个全屏 IntentAgent
ohos.permission.SET_WALLPAPER	允许设置静态壁纸
ohos.permission.SET_WALLPAPER_DIMENSION	允许设置壁纸尺寸
ohos.permission.REARRANGE_MISSIONS	允许调整任务栈
ohos.permission.CLEAN_BACKGROUND_PROCESSES	允许根据包名清理相关后台进程
ohos.permission.KEEP_BACKGROUND_RUNNING	允许 Service Ability 在后台继续运行
ohos.permission.GET_BUNDLE_INFO	查询其他应用的信息
ohos.permission.ACCELEROMETER	允许应用程序读取加速度传感器的数据
ohos.permission.GYROSCOPE	允许应用程序读取陀螺仪传感器的数据
ohos.permission.MULTIMODAL_INTERACTIVE	允许应用订阅语音或手势事件
ohos.permission.radio.ACCESS_FM_AM	允许用户获取收音机相关服务
ohos.permission.NFC_TAG	允许应用读写 Tag 卡片
ohos.permission.NFC_CARD_EMULATION	允许应用实现卡模拟功能
ohos.permission.DISTRIBUTED_DEVICE_STATE_CHANGE	允许获取分布式组网内设备的状态变化
ohos.permission.GET_DISTRIBUTED_DEVICE_INFO	允许获取分布式组网内的设备列表和设备信息

访问个人数据（如照片、通讯录、日历、本机号码、短信等）和操作敏感能力（如相机、麦克风、拨打电话、发送短信等）的权限都是敏感权限，需要提示用户进行授权确认，然后方可进行后续数据和能力的获取。敏感权限的申请需要按照动态申请流程向用户申请授权。系统自带的敏感权限见表 7-2。

表 7-2　系统自带的敏感权限

权限	权限分类	说明
ohos.permission.LOCATION	位置	允许应用在前台运行时获取位置信息。如果应用在后台运行时也要获取位置信息，则需要同时申请 ohos.permission.LOCATION_IN_BACKGROUND 权限
ohos.permission.LOCATION_IN_BACKGROUND		允许应用在后台运行时获取位置信息，需要同时申请 ohos.permission.LOCATION 权限
ohos.permission.CAMERA	相机	允许应用使用相机拍摄照片和录制视频
ohos.permission.MICROPHONE	麦克风	允许应用使用麦克风进行录音
ohos.permission.READ_CALENDAR	日历	允许应用读取日历信息
ohos.permission.WRITE_CALENDAR		允许应用在设备上添加、移除或修改日历活动
ohos.permission.ACTIVITY_MOTION	健身运动	允许应用读取用户当前的运动状态

表 7-2　系统自带的敏感权限（续）

权限	权限分类	说明
ohos.permission.READ_HEALTH_DATA	健康	允许应用读取用户的健康数据
ohos.permission.DISTRIBUTED_DATASYNC	分布式数据管理	允许不同设备间的数据交换
ohos.permission.DISTRIBUTED_DATA		允许应用使用分布式数据的能力
ohos.permission.MEDIA_LOCATION	媒体	允许应用访问用户媒体文件中的地理位置信息
ohos.permission.READ_MEDIA		允许应用读取用户外部存储中的媒体文件信息
ohos.permission.WRITE_MEDIA		允许应用写入用户外部存储中的媒体文件信息

7.2.3　自定义权限开发指导

开发者需要在 config.json 文件中的 defPermissions 字段中自定义所需的权限，代码如下。

```
{
    "module": {
        "defPermissions": [
            {
                "name": "com.myability.permission.MYPERMISSION",
                "grantMode": "system_grant",
                "availableScope": ["signature"]
            }, {
            ...
            }
        ]
    }
}
```

权限定义格式采用数组格式，支持同时定义多个权限。自定义权限的个数不能超过 1024。权限定义 defPermissions 字段说明见表 7-3。

表 7-3　权限定义 defPermissions 字段说明

键	值说明	类型	取值范围	默认值	规则约束
name	必填，权限名称。为尽可能地避免重名，采用反向域公司名+应用名+权限名组合的形式	字符串	自定义	无	必填写，若未填则解析失败。权限名长度不能超过 256 个字符。第三方应用不允许填写系统存在的权限，否则安装失败
grantMode	必填，权限授予方式	字符串	user_grant（用户授权）system_grant（系统授权）取值含义请参见表 7-4	system_grant	未填写或填写了取值范围以外的值时，系统自动赋予默认值。不允许第三方应用填写 user_grant，填写后系统会自动赋予默认值

表 7-3　权限定义 defPermissions 字段说明（续）

键	值说明	类型	取值范围	默认值	规则约束
available-Scope	选填，权限限制范围。不填则表示此权限对所有应用开放	字符串数组	signature、privileged、restricted。取值含义请参见表 7-5	空	填写取值范围以外的值时，权限限制范围不生效。由于第三方应用并不在 restricted 的范围内，很少会出现权限定义者不能访问自身定义权限的情况，因此不允许第三方应用填写 restricted
label	选填，权限的简短描述，若未填写，则用到简短描述的地方由权限名取代	字符串	自定义	空	需要多语种适配
description	选填，权限的详细描述，若未填写，则用到详细描述的地方由 label 取代	字符串	自定义	空	需要多语种适配

权限授予方式 grantMode 字段说明见表 7-4。

表 7-4　权限授予方式 grantMode 字段说明

权限授予方式	说明	自定义权限是否可指定该级别	取值样例
system_grant	在 config.json 中声明，安装后系统自动授予	是	GET_NETWORK_INFO、GET_WIFI_INFO
user_grant	在 config.json 中声明，并在使用时动态申请，用户授权后才可使用	否，如自定义则强制修改为 system_grant	CAMERA、MICROPHONE

权限限制范围 availableScope 字段说明见表 7-5。

表 7-5　权限限制范围 availableScope 字段说明

权限限制范围	说明	自定义权限是否可指定该级别	取值样例
restricted	需要开发者申请对应证书后才能被使用的特殊权限	否	WRITE_CONTACTS、READ_CONTACTS
signature	权限定义方和使用方的签名一致。需在 config.json 中声明，由权限管理模块负责签名校验一致后，可使用	是	对应用（或 Ability）操作的系统接口上，由系统定义权限及应用自定义的权限。如：发现某 Ability，连接某 Ability
privileged	预置在系统版本中的特权应用可申请的权限	是	SET_TIME、MANAGE_USER_STORAGE

7.2.4 动态权限申请开发指导

动态权限申请流程如图 7-2 所示。

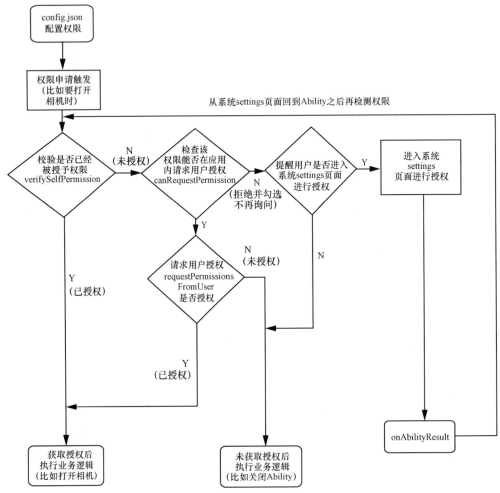

图 7-2 动态权限申请流程

① 在 config.json 文件中声明所需要的权限。

比如分布式流转需要申请权限 ohos.permission.DISTRIBUTED_DATASYNC,代码如下。

```json
"module": {
  "reqPermissions": [
    {
      "name": "ohos.permission.DISTRIBUTED_DATASYNC"
    }
  ],
  ...
}
```

② 使用 ohos.app.Context.verifySelfPermission 接口查询应用是否已被授予该权限。

a. 如果已被授予权限,可以结束权限申请流程。

b. 如果未被授予权限,继续执行下一步。

③ 使用 canRequestPermission 查询是否可动态申请。

a. 如果不可动态申请，说明已被用户或系统永久禁止授权，可以结束权限申请流程。

b. 如果可动态申请，使用 requestPermissionsFromUser 动态申请权限。代码如下。

```
if(verifySelfPermission("ohos.permission.DISTRIBUTED_DATASYNC") != IBundleManager.
PERMISSION_GRANTED) {
    // 应用未被授予权限
    if (canRequestPermission("ohos.permission.DISTRIBUTED_DATASYNC")) {
        // 是否可以申请弹窗授权(首次申请或者用户未选择禁止且不再提示)
        requestPermissionsFromUser(
            new String[] { "ohos.permission.DISTRIBUTED_DATASYNC" } , MY_PERMISSIONS_
REQUEST_DISTRIBUTED_DATASYNC);
    } else {
        // 显示应用需要权限的理由，提示用户进入设置授权
    }
} else {
    // 权限已被授予
}
```

④ 通过重写 ohos.aafwk.ability.Ability 的回调函数 onRequestPermissionsFromUserResult 接收授予结果。代码如下。

```
@Override
public void onRequestPermissionsFromUserResult (int requestCode, String[] permissions,
int[] grantResults) {
    switch (requestCode) {
        case MY_PERMISSIONS_REQUEST_DISTRIBUTED_DATASYNC: {
            // 匹配 requestPermissions 的 requestCode
            if (grantResults.length > 0
                && grantResults[0] == IBundleManager.PERMISSION_GRANTED) {
                // 权限被授予
            } else {
                // 权限被拒绝
            }
            return;
        }
    }
}
```

7.3　JS 分布式开发指导

7.3.1　使用分布式模拟器运行应用

目前，分布式模拟器支持"Phone+Phone""Phone+Tablet"和"Phone+TV"的设备组网方式，开发者可以使用该分布式模拟器来调测具备分布式特性的应用，如应用在设备间的流转。

① 在 DevEco Studio 菜单栏，单击"Tools"→"Device Manager"。

② 在 Remote Emulator 页签中，单击"Login"。在浏览器中弹出华为开发者联盟账号登录页面，输入已实名认证的华为开发者联盟账号的用户名和密码进行登录。

③ 登录后，单击页面的"允许"按钮进行授权。

华为账号授权如图 7-3 所示。

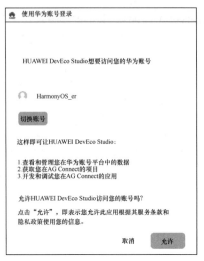

图 7-3　华为账号授权页面

④ 在 Super Device 中，单击设备运行按钮，启动分布式模拟器，如图 7-4 所示。

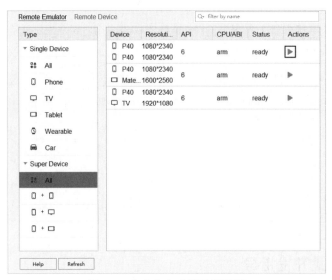

图 7-4　启动分布式模拟器页面

⑤ 在运行应用中，选择"Super App"，如图 7-5 所示，然后单击"Run"→"Run'模块名称'"，或使用默认快捷键"Shift+F10"（Mac 为"Control+R"）运行应用。

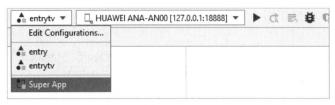

图 7-5　选择"Super App"

⑥ 选择各个模块运行的设备，如图 7-6 所示。

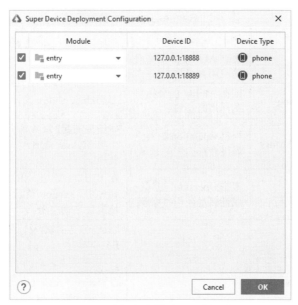

图 7-6　选择各个模块运行的设备

　　⑦ DevEco Studio 启动应用的编译构建，完成后应用即可运行在分布式模拟器上，如图 7-7 所示。

图 7-7　分布式模拟器运行效果

7.3.2　分布式拉起 FA

　　分布式拉起 FA 的发起方必须动态申请权限 ohos.permission.DISTRIBUTED_ DATASYNC，被拉起方无须申请该权限。

1．JS FA 拉起 Java FA

　　分布式允许 JS FA 拉起一个本地或远程的 Java FA。

　　关键调用 API：FeatureAbility.startAbility(OBJECT)。

　　这里的 OBJECT 参数类型为 RequestParams，RequestParams 参数说明见表 7-6。

表 7-6　RequestParams 参数说明

参数	类型	是否必填	说明
bundleName	string	根据 Ability 的全称启动应用时必填	要启动的包名。需和 abilityName 配合使用，区分大小写
abilityName	string	根据 Ability 的全称启动应用时必填	要启动的 Ability 名，区分大小写
entities	Array\<string\>	根据 Operation 的其他属性启动应用时选填	希望被调起的 FA 所归属的实体列表，如果不填，默认查找所有实体列表。需配合 action 使用
action	string	根据 Operation 的其他属性启动应用时必填	在不指定包名及 Ability 名的情况下，可以通过传入 action 值从而根据 Operation 的其他属性启动应用
deviceType	number	否	默认 0：从本地及远端设备中选择要启动的 FA。 1：从本地设备启动 FA。 在有多个 FA 满足条件的情况下，将弹窗由用户选择设备。 备注：startAbilityForResult 仅支持从本地启动，该参数不生效
data	Object	否	指定要传递给对方的参数，需要可被序列化。 所有在 data 中设置的字段，在对端 FA 中均可以直接在 this 下获取。 举例：假设 data.uri = "foo.com"，则对端 FA 中可以通过 this.uri 取得该值
flag	number	否	拉起 FA 时的配置开关，如是否免安装等
url	string	否	拉起 FA 时，指定打开页面的 url。默认直接打开首页

分布式拉起 FA 的使用示例如下。

发起者页面如图 7-8 所示，放置了 3 个 text 组件用来绑定各自的点击事件进行演示。

```
拉起Java FA
拉起JS FA并传参
拉起JS FA并等待返回结果
```

图 7-8　发起者页面

发起者为 JS 项目，代码如下。

```
startJavaFA: async function() {
    let target = {
        bundleName: "com.xdw.calleejava",   //被拉起的 Java FA 的 bundleName
        abilityName: "com.xdw.calleejava.MainAbility",  //被拉起的 Java FA 的完整类
名，即包名+类名
    };
    let result = await FeatureAbility.startAbility(target);
},
```

测试方法：

① 启动分布式模拟器（分布式模拟器设备由两种设备组成，一种是手机，另一种是电视），然后只在手机上同时安装发起方的应用和被拉起方的应用，单击"拉起 Java FA"

按钮，则可以直接拉起。

②　只在手机上安装发起方的应用，卸载之前安装的被拉起方的应用，在电视上安装被拉起方的应用，单击"拉起 Java FA"按钮，则可以直接拉起远端电视上的 Java FA。

③　只在手机上安装发起方的应用，在手机和电视上都安装被拉起方的应用，在电视上安装被拉起方的应用，单击"拉起 Java FA"按钮，此时由于有两个 Java FA 可以被拉起，系统会弹窗给用户，让其选择拉起哪一个，如图 7-9 所示，选择完成即拉起。

图 7-9　选择要拉起的设备

2. JS FA 拉起 JS FA 并且传递参数

分布式允许 JS FA 拉起一个本地或远程的 JS FA，并且可以选择传递参数或者不传。使用的 API 和上面的拉起 Java FA 的 API 一样。

发起方的示例代码如下。

```
startJsFA: async function() {
    //定义要传递的参数
    let actionData = {
        uri: 'www.huawei.com'
    };
    let target = {
        bundleName: "com.example.fbsjscallee",  //被拉起的 JS FA 的 bundleName
        abilityName: "com.example.fbsjscallee.MainAbility", //被拉起的 JS FA 的完整
类名，即包名+类名
        data: actionData
    };
    let result = await FeatureAbility.startAbility(target);
},
```

被拉起方的示例代码如下。

```
onShow() {
    //如果 data 中没有定义接收的参数名则可以直接使用，如果定义了则自动覆盖
    console.info("接收到的分布式传参: "+this.uri);
}
```

上述代码中，发起方传递的数据中定义了一个 uri 参数，接收方没有在 data 中定义，但是可以直接使用 this.uri 进行获取。

测试场景同上面的调用 Java FA 的场景，也支持本地、远端两种形式，如果本地和远端都存在，则会提醒用户进行选择。

3．JS FA 拉起 JS FA 传递参数并等待被拉起方返回运行结果

分布式允许 JS FA 拉起一个本地的 JS FA，并且等待被拉起方返回运行结果，目前只能支持本地。使用场景例如：一个没有定位能力的 FA 可以调用另一个有能力的 FA，调用地图并且获得用户在地图上选择的位置。

使用关键 API：FeatureAbility.startAbilityForResult(OBJECT)和 FeatureAbility.finishWithResult(OBJECT)。

（1）FeatureAbility.startAbilityForResult(OBJECT)说明

startAbilityForResult 参数说明见表 7-7。

表 7-7　startAbilityForResult 参数说明

参数	类型	必填	说明
request	RequestParams	是	启动参数

startAbilityForResult 返回值说明见表 7-8。

表 7-8　startAbilityForResult 返回值说明

返回值	类型	非空	说明
code	number	是	0：成功。 非 0：失败，失败原因见 data

（2）FeatureAbility.finishWithResult(OBJECT)说明

FA 调用该接口以主动结束，同时将运行结果作为参数设置。

finishWithResult 参数说明见表 7-9。

表 7-9　finishWithResult 参数说明

参数	类型	必填	说明
code	number	是	FeatureAbility.startAbilityForResult 接收的运行结果中，包含 code 值如下。 0：成功接收运行结果。 −1：取消接收运行结果。 其他：为开发者根据业务自定义的值
result	Object	否	用户自定义返回结果

finishWithResult 返回值为 JSON 字符串，其说明见表 7-10。

表 7-10　finishWithResult 返回值说明

返回值	类型	非空	说明
code	number	是	非 0：失败，具体原因见 data
data	Object	是	失败：携带错误信息，类型为 String

发起方示例代码如下。

```
startForResult: async function() {
    var result = await FeatureAbility.startAbilityForResult({
        bundleName: "com.example.fbsjscallee",
        abilityName: "com.example.fbsjscallee.MainAbility"
    });
    this.startResult = JSON.stringify(result);
    console.info("startResult="+this.startResult);
  }
```

被拉起方示例代码如下。

```
click(){
    let request = {};
    request.result = {
        contact: "contact information",
        location: "location information"
    };
    FeatureAbility.finishWithResult(100, request);
  }
```

只有主动触发 FeatureAbility.finishWithResult 时，发起方才会收到传递回来的数据，日志如下。

```
app Log: startResult={"code":100,"data":"{\"result\":{\"contact\":\"contact information\",
\"location\":\"location information\"}}"}
```

如果单击系统返回键，发起方 FeatureAbility.finishWithResult 也会收到返回值，其中，code 会为 0，data 为 null，日志如下。

```
app Log: startResult={"code":0,"data":null}
```

7.3.3　分布式迁移

分布式迁移提供了一个主动迁移接口及一系列页面生命周期回调，以支持将本地业务无缝迁移到指定设备中。

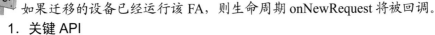
如果迁移的设备已经运行该 FA，则生命周期 onNewRequest 将被回调。

1．关键 API

（1）FeatureAbility.continueAbility()

主动进行 FA 迁移的入口。

continueAbility 返回值为 JSON 字符串，指示是否成功，其说明见表 7-11。

表 7-11　continueAbility 返回值说明

返回值	类型	非空	说明
code	number	是	0：发起迁移成功。 非 0：失败，原因见 data
data	Object	是	成功：返回 null。 失败：携带错误信息，类型为 String

（2）onStartContinuation()

FA 发起迁移时的回调，在此回调中应用可以根据当前状态决定是否迁移。

onStartContinuation 返回值为 Boolean 类型，true 表示允许进行迁移，false 表示不允许迁移。

（3）onSaveData(OBJECT)

保存状态数据的回调，开发者需要往参数对象中填入需迁移到目标设备上的数据。

onSaveData 参数说明见表 7-12，无返回值。

表 7-12　onSaveData 参数说明

参数	类型	必填	说明
savedData	Object	是	出参，可以往其中填入可被序列化的自定义数据

（4）onRestoreData(OBJECT)

恢复发起迁移时 onSaveData 方法保存的数据的回调。

onRestoreData 参数说明见表 7-13，无返回值。

表 7-13　onRestoreData 参数说明

参数	类型	必填	说明
restoreData	Object	是	用于恢复应用状态的对象，其中的数据及结构由 onSaveData 决定

（5）onCompleteContinuation(code)

迁移完成的回调，在调用端被触发，表示应用迁移到目标设备上的结果。

onCompleteContinuation 参数说明见表 7-14，无返回值。

表 7-14　onCompleteContinuation 参数说明

参数	类型	必填	说明
code	number	是	迁移完成的结果。0：成功。−1：失败

2．完整示例

我们用一个完整案例来讲解分布式迁移的开发流程。

需求场景：现在有一个统计图表展示类应用，该应用平常在手机上查看，同时图表底部还配有相关备注说明，内容可以用作演讲和解说。现在需要进行大屏对外演示，在演示解说模式下，大屏只能全屏显示图表，而不显示备注，而手机上只显示用于解说的备注内容。

现在根据需求制订以下模式。

① 完整迁移：两侧显示一样。

② 演示模式：对端显示图表，本地既显示图表又显示备注。

③ 解说模式：对端显示图表，本地只显示备注。

编写 UI 页面，index.html 代码如下。

```html
<!-- index.hml -->
<div class="container">
    <stack class="data-region" show="{{continueAbilityData.chartIsShow}}" onclick=
"tryContinueAbility">
        <image class="data-background" src="common/background.png"></image>
        <chart class="data-bar" type="bar" id="bar-chart" options="{{barOps}}" datasets=
"{{barData}}"></chart>
    </stack>
    <text show="{{continueAbilityData.remarksIsShow}}">{{content}}</text>
</div>
```

index.css 代码如下。

```css
/* xxx.css */
.container {
    flex-direction: column;
```

```
    align-items: center;
}
.data-region {
    flex: 1;
    width: 100%;
}
.data-background {
    object-fit: fill;
}
.data-bar {
    width: 700px;
    height: 400px;
}
```

index.js 代码如下。

```
// xxx.js
export default {
    data: {
        //定义需要迁移的数据
        continueAbilityData:{
            remarksIsShow: true, //标记备注内容是否显示
            chartIsShow: true,   //标记图表是否显示
        }
    },
    //shareData 中的数据在迁移时，会自动迁移到目标设备上
    shareData: {
        content:"我是备注内容，可以用来当作解说的提词器。分布式迁移提供了一个主动迁移接口及一系
列页面生命周期回调，以支持将本地业务无缝迁移到指定设备中。注意：如果迁移的设备上已经运行该 FA，则
生命周期 onNewRequest 将被回调。",
        barData: [
            {
                fillColor: '#f07826',
                data: [763, 550, 551, 554, 731, 654, 525, 696, 595, 628],
            },
            {
                fillColor: '#cce5ff',
                data: [535, 776, 615, 444, 694, 785, 677, 609, 562, 410],
            },
            {
                fillColor: '#ff88bb',
                data: [673, 500, 574, 483, 702, 583, 437, 506, 693, 657],
            },
        ],
        barOps: {
            xAxis: {
                min: 0,
                max: 20,
                display: false,
                axisTick: 10,
            },
            yAxis: {
                min: 0,
                max: 1000,
                display: false,
            },
        },
    },
    //该方法为 SDK 中分布式迁移自带 API
    tryContinueAbility: async function () {
        // 应用进行迁移
        let result = await FeatureAbility.continueAbility();
        console.info("result:" + JSON.stringify(result));
    },
    //该方法为 SDK 中分布式迁移自带 API
    onStartContinuation() {
```

```
        // 判断当前的状态是不是适合迁移
        console.info("onStartContinuation");
        //发起迁移时，设置要迁移的数据，此处设置的是对端显示模式
        this.setMode(2);
        return true;
    },
    //该方法为 SDK 中分布式迁移自带 API
    onCompleteContinuation(code) {
        // 迁移操作完成，code 返回结果,0 代表成功，-1 为失败
        console.info("CompleteContinuation: code = " + code);
        if(code==0){
            //迁移成功之后，更改本地端显示模式
            this.setMode(1);
        }

    },
    //该方法为 SDK 中分布式迁移自带 API
    onSaveData(saveData) {
        // 数据保存到 savedData 中进行迁移
        var data = this.continueAbilityData;
        Object.assign(saveData, data)
    },
    //该方法为 SDK 中分布式迁移自带 API
    onRestoreData(restoreData){
        // 收到迁移数据，恢复
        this.continueAbilityData = restoreData;
    },
    //根据业务需要，设置需要迁移的数据，该方法为自定义业务方法
    //0 为完整迁移，两侧显示一样。1 为演示模式，只迁移图表，不迁移备注。2 为解说模式，图表迁移到对
端，本地只保留文本
    setMode(mode) {
        switch (mode) {
            case 0:
                this.continueAbilityData.remarksIsShow = true;
                this.continueAbilityData.chartIsShow = true;
                break;
            case 1:
                this.continueAbilityData.remarksIsShow = true;
                this.continueAbilityData.chartIsShow = false;
                break;
            case 2:
                this.continueAbilityData.remarksIsShow = false;
                this.continueAbilityData.chartIsShow = true;
                break;
        }
    }
}
```

初次运行之后的效果如图 7-10 所示。

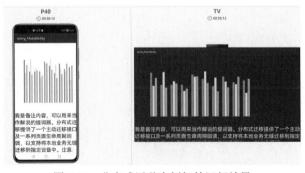

图 7-10　分布式迁移案例初始运行效果

解说模式下，迁移效果如图 7-11 所示。

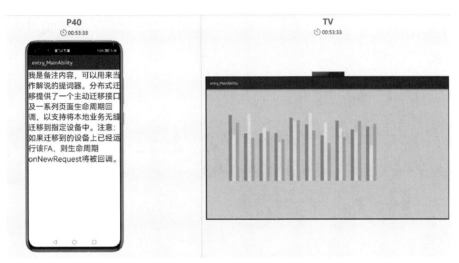

图 7-11　解说模式下的迁移效果

7.3.4　分布式 API 在 FA 生命周期中的位置

分布式 API 在 FA 生命周期中的位置如图 7-12 所示。

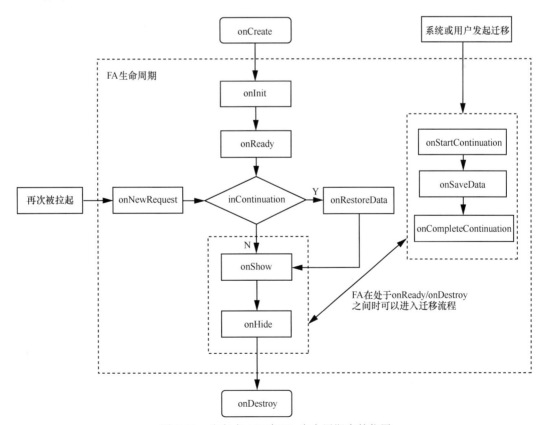

图 7-12　分布式 API 在 FA 生命周期中的位置

第8章
原子化服务与卡片
开发专题

本章主要内容

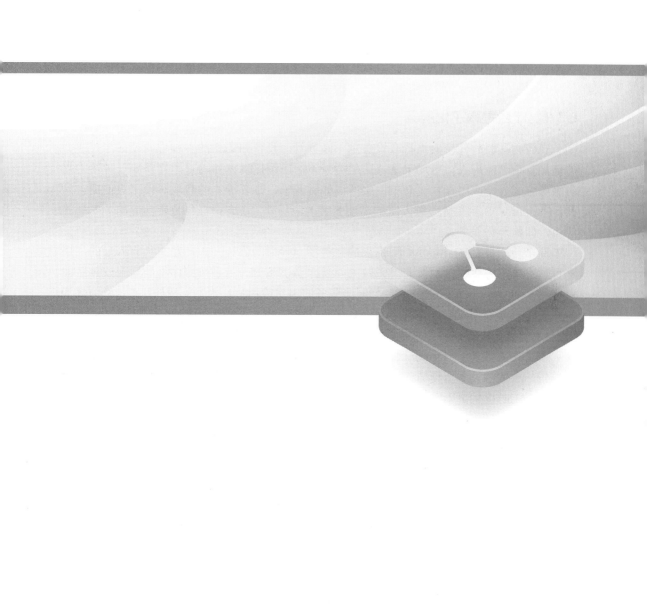

8.1　原子化服务概述

8.1.1　什么是原子化服务

在万物互联时代，人均持有设备量不断攀升，设备和场景的多样性，使应用开发变得更加复杂、应用入口更加丰富。在此背景下，应用提供方和用户迫切需要一种新的提供服务方式，使应用开发更简单、服务（如听音乐、打车等）的获取和使用更便捷。为此，HarmonyOS 除支持传统方式的需要安装的应用外，还支持提供特定功能的免安装的应用，即原子化服务。

原子化服务是 HarmonyOS 提供的一种面向未来的服务方式，是有独立入口的（用户可通过单击方式直接触发）、免安装的（无须显式安装，由系统程序框架后台安装后即可使用）、可为用户提供一个或多个便捷服务的用户应用程序形态。例如：某传统方式的需要安装的购物应用 A，在按照原子化服务理念调整设计后，成为由"商品浏览""购物车""支付"等多个便捷服务组成的、可以免安装的购物原子化服务 A*。

原子化服务基于 HarmonyOS API 开发，支持运行在 1+8+N 设备上，供用户在合适的场景、合适的设备上便捷使用。原子化服务相对于传统方式的需要安装的应用形态更加轻量，同时提供更丰富的入口、更精准的分发。

原子化服务由 1 个或多个 HAP 包组成，1 个 HAP 包对应 1 个 FA 或 1 个 PA。每个 FA 或 PA 均可独立运行，完成 1 个特定功能；1 个或多个功能（对应 FA 或 PA）完成 1 个特定的便捷服务。原子化服务与传统方式的需要安装的应用对比见表 8-1。

表 8-1　原子化服务与传统方式的需要安装的应用对比

项目	原子化服务	传统方式的需要安装的应用
软件包形态	App Pack（.app）	App Pack（.app）
分发平台	由原子化服务平台（Huawei Ability Gallery）管理和分发	由应用市场（AppGallery）管理和分发
安装后有无桌面 icon	无桌面 icon，但可手动添加到桌面，显示形式为服务卡片	有桌面 icon
HAP 包免安装要求	所有 HAP 包（包括 Entry HAP 和 Feature HAP）均需满足免安装要求	所有 HAP 包（包括 Entry HAP 和 Feature HAP）均为非免安装的

8.1.2　原子化服务特征

原子化服务特征有以下 3 个方面。

（1）随处可及

① 服务发现：原子化服务可在服务中心发现并使用。

② 智能推荐：原子化服务可以基于合适场景被主动推荐给用户使用，用户可在服务中心和小艺建议中发现系统推荐的服务。

（2）服务直达

① 原子化服务支持免安装使用。

② 服务卡片：支持用户无须打开原子化服务便可获取服务内重要信息的展示和动态变化，如天气、关键事务备忘、热点新闻列表。

（3）跨设备

① 原子化服务支持运行在 1+8+N 设备上，如手机、平板电脑等设备。

② 支持跨设备分享：例如接入华为分享后，用户可分享原子化服务给好友，好友确认后打开分享的服务。

③ 支持跨端迁移：例如手机上未完成的邮件，迁移到平板电脑继续编辑。

④ 支持多端协同：例如手机用于文档翻页和批注，配合智慧屏显示完成分布式办公；手机作为手柄，与智慧屏配合玩游戏。

8.1.3　原子化服务基础体验

1. 服务中心

为用户提供统一的原子化服务查看、搜索、收藏和管理功能。以手机为例，示意如图 8-1 所示。

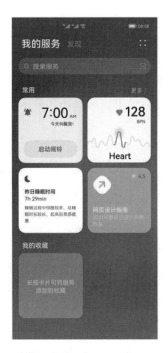

“我的服务”板块：展示常用服　　　“发现”板块：全量的服务供用
务和用户主动收藏的服务　　　　户进行管理和使用

图 8-1　服务中心

2. 服务展示

原子化服务在服务中心以服务卡片的形式展示，用户可将服务中心的服务卡片添加到桌面中快捷访问，示意如图 8-2 所示。

图 8-2　服务展示

8.1.4　原子化服务分布式体验

1. 原子化服务流转

原子化服务同传统方式的应用一样也支持分布式流转。

（1）流转的触发方式

用户触发流转有以下两种方式。

① 系统推荐流转：用户使用应用程序时，所处环境中存在使用体验更优的可选设备，则系统自动为用户推荐该设备，用户可确认是否启动流转，如图 8-3 所示。

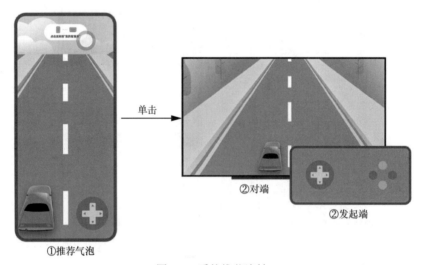

①推荐气泡　　②对端　　②发起端

图 8-3　系统推荐流转

② 用户手动流转：用户可以手动选择合适的设备进行流转。用户单击图标后，会调起系统提供的流转面板。面板中会展示出用户应用程序的信息及可流转的设备，引导用户进行后续的流转操作，如图 8-4 所示。

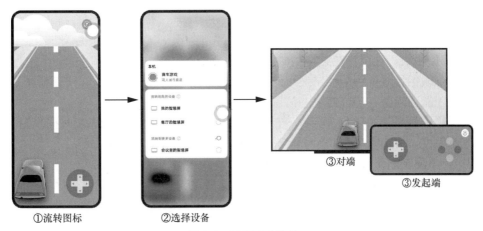

①流转图标　　　　　②选择设备
③对端
③发起端

图 8-4　用户手动流转

（2）流转的技术方案

流转有两种技术方案来满足不同的业务场景。

1）跨端迁移

跨端迁移指在 A 端运行的用户应用程序，迁移到 B 端上并以迁移时的 A 端状态继续运行，然后 A 端用户应用程序退出。请读者参考 7.3.3 节。

2）多端协同

多端协同指多端上的不同 FA/PA 同时运行，或者接替运行实现完整的业务；多端上的相同 FA/PA 同时运行实现完整的业务。目前 JS 上还不支持对端协同，只能使用 Java 开发，本书不进行讲解。

2．原子化服务分享

通过分享的方式，将原子化服务分享到其他设备上，用户确认后可直接免安装启动服务。

华为分享：用户可在原子化服务内选择分享，打开"华为分享"开关后，将原子化服务分享给附近同样打开了"华为分享"开关的好友，好友单击"确认"后直接启动服务，原子化服务分享如图 8-5 所示。

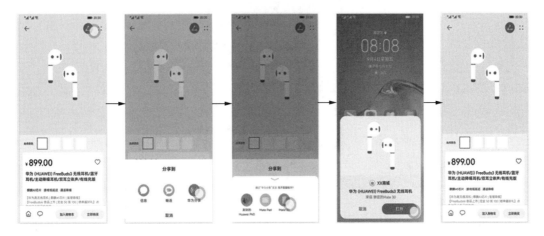

图 8-5　原子化服务分享

8.1.5　原子化服务典型使用场景

1．释放手机，让用户在更合适的设备上享受服务

打车是人们日常生活中经常使用的服务，通常人们在手机上打车，只有查看手机的打车页面才能准确获取司机的状态信息。

有了原子化服务的分布式能力，在手机上打车后，用户将司机状态实时同步到手表，无须查看手机，抬腕即可获取司机状态。

2．大小屏互动协作，打造网课新体验

在新型冠状病毒肺炎疫情防控期间，网课已经成为学生们的日常，上网课的时间越来越长。使用手机/平板电脑上网课，屏幕较小，容易伤害眼睛，且在单一设备上无法获得良好的互动上课体验。

有了原子化服务，学生就可以实现在智慧屏上听老师讲课，在手机/平板电脑上互动答题，极大地提升网课体验，并且有效保护学生的视力。

8.1.6　服务中心简介

服务中心致力于为用户提供使用路径更短、体验更好的服务，向用户展示和发现便捷服务入口。便捷服务入口以服务卡片快照的形式在服务中心呈现。

1．服务中心入口

以手机为例，用户通过屏幕左下角或右下角向侧上方滑动进入服务中心，如图8-6所示。

图 8-6　服务中心入口

2．常用服务

常用服务涵盖用户常用的本地服务和云端推送的服务，为用户提供贴心便捷的服务体验，如图 8-7 所示。

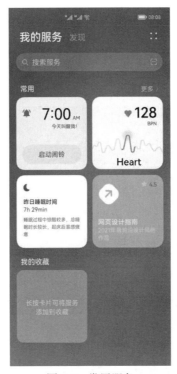

图 8-7　常用服务

3. 我的收藏

我的收藏中收录用户所订阅的服务卡片，通过长按卡片可将服务添加到桌面或取消收藏，如图 8-8 所示。

图 8-8　我的收藏

4．服务发现

用户还可以在发现板块中查找和浏览所有的服务卡片，如图 8-9 所示。服务以卡片（卡片由图标、名称、描述、快照组成）的形式向用户展示。轻点卡片，可以选择将卡片添加到收藏或添加到桌面，随时随地查看信息获取服务。

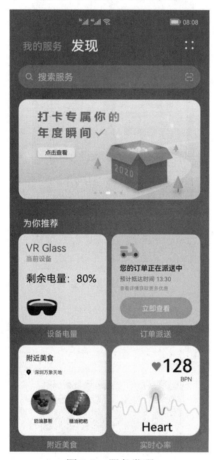

图 8-9　服务发现

8.2　原子化服务总体开发要求与入门

8.2.1　总体开发要求

原子化服务相对于传统方式的需要安装的应用更加轻量，同时提供更丰富的入口、更精准的分发，需要满足一些开发规则要求。

① 【规则 1】原子化服务内所有 HAP 包（包括 Entry HAP 和 Feature HAP）均需满足免安装要求。说明：原子化服务由一个或多个 HAP 包组成，一个 HAP 包对应一个 FA 或 1 个 PA。

　　a．免安装的 HAP 包不能超过 10MB，以提供秒开体验。超过此大小的 HAP 包不符合免安装要求，也无法在服务中心露出。

　　b．通过 DevEco Studio 工程向导创建原子化服务，Project Type 字段选择"Service"。

　　c．对于原子化服务升级场景：版本更新时要保持免安装属性。如果新版本不支持免安装，将不允许新版本发布。

　　d．支持免安装 HAP 包的设备类型见表 8-2。

表 8-2　支持免安装 HAP 包的设备类型

设备类型	是否支持免安装 HAP 包	支持的版本
手机	支持	HarmonyOS 2.0 及以上
平板电脑	支持	HarmonyOS 2.0 及以上
智能穿戴设备	支持	HarmonyOS 2.0 及以上
轻量级智能穿戴设备	不支持	规划中
智慧屏	支持	HarmonyOS 2.0 及以上
车机	不支持	规划中
音箱	不支持	规划中
PC	不支持	规划中
耳机	不支持	规划中
眼镜	不支持	规划中

　　②【规则 2】如果某便捷服务的入口需要在服务中心显现，则该服务对应的 HAP 包必须包含 FA，且 FA 中必须指定一个唯一的 mainAbility（定位为用户操作入口），mainAbility 必须为 Page Ability。同时，mainAbility 中至少配置 2×2（小尺寸）规格的默认服务卡片（也可以同时提供其他规格的卡片）及该便捷服务对应的基础信息（包括图标、名称、描述、快照）。

8.2.2　原子化服务开发入门案例

本书只讲解基于 JS 语言的原子化服务开发。

1．创建原子化服务工程

通过 DevEco Studio 工程向导创建工程，Project Type 字段选择"Service"，同时选择"Show in Service Center"，开发语言使用 JS。这样，工程中将自动指定 mainAbility，并添加默认服务卡片信息，如图 8-10 所示。

2．配置原子化服务的图标、名称、描述信息

在该便捷服务入口的 HAP 包的"config.json"配置文件中，为 mainAbility 配置图标（"icon"）、名称（"label"）、描述（"description"）。其中，"label"标签是便捷服务对用户显示的名称，必须配置，且应以资源索引的方式配置，以支持多语言。不同 HAP 包的

mainAbility 的"label"要唯一，以免造成用户看到多个同名服务而无法区分。此外，"label"的命名应与服务内容强关联，能够通过显而易见的语义看出服务关键内容。

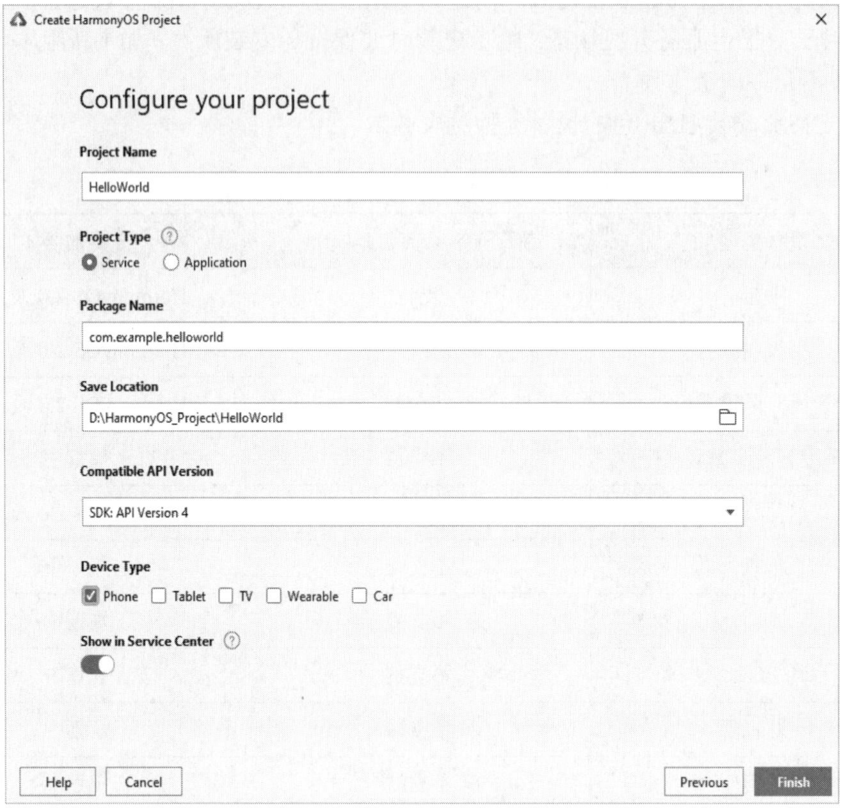

图 8-10　创建原子化服务工程

config.json 的示例代码如下。

```json
{
    ...
    "abilities": [
      {
        "skills": [
          {
            "entities": [
              "entity.system.home"
            ],
            "actions": [
              "action.system.home"
            ]
          }
        ],
        "name": "com.example.xxx.MainAbility",
        "icon": "$media:icon",
        "description": "$string:mainability_description",
        "label": "$string:mainability_label",
        "type": "page",
        "launchType": "standard"
      }
    ],
    ...
}
```

以上示例中，"label""icon"和"description"的意义如下。

"label"：在 entry\src\main\resources\base\element\string.json 中，定义便捷服务对用户显示的名称，然后在 config.json 中以索引方式进行引用。

"icon"：开发者将便捷服务的图标 PNG 文件放至 entry\src\main\resources\base\media 目录，然后在 config.json 中以索引方式进行引用。

"description"：在 entry\src\main\resources\base\element\string.json 中，定义便捷服务简要描述，然后在 config.json 中以索引方式引用。

3．配置便捷服务的快照

mainAbility 中至少配置 2×2 规格的默认服务卡片，该卡片对应的快照图，需要配置为便捷服务的快照入口，用于在服务中心显示。

原子化服务工程创建完成之后，会生成快照（EntryCard）目录，如图 8-11 所示。

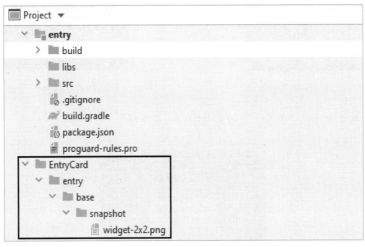

图 8-11　快照（EntryCard）目录

在该目录下，每个拥有快照（EntryCard）的模块，都会生成一个和模块名相同的文件夹，同时还会默认生成一张 2×2 规格的快照（一张 PNG 格式的图片）。开发者可以将其替换为事先设计好的 2×2 规格的快照，样式上应与对应的服务卡片保持一致：将新的快照复制到上图目录下，删除默认图片，新图片命名遵循格式"服务卡片名-2x2.png"。

说明　"服务卡片名"可以通过查看 config.json 文件的 forms 数组中的"name"字段获取。

按照传统应用的运行方式在模拟器上运行上述工程，会发现桌面上不会有该应用图标。

打开服务中心，可以看到该服务，如图 8-12 所示，第一个卡片中的服务就是之前创建的工程。

原子化服务不像传统应用一样在桌面上显示图标，但是可以将服务卡片添加到桌面上，添加方式如图 8-13 所示。

图 8-12　原子化服务运行效果

图 8-13　将原子化服务卡片添加到桌面

服务卡片被添加到桌面之后的效果如图 8-14 所示。

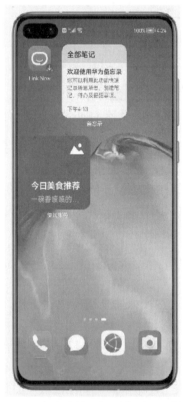

图 8-14　服务卡片被添加到桌面之后的效果

8.3　服务卡片

8.3.1　服务卡片概述

服务卡片（以下简称"卡片"）是 FA 的一种页面展示形式，如图 8-15 所示，用于将 FA 的重要信息或操作前置到卡片，以达到服务直达，减少体验层级的目的。

卡片常用于嵌入其他应用（当前只支持系统应用）中作为其页面的一部分显示，并支持拉起页面、发送消息等基础的交互功能。卡片使用方负责显示卡片。

服务卡片的核心理念在于提供用户容易使用且一目了然的信息内容，将智慧化能力融入服务卡片的体验中供用户选择使用，同时满足卡片在不同终端设备上的展示和自适应。

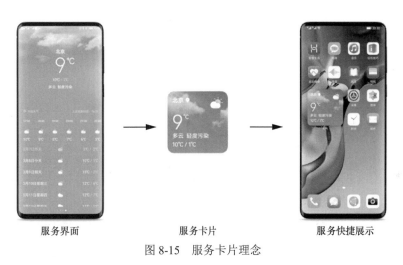

服务界面　　　　　　　　　服务卡片　　　　　　　　服务快捷展示

图 8-15　服务卡片理念

1. 服务卡片的构成

服务卡片的显示主要由内容主体、归属的 App 名称构成，如图 8-16 所示，在临时态下会出现 Pin 钮的操作特征，单击按钮，用户可快捷将卡片固定在桌面显示。开发者应该借助卡片内容和卡片名称清晰地向用户传递所要提供的服务信息。

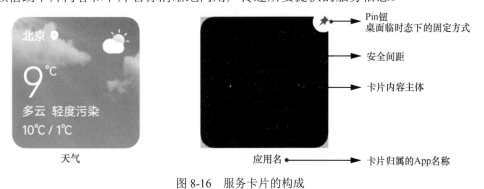

图 8-16　服务卡片的构成

服务卡片在桌面或者服务中心显示的名称为应用名称，不可更改此名称的展示规则。

2．服务卡片尺寸

服务卡片支持多种卡片尺寸，分别为微卡片、小卡片、中卡片、大卡片。卡片展示的尺寸大小分别对应桌面不同的宫格数量，微卡片对应 1×2 宫格，小卡片对应 2×2 宫格，中卡片对应 2×4 宫格，大卡片对应 4×4 宫格。服务卡片尺寸见表 8-3。

表 8-3　服务卡片尺寸

卡片尺寸	对应宫格数
微卡片	1×2 宫格
小卡片	2×2 宫格
中卡片	2×4 宫格
大卡片	4×4 宫格

同一个应用还支持多种不同类型的服务卡片，不同尺寸与类型可以通过卡片管理页面进行切换和选择，如图 8-17 所示。上滑应用图标展示的默认卡片的尺寸由开发者指定。

微　　　　　　小　　　　　　　中　　　　　　　　大

图 8-17　服务卡片尺寸

3．基本概念

（1）卡片提供方

提供卡片显示内容的 HarmonyOS 应用或原子化服务，控制卡片的显示内容、控件布局以及控件单击事件。

（2）卡片使用方

显示卡片内容的宿主应用，控制卡片在宿主中展示的位置。

（3）卡片管理服务

用于管理系统中所添加卡片的常驻代理服务，包括卡片对象的管理与使用，以及卡片周期性刷新等。

> **说明**
> 卡片使用方和提供方不要求常驻运行，在需要添加/删除/请求更新卡片时，卡片管理服务会拉起卡片提供方获取卡片信息。

4．运作机制

服务卡片运作机制如图 8-18 所示。

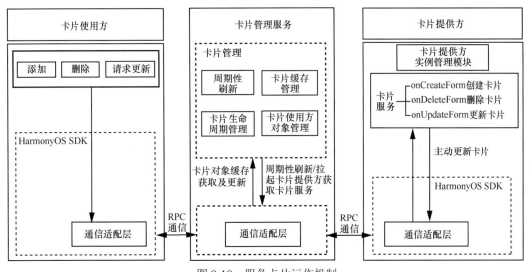

图 8-18　服务卡片运作机制

① 卡片管理服务包含以下模块。

a. 周期性刷新：添加卡片后，根据卡片的刷新策略启动定时任务周期性触发卡片的刷新。

b. 卡片缓存管理：把卡片添加到卡片管理服务后，缓存卡片的视图信息，以便下次获取卡片时可以直接返回缓存数据，降低时延。

c. 卡片生命周期管理：卡片切换到后台或者被遮挡时，暂停卡片的刷新；卡片的升级/卸载场景下对卡片数据进行更新和清理。

d. 卡片使用方对象管理：对卡片使用方的 RPC 对象进行管理，用于使用方请求进行校验以及对卡片更新后的回调处理。

e. 通信适配层：负责与卡片使用方和提供方进行 RPC 通信。

② 卡片提供方包含以下模块。

a. 卡片服务：由卡片提供方开发者实现 onCreateForm、onUpdateForm 和 onDeleteForm，处理创建卡片、更新卡片以及删除卡片等请求，提供相应的卡片服务。

b. 卡片提供方实例管理模块：由卡片提供方开发者实现，负责对卡片管理服务分配的卡片实例进行持久化管理。

c. 通信适配层：由 HarmonyOS SDK 提供，负责与卡片管理服务通信，用于将卡片的更新数据主动推送到卡片管理服务。

8.3.2　服务卡片开发简介

1．场景介绍

开发者仅需作为卡片提供方进行服务卡片内容的开发，卡片使用方和卡片代理服务由系统自动处理。

卡片提供方控制卡片实际显示的内容、控件布局以及控件单击事件。开发者可以通过集成以下接口来提供卡片服务。

2．接口说明

HarmonyOS 中的服务卡片为卡片提供方开发者提供以下接口功能，详见表 8-4。

表 8-4　卡片提供方接口功能介绍

类名	接口名	描述
Ability	ProviderFormInfo onCreateForm(Intent intent)	卡片提供方接收创建卡片通知接口
	void onUpdateForm(long formId)	卡片提供方接收更新卡片通知接口
	void onDeleteForm(long formId)	卡片提供方接收删除卡片通知接口
	void onTriggerFormEvent (long formId, String message)	卡片提供方处理卡片事件接口（JS 卡片使用）
	boolean updateForm (long formId, ComponentProvider component)	卡片提供方主动更新卡片（Java 卡片使用）
	boolean updateForm (long formId, FormBindingData formBindingData)	卡片提供方主动更新卡片（JS 卡片使用），仅更新 formBindingData 中携带的信息，卡片中其余信息保持不变
	void onCastTempForm(long formId)	卡片提供方接收临时卡片转常态卡片通知（预留接口，当前版本无触发场景，不会回调）
	void onEventNotify(Map<Long, Integer> formEvents)	卡片提供方接收到事件通知，其中 Ability.FORM_VISIBLE 表示卡片可见通知，Ability.FORM_INVISIBLE 表示卡片不可见通知
	FormState onAcquireFormState(Intent intent)	卡片提供方接收查询卡片状态通知接口。默认返回卡片初始状态
Provider FormInfo	ProviderFormInfo(int resId, Context context)	Java 卡片返回对象构造函数
	ProviderFormInfo()	JS 卡片返回对象构造函数
	void mergeActions(ComponentProvider componentProviderActions)	在提供方侧调用该接口，将开发者在 ComponentProvider 中设置的 actions 配置数据合并到当前对象中
	void setJsBindingData(FormBindingData data)	设置 JS 卡片的内容信息（JS 卡片使用）

其中，onEventNotify 仅系统应用才会回调，其他接口回调时机如图 8-19 所示。

说明

卡片管理服务不负责保持卡片的活跃状态（设置了定时更新的除外），当使用方作出相应的请求时，管理服务会拉起提供方并回调相应接口。

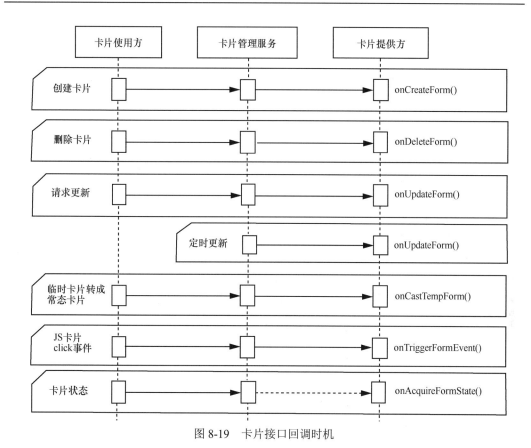

图 8-19　卡片接口回调时机

3. Java 卡片与 JS 卡片选型指导

Java 卡片指使用 Java 开发服务卡片功能，JS 卡片指使用 JS 开发服务卡片功能。目前，JS 卡片有一部分代码必须依托 Java 实现，但 UI 部分可以完全使用 JS 实现。

Java/JS 卡片场景能力差异见表 8-5。

表 8-5　Java/JS 卡片场景能力差异

场景	Java 卡片	JS 卡片
实时刷新（类似时钟）	Java 使用 ComponentProvider 做实时刷新，代价比较大	JS 可以做到端侧刷新，但是需要定制化组件
开发方式	Java UI 在卡片提供方需要同时对数据和组件进行处理，生成 ComponentProvider 远端渲染	JS 卡片在使用方加载渲染，提供方只要处理数据、组件和逻辑分离
组件支持	Text、Image、DirectionalLayout、PositionLayout、DependentLayout	div、list、list-item、swiper、stack、image、text、span、progress、button（定制：chart、clock、calendar）
卡片内动态效果	不支持	暂不开放
阴影模糊	不支持	支持
动态适应布局	不支持	支持
自定义卡片跳转页面	不支持	支持

综上所述，JS 卡片比 Java 卡片支持的控件和能力都更丰富。

① Java 卡片：适合作为一个直达入口，没有复杂的页面和事件。

② JS 卡片：适合有复杂页面的卡片。

本书只讲解 JS 卡片开发。

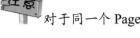 对于同一个 Page Ability，在 config.json 中最多支持配置 16 张卡片。

8.3.3　JS 卡片开发指导

1．创建服务卡片

DevEco Studio 提供服务卡片的一键创建功能，可以快速创建和生成服务卡片模板。

① 对于创建新工程，可以在工程向导中选择 "Show in Service Center"，如图 8-20 所示，该参数表示是否在服务中心显现。如果 Project Type 为 Service，则会同步创建一个 2×2 规格的服务卡片模板，同时还会创建入口卡片；如果 Project Type 为 Application，则只会创建一个 2×2 规格的服务卡片模板。

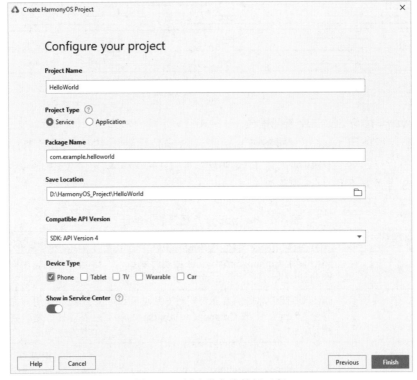

图 8-20　创建带卡片的新工程

② 在已有工程中添加新模块，也可以添加服务卡片和 EntryCard，只需在创建模块时，选择 "Show in Service Center"。创建出来的服务卡片和 EntryCard，同创建新工程生成的一致。

③ 在已有工程中，添加服务卡片可以通过以下方法进行。

打开一个工程，创建服务卡片模板，创建方法包括以下两种方式。

a. 选择模块（如 Entry 模块）下的任意文件，单击菜单栏"File"→"New"→"Service Widget"创建服务卡片。

b. 选择模块（如 Entry 模块）下的任意文件，单击鼠标右键"New"→"Service Widget"创建服务卡片。

在 Choose a template for your service widget 页面中，选择需要创建的卡片模板，单击"Next"按钮，如图 8-21 所示。

图 8-21　选择服务卡片模板

在 Configure Your Service Widget 页面中，配置卡片的基本信息，如图 8-22 所示，包括以下内容。

a. Service Widget Name：卡片的名称，在同一个 FA 中，卡片名称不能重复，且只能包含数字、字母和下划线。

b. Description：卡片的描述信息。

c. Select Ability/New Ability：选择一个挂靠服务卡片的 Page Ability，或者创建一个新的 Page Ability。

d. Type：卡片的开发语言类型。

e. JS Component Name：Type 选择 JS 时需要设置卡片的 JS Component 名称。

f. Support Dimensions：选择卡片的规格，同时还可以查看卡片的效果预览图。部分卡片支持同时设置多种规格。

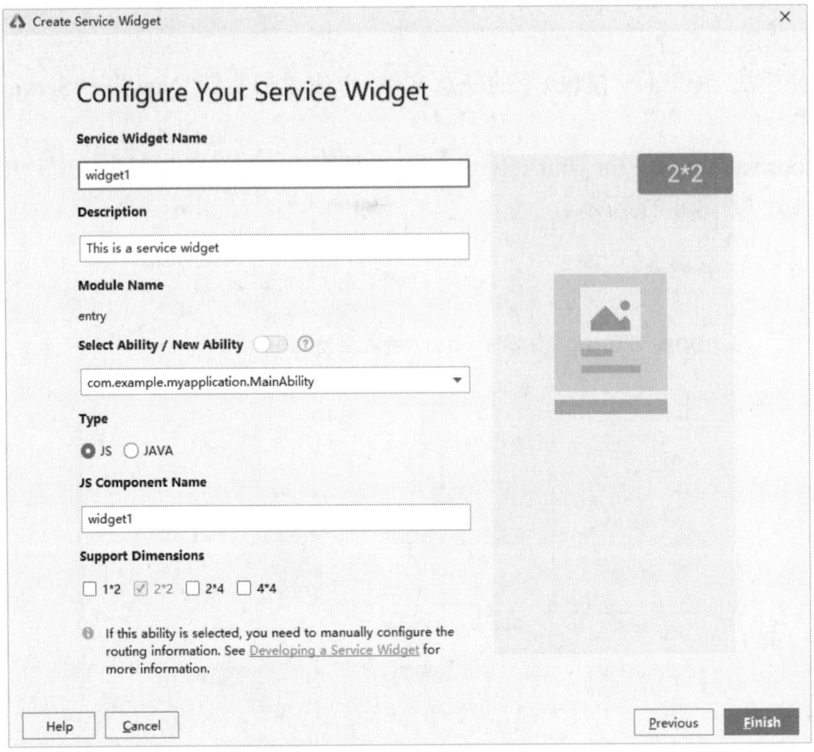

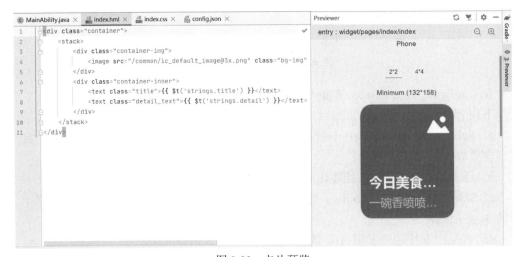

图 8-22　配置卡片基本信息

　　单击"Finish"按钮完成卡片的创建。创建完成后，工具会自动创建出服务卡片的布局文件，并在 config.json 文件中写入服务卡片的属性字段。

　　创建完卡片，服务卡片通过 XML（Java 方式开发时的布局文件）或者 JS 布局设计时，可以使用预览器进行预览，如图 8-23 所示。

图 8-23　卡片预览

2．config.json 下的卡片相关配置

创建成功后，在 config.json 的 module 中会生成 JS 模块，用于配置对应卡片的 JS 相关资源，配置示例如下。

```
"js": [
  {
    "name": "card",
    "pages": [
      "pages/index/index"
    ],
    "window": {
      "designWidth": 720,
      "autoDesignWidth": true
    },
    "type": "form"
  }
]
```

config.json 文件"abilities"配置 forms 模块细节如下，其属性说明见表 8-6。

```
"forms": [
  {
    "name": "Form_Js",
    "description": "form_description",
    "type": "JS",
    "jsComponentName": "card",
    "formConfigAbility": "ability://com.huawei.demo.SecondFormAbility",
    "colorMode": "auto",
    "isDefault": true,
    "updateEnabled": true,
    "scheduledUpdateTime": "10:30",
    "updateDuration": 1,
    "defaultDimension": "2*2",
    "supportDimensions": [
      "2*2",
      "2*4",
      "4*4"
    ],
    "metaData": {
      "customizeData": [
        {
          "name": "originWidgetName",
          "value": "com.huawei.weather.testWidget"
        }
      ]
    }
  }
]
```

说明
　　配置文件中，应注意以下配置。

"js"模块中的 name 字段要与"forms"模块中的 jsComponentName 字段的值一致，为 js 资源的实例名。

"forms"模块中的 name 为卡片名，即在 onCreateForm 中根据 AbilitySlice.PARAM_FORM_NAME_KEY 可取到的值。

卡片的 Ability 中还需要配置"visible": true 和"formsEnabled": true。

定时刷新和定点刷新都配置的情况下，定时刷新优先。

defaultDimension 是默认规格，必须设置。

forms 模块的属性说明见表 8-6。

表 8-6　forms 模块的属性说明

属性	子属性	含义	数据类型	是否可缺省
name	—	表示卡片的类名。字符串最大长度为 127 个字节	字符串	否
description	—	表示卡片的描述。取值可以是描述性内容，也可以是对描述性内容的资源索引，以支持多语言。字符串最大长度为 255 个字节	字符串	可缺省，缺省为空
isDefault	—	表示该卡片是否为默认卡片，每个 Ability 有且只有一个默认卡片。true：默认卡片。false：非默认卡片	布尔型	否
type	—	表示卡片的类型。取值范围如下。Java：Java 卡片。JS：JS 卡片	字符串	否
colorMode	—	表示卡片的主题样式，取值范围如下。auto：自适应。dark：深色主题。light：浅色主题	字符串	可缺省，缺省值为"auto"
supportDimensions	—	表示卡片支持的外观规格，取值范围如下。1×2：表示 1 行 2 列的二宫格。2×2：表示 2 行 2 列的四宫格。2×4：表示 2 行 4 列的八宫格。4×4：表示 4 行 4 列的十六宫格	字符串数组	否
defaultDimension	—	表示卡片的默认外观规格，取值必须在该卡片 supportDimensions 配置的列表中	字符串	否
landscapeLayouts	—	表示卡片外观规格对应的横向布局文件，与 supportDimensions 中的规格一一对应。仅当卡片类型为 Java 卡片时，需要配置该标签	字符串数组	否
portraitLayouts	—	表示卡片外观规格对应的竖向布局文件，与 supportDimensions 中的规格一一对应。仅当卡片类型为 Java 卡片时，需要配置该标签	字符串数组	否

表 8-6　forms 模块的属性说明（续）

属性	子属性	含义	数据类型	是否可缺省
updateEnabled	—	表示卡片是否支持周期性刷新，取值范围。 true：表示支持周期性刷新，可以在定时刷新（updateDuration）和定点刷新（scheduledUpdateTime）两种方式任选其一，优先选择定时刷新。 false：表示不支持周期性刷新	布尔型	否
scheduledUpdateTime	—	表示卡片的定点刷新的时刻，采用 24 小时制，精确到分	字符串	可缺省，缺省值为 "0：0"
updateDuration	—	表示卡片定时刷新的更新周期，单位为 30 min，取值为自然数。当取值为 0 时，表示该参数不生效。 当取值为正整数 N 时，表示刷新周期为 30×N min	数值	可缺省，缺省值为 "0"
formConfigAbility	—	表示卡片的配置跳转链接，采用 URI 格式	字符串	可缺省，缺省值为空
jsComponentName	—	表示 JS 卡片的 Component 名称。字符串最大长度为 127 个字节。仅当卡片类型为 JS 卡片时，需要配置该标签	字符串	否
metaData	—	表示卡片的自定义信息，包含 customizeData 数组标签	对象	可缺省，缺省值为空
customizeData	—	表示自定义的卡片信息	对象数组	可缺省，缺省值为空
	name	表示数据项的名称。字符串最大长度为 255 个字节	字符串	可缺省，缺省值为空
	value	表示数据项的值。字符串最大长度为 255 个字节	字符串	可缺省，缺省值为空

3. 工程目录结构

创建卡片之后的工程目录结构如图 8-24 所示。其中 js 目录下为卡片 UI 页面，java 目录下除了默认创建的一个 MainAbility 之外，还有 3 个类，分别为 FormController、WidgetImpl 和 FormControllerManager。FormController 为卡片控制器，它是一个抽象类，定义了一系列处理卡片业务的抽象方法；WidgetImpl 为 FormController 的实现类，工程创建多个卡片的时候，则包含多个实现类；FormControllerManager 为卡片控制管理器，用来管理各个卡片控制器的实例，从而调用各卡片中的 API。

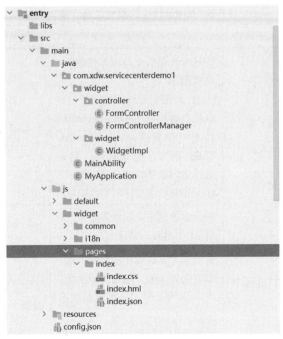

图 8-24　卡片工程目录结构

自动创建的卡片绑定的 Ability 中会自动重写以下 4 个函数。

① onCreateForm(Intent intent)。

② onUpdateForm(long formId)。

③ onDeleteForm(long formId)。

④ onTriggerFormEvent(long formId, String message)。

示例如下。

```
package com.xdw.servicecenterdemo1;

import ohos.aafwk.ability.FormState;
import ohos.ace.ability.AceAbility;
import ohos.aafwk.content.Intent;
import com.xdw.servicecenterdemo1.widget.controller.FormController;
import com.xdw.servicecenterdemo1.widget.controller.FormControllerManager;
import ohos.aafwk.ability.AbilitySlice;
import ohos.aafwk.ability.ProviderFormInfo;
import ohos.hiviewdfx.HiLog;
import ohos.hiviewdfx.HiLogLabel;

public class MainAbility extends AceAbility {
    public static final int DEFAULT_DIMENSION_2X2 = 2;
    private static final int INVALID_FORM_ID = -1;
    private static final HiLogLabel TAG = new HiLogLabel(HiLog.DEBUG, 0x0,
MainAbility.class.getName());
    private String topWidgetSlice;

    @Override
    public void onStart(Intent intent) {
        super.onStart(intent);
    }

    @Override
    public void onStop() {
        super.onStop();
```

```
    }

    @Override
    protected ProviderFormInfo onCreateForm(Intent intent) {
        //创建卡片，如需要绑定数据可以进行数据绑定
        HiLog.info(TAG, "onCreateForm");
        long formId = intent.getLongParam(AbilitySlice.PARAM_FORM_IDENTITY_KEY,
INVALID_FORM_ID);
        String formName = intent.getStringParam(AbilitySlice.PARAM_FORM_NAME_KEY);
        int dimension = intent.getIntParam(AbilitySlice.PARAM_FORM_DIMENSION_KEY,
DEFAULT_DIMENSION_2X2);
        HiLog.info(TAG, "onCreateForm: formId=" + formId + ",formName=" + formName);
        FormControllerManager formControllerManager = FormControllerManager.getInstance
(this);
        FormController formController = formControllerManager.getController(formId);
        formController = (formController == null) ? formControllerManager.
createFormController(formId,
            formName, dimension) : formController;
        if (formController == null) {
            HiLog.error(TAG, "Get null controller. formId: " + formId + ", formName:
" + formName);
            return null;
        }
        return formController.bindFormData(formId);
    }

    @Override
    protected void onUpdateForm(long formId) {
        // 若卡片支持定时更新/定点更新/卡片使用方主动请求更新功能，则提供方需要覆写该方法以支持数
据更新
        HiLog.info(TAG, "onUpdateForm");
        super.onUpdateForm(formId);
        FormControllerManager formControllerManager = FormControllerManager.getInstance
(this);
        FormController formController = formControllerManager.getController(formId);
        formController.onUpdateFormData(formId);
    }

    @Override
    protected void onDeleteForm(long formId) {
        // 删除卡片实例数据
        HiLog.info(TAG, "onDeleteForm: formId=" + formId);
        super.onDeleteForm(formId);
        FormControllerManager formControllerManager = FormControllerManager.getInstance
(this);
        FormController formController = formControllerManager.getController(formId);
        formController.onDeleteForm(formId);
        formControllerManager.deleteFormController(formId);
    }

    @Override
    protected void onTriggerFormEvent(long formId, String message) {
        // 若卡片支持触发事件，则需要覆写该方法并实现对事件的触发
        HiLog.info(TAG, "onTriggerFormEvent: " + message);
        super.onTriggerFormEvent(formId, message);
        FormControllerManager formControllerManager = FormControllerManager.getInstance
(this);
        FormController formController = formControllerManager.getController(formId);
        formController.onTriggerFormEvent(formId, message);
    }

    @Override
    public void onNewIntent(Intent intent) {
        // Only response to it when starting from a service widget.
        if (intentFromWidget(intent)) {
            String newWidgetSlice = getRoutePageSlice(intent);
```

```
            if (topWidgetSlice == null || !topWidgetSlice.equals(newWidgetSlice)) {
                topWidgetSlice = newWidgetSlice;
                restart();
            }
        } else {
            if (topWidgetSlice != null) {
                topWidgetSlice = null;
                restart();
            }
        }
    }

    private boolean intentFromWidget(Intent intent) {
        long  formId  =  intent.getLongParam(AbilitySlice.PARAM_FORM_IDENTITY_KEY,
INVALID_FORM_ID);
        return formId != INVALID_FORM_ID;
    }

    private String getRoutePageSlice(Intent intent) {
        long  formId  =  intent.getLongParam(AbilitySlice.PARAM_FORM_IDENTITY_KEY,
INVALID_FORM_ID);
        if (formId == INVALID_FORM_ID) {
            return null;
        }
        FormControllerManager formControllerManager = FormControllerManager. getInstance
(this);
        FormController formController = formControllerManager.getController(formId);
        if (formController == null) {
            return null;
        }
        Class<? extends  AbilitySlice>  clazz  =  formController.getRoutePageSlice
(intent);
        if (clazz == null) {
            return null;
        }
        return clazz.getName();
    }

}
```

可以看到上述重写的 4 个方法内部都有对 FormController 的实例方法的调用，实际对应的真正业务实现最终落实到了各个卡片对应的 FormController 的实现类中，比如自动创建的 WidgetImpl 实现类。因此在实际开发中，如果做卡片相关的业务比如数据绑定、数据更新以及事件通知的时候，Ability 的代码可以不动，而是在 FormController 的实现类中进行这些方法的重写，后面讲解数据绑定和数据更新的时候会提供示例。同时这里的 FormController 以及 FormControllerManager 代码都不用动，一般情况只需要修改实现类的代码即可。

4．开发 JS 卡片页面

JS 卡片页面与普通 FA 类似，都通过 HML+CSS+JSON 开发。这里介绍几个与普通 FA 开发不同的重要语法。

① JS 卡片目前仅支持以下组件，见表 8-7。

表 8-7　JS 卡片支持的组件

容器组件	基础组件
badge,div,list,list-item,stack,swiper	button,calendar,chart,clock,divider,image,input,progress,span,text

②CSS 选择器目前仅支持#id 和.class。

③通用事件目前仅支持 click。

HML 基础示例如下。

```html
<div class="container">
    <stack class="stack_container">
        <image class = "img" src="common/clouds.png"></image>
        <div style="flex-direction: column;">
            <text class="txt_city" onclick="messageEvent">{{city}}</text>
            <text class="txt_temperature" onclick="routerEvent">{{temperature}}</text>
        </div>
    </stack>
</div>
```

CSS 基础示例如下。

```css
.container {
    flex-direction: column;
    justify-content: center;
    align-items: center;
}

.stack_container {
    width: 100%;
    height: 100%;
    background-image: url("/common/weather-background-day.png");
    background-size: cover;
}
```

JSON 基础示例如下。

```json
{
    "data": {
        "temperature": "35°",
        "city": "hangzhou"
    },
    "actions": {
        "routerEvent": {
            "action": "router",
            "abilityName": "com.example.myapplication.FormAbility",
            "params": {
                "message": "weather"
            }
        },
        "messageEvent": {
            "action": "message",
            "params": {
                "message": "weather update"
            }
        }
    }
}
```

5. 卡片数据初始化绑定

当卡片创建时绑定数据（可以根据卡片的大小、类型进行判断），可以给不同大小的卡片初始化不同的数据，重写 FormController 实现类的 bindFormData 方法即可。示例如下。

```java
    @Override
    public ProviderFormInfo bindFormData(long formId) {
        //重写 FormController 中的 bindFormData 方法进行数据绑定
        HiLog.info(TAG, "bind form data");
        ProviderFormInfo providerFormInfo = new ProviderFormInfo();
```

```
//可以根据需要对卡片的大小、类型进行判断来选择性的初始化数据
//zsonObject 中的 key 要对应 JS 文件中 data 的 key
if (dimension == DEFAULT_DIMENSION_2X2) {
    ZSONObject zsonObject = new ZSONObject();
    zsonObject.put("temperature", 22);
    providerFormInfo.setJsBindingData(new FormBindingData(zsonObject));
}
return providerFormInfo;
}
```

上述代码中，zsonObject 对象中的 key 和 JS 文件中 data 的 key 保持一致。

6. 卡片数据更新

当卡片应用需要更新数据时（如触发了定时更新或定点更新），卡片应用获取最新数据，并调用 updateForm 接口更新卡片，重写 FormController 实现类的 onUpdateFormData (long formId)方法即可。重写示例如下。

```
@Override
public void onUpdateFormData(long formId) {
    HiLog.info(TAG, "update form data: formId" + formId);
    super.onUpdateFormData(formId);
    ZSONObject zsonObject = new ZSONObject();
    zsonObject.put("temperature", 33);
    FormBindingData formBindingData = new FormBindingData(zsonObject);
    //调用 updateForm 接口更新对应的卡片，仅更新入参中携带的数据信息，其他信息保持不变
    //注意 updateForm 是 Ability 的 API，这里可以在获取到 context 对象之后进行调用
    try {
        ((Ability)super.context).updateForm(formId,formBindingData);
    } catch (FormException e) {
        e.printStackTrace();
    }
}
```

7. 开发 JS 卡片事件和 action

JS 卡片支持为组件设置 action，包括 router 事件和 message 事件，其中，router 事件用于应用跳转，message 事件用于卡片开发人员自定义单击事件。关键步骤说明如下。

① 在 HML 文件中为组件设置 onclick 属性，其值对应到 JSON 文件的 actions 字段中。

② 若设置 router 事件，则

a. action 属性值为"router"；

b. abilityName 为卡片提供方应用的跳转目标 Ability 名；

c. params 中的值按需填写，其值在使用时通过 intent.getStringParam("params")获取即可。

③ 若设置 message 事件，则 action 属性值为"message"，params 为 JSON 格式的值。示例如下。

```
html:
<div>
    <text class="txt_city" onclick="messageEvent">{{city}}</text>
    <text class="txt_temperature" onclick="routerEvent">{{temperature}}</text>
</div>
```

当单击组件触发 message 事件时，卡片应用的 onTriggerFormEvent 方法被触发，params 属性的值将作为参数被传入，解析使用即可。

说明

message 事件由用户自定义，虽然可以在收到 message 事件后跳转到其他 Ability，但是由于 Ability 在后台，跳转其他页面会有一定延迟，而且卡片使用方定义的动效是不

生效的，宿主侧定义的动效仅在 router 事件的跳转中生效，因此，不建议通过 message 事件进行页面跳转。

如果想要保证动效，使用 routerEvent。routerEvent 配置跳转链接时，只能配置到卡片提供方自己的 Ability 中。

8. 卡片信息持久化

因大部分卡片提供方都不是常驻服务，只有在需要使用时才会被拉起获取卡片信息，且卡片管理服务支持对卡片进行多实例管理，卡片 ID 对应实例 ID，所以若卡片提供方支持对卡片数据进行配置，则需要对卡片的业务数据按照卡片 ID 进行持久化管理，以便在后续获取、更新以及拉起时能获取到正确的卡片业务数据，且需要适配 onDeleteForm(long formId)卡片删除通知接口，在其中实现卡片实例数据的删除。

① 常态卡片：卡片使用方会持久化的卡片。

② 临时卡片：卡片使用方不会持久化的卡片。

需要注意的是，卡片使用方在请求卡片时传递给提供方应用的 Intent 数据中存在临时标记字段，表示此次请求的卡片是否为临时卡片。由于临时卡片的数据具有非持久化的特殊性，某些场景比如卡片服务框架死亡重启，此时临时卡片数据在卡片管理服务中已经删除，且对应的卡片 ID 不会通知到提供方，因此卡片提供方需要自己负责清理长时间未删除的临时卡片数据。同时对应的卡片使用方可能会将之前请求的临时卡片转换为常态卡片。如果转换成功，卡片提供方也需要对对应的临时卡片 ID 进行处理，把卡片提供方记录的临时卡片数据转换为常态卡片数据，防止提供方在清理长时间未删除的临时卡片时，把已经转换为常态卡片的临时卡片信息删除，导致卡片信息丢失。

卡片绑定 Ability 的代码示例如下。

```
@Override
protected ProviderFormInfo onCreateForm(Intent intent) {
    long formId = intent.getIntParam(AbilitySlice.PARAM_FORM_IDENTITY_KEY, -1L);
    String formName = intent.getStringParam(AbilitySlice.PARAM_FORM_NAME_KEY);
    int specificationId = intent.getIntParam(AbilitySlice.PARAM_FORM_DIMENSION_KEY, 0);
    boolean tempFlag = intent.getBooleanParam(AbilitySlice.PARAM_FORM_TEMPORARY_KEY,
false);
    HiLog.info(LABEL_LOG, "onCreateForm: " + formId + " " + formName + " " + specificationId);

    ......
    // 由开发人员自行实现，将创建的卡片信息持久化，以便在下次获取、更新该卡片实例时进行使用
    storeFormInfo(formId, formName, specificationId, formData);
    ......
    HiLog.info(LABEL_LOG, "onCreateForm finish......");
    return formInfo;
}
@Override
protected void onDeleteForm(long formId) {
    super.onDeleteForm(formId);
    // 由开发人员自行实现，删除卡片实例数据
    deleteFormInfo(formId);
    ......
}
@Override
protected void onCastTempForm(long formId) {
    // 使用方将临时卡片转换为常态卡片触发，提供方需要做相应的处理
    super.onCastTempForm (formId);
    ......
}
```

8.3.4　智能家居卡片开发案例

智能家居卡片开发步骤如下。

① 创建工程。

创建一个原子化服务工程，创建完成之后再创建一个卡片，即本工程具有两个卡片。最终的工程目录结构如图 8-25 所示。

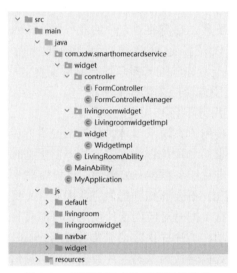

图 8-25　智能家居卡片工程目录结构

图 8-25 中 widget 为默认自带的卡片，为原子化服务入口，然后新建了一个 livingroomwidget 的卡片，LivingRoomAbility 为该卡片绑定的 Ability，LivingroomwidgetImpl 为该卡片对应的 FormController 的实现类。

注意

navbar 为之前在 4.6 节中自定义的导航栏组件，此处直接复用。

② 修改 config.json 的配置，将第二个卡片设置为支持 2×2 规格和 2×4 规格，并且默认支持 2×4 规格。

修改代码如下。

```
"forms": [
    {
      "jsComponentName": "livingroomwidget",
      "isDefault": true,
      "scheduledUpdateTime": "10:30",
      "defaultDimension": "2*4",
      "name": "livingroomwidget",
      "description": "This is a service widget",
      "colorMode": "auto",
      "type": "JS",
      "supportDimensions": [
        "2*2",
        "2*4"
      ],
      "updateEnabled": true,
      "updateDuration": 1
    }
  ],
```

③ 编写 widget 卡片的 UI 页面，并且绑定 router 事件。

代码如下。

```html
<!--widget 的 html-->
<div class="container">
    <stack>
        <div class="container-img">
            <image src="/common/ic_default_image@3x.png" class="bg-img" onclick=
"routerEvent"> </image>
        </div>
        <div class="container-inner">
            <image class="img" src="/common/house.png"></image>
            <text class="detail_text">{{ $t('strings.detail') }}</text>
        </div>
    </stack>
</div>
```

```css
/*widget 的 css*/
.container {
    flex-direction: column;
    justify-content: center;
    align-items: center;
}

.bg-img {
    flex-shrink: 0;
    height: 100%;
}

.container-inner {
    flex-direction: column;
    justify-content: center;
    align-items: center;
    height: 100%;
    width: 100%;
    padding: 12px;
}

.title {
    font-size: 19px;
    font-weight: bold;
    color: white;
    text-overflow: ellipsis;
    max-lines: 1;
}

.img{
    width:64px;
    height:64px;
}

.detail_text {
    font-size: 16px;
    color: white;
    opacity: 0.66;
    text-overflow: ellipsis;
    max-lines: 1;
    margin-top: 6px;
}
```

widget 的 index.json 代码如下。

```json
{
  "data": {
    "title": "Title",
    "detail": "Text",
```

```
    "iconTitle": "Picture"
  },
  "actions": {
    "routerEvent": {
      "action": "router",
      "bundleName": "com.xdw.smarthomecardservice",
      "abilityName": "com.xdw.smarthomecardservice.MainAbility",
      "params": {
        "message": "add detail"
      }
    }
  }
}
```

widget 卡片预览如图 8-26 所示。

图 8-26　widget 卡片预览

④ 编写 MainAbility 对应的 JS 页面代码，即 default 下的 JS 页面。

此处页面代码直接复用 4.7 节中的代码即可。

主页面预览效果如图 8-27 所示。

图 8-27　主页面预览效果

⑤ 编写 livingroomwidget 卡片的 UI 页面并绑定 router 事件。

代码如下。

```
<div class="container" onclick="routerEvent">
    <div class="top">
        <div class="top_item">
            <image class="img" src="/common/temperature.png"></image>
            <text class="item_text">{{temperature}}℃</text>
        </div>
        <div>
            <image class="img" src="/common/pm.png"></image>
            <text class="item_text">{{pm}}</text>
        </div>
        <div>
            <image class="img" src="/common/humidity.png"></image>
            <text class="item_text">{{humidity}}</text>
        </div>
    </div>
    <div class="mid">
        <image class="mid_img" src="/common/livingroom.png"></image>
        <text class="title">客厅</text>
    </div>
    <div class="bottom">
        <div>
            <image class="img" src="/common/air.png"></image>
            <image class="img margin_left" src="/common/switch_off.png"></image>
        </div>
        <div>
            <image class="img" src="/common/humidifier.png"></image>
            <image class="img margin_left" src="/common/switch_on.png"></image>
        </div>
    </div>
</div>
```

```
.container {
    flex-direction: column;
    justify-content: space-between;
    width: 100%;
    height: 100%;
}

.bg-img {
    flex-shrink: 0;
    height: 100%;
}

.container-inner {
    flex-direction: column;
    justify-content: flex-end;
    align-items: flex-start;
    height: 100%;
    width: 100%;
    padding: 12px;
}

.title {
    font-size: 14px;
    font-weight: bold;
    opacity: 0.66;
    text-overflow: ellipsis;
    max-lines: 1;
}

.item_text {
    font-size: 8px;
```

```
      opacity: 0.66;
      max-lines: 1;
}

.top{
      width: 100%;
      flex-direction: row;
      justify-content: space-between;
      font-size: 12px;
      margin: 10px;
}

.img{
      width: 16px;
      height: 16px;
}

.top_item{
      font-size: 8px;
}

.mid{
      width: 100%;
      flex-direction: column;
      align-items: center;
}

.mid_img{
      width: 64px;
      height: 64px;
}

.bottom{
      width: 100%;
      margin: 10px;
      justify-content: space-around;
}

.bottom_item{
      font-size: 8px;
}

.margin_left{
      margin-left: 5px;
}
```

```
{
  "data": {
    "temperature": 25,
    "humidity": 48,
    "pm": 59
  },
  "actions": {
    "routerEvent": {
      "action": "router",
      "abilityName": "com.xdw.smarthomecardservice.widget.LivingRoomAbility",
      "params": {
        "message": "button"
      }
    }
  }
}
```

livingroomwidget 卡片预览效果如图 8-28 所示。

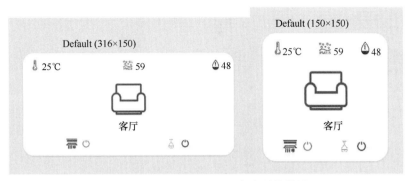

图 8-28　livingroomwidget 卡片预览效果

⑥ 编写 LivingRoomAbility 对应的 UI 页面。

代码如下。

```
<div class="container" onclick="routerEvent">
    <div class="top">
        <div class="top_item">
            <image class="img" src="/common/images/temperature.png"></image>
            <text class="item_text">25℃</text>
        </div>
        <div>
            <image class="img" src="/common/images/pm.png"></image>
            <text class="item_text">25℃</text>
        </div>
        <div>
            <image class="img" src="/common/images/humidity.png"></image>
            <text class="item_text">25℃</text>
        </div>
    </div>
    <div class="mid">
        <image class="mid_img" src="/common/images/livingroom.png"></image>
        <text class="title">客厅</text>
    </div>
    <div class="bottom">
        <div>
            <image class="img" src="/common/images/air.png"></image>
            <image class="img margin_left" src="/common/images/switch_off.png">
</image>
        </div>
        <div>
            <image class="img" src="/common/images/humidifier.png"></image>
            <image class="img margin_left" src="/common/images/switch_on.png">
</image>
        </div>
    </div>
</div>
```

```
.container {
    flex-direction: column;
    justify-content: space-between;
    width: 100%;
    height: 100%;
}


.title {
    font-size: 14px;
    font-weight: bold;
    opacity: 0.66;
```

```
        text-overflow: ellipsis;
        max-lines: 1;
}

.item_text {
        font-size: 24px;
        opacity: 0.66;
        max-lines: 1;
}

.top{
        width: 100%;
        flex-direction: row;
        justify-content: space-between;
        align-items: center;
        font-size: 32px;
        margin: 10px;
}

.img{
        width: 64px;
        height: 64px;
}

.top_item{
        font-size: 8px;
}

.mid{
        width: 100%;
        flex-direction: column;
        align-items: center;
}

.mid_img{
        width: 256px;
        height: 256px;
}

.bottom{
        width: 100%;
        margin: 10px;
        justify-content: space-around;
}

.bottom_item{
        font-size: 8px;
}

.margin_left{
        margin-left: 5px;
}
```

```
export default {
        data: {
                title: ""
        },
        onInit() {
                this.title = this.$t('strings.world');
        }
}
```

该 UI 页面预览效果如图 8-29 所示。

图 8-29　UI 页面预览效果

⑦ 添加主页跳转到 livingroom 页面的代码。

两个 JS 页面不在一个 Ability 下，不能直接用 router.push 进行跳转，而是要使用 startAbility 进行跳转。

在主页对应的 JS 中添加以下代码中的方法。

```
itemOnClick(index) {
    switch(index){
        case 1:
            var str = {
                "StartAbilityParameter": {
                    "want": {
                        "deviceId": "",
                        "bundleName": "com.xdw.smarthomecardservice",
                        "abilityName":
"com.xdw.smarthomecardservice.widget.LivingRoomAbility",
                    },
                    "abilityStartSetting": {}
                }
            };
            featureAbility.startAbility(str)
                .then((data) => {
                console.info('Operation successful. Data: ' + JSON.stringify(data))
            }).catch((error) => {
                console.error('Operation failed. Cause: ' + JSON.stringify(error));
            })
        break;
    }
}
```

然后在主页的客厅图标所在的 div 的 onclick 事件绑定该方法，代码如下。

```
<!--房间网格列表展示区-->
<div class="grid">
    <div class="item1" for="{{rooms}}" onclick="itemOnClick($idx)">
        <image src="{{$item.imgSrc}}"></image>
        <text>{{$item.name}}</text>
        <text class="itemDevice">{{$item.deviceNum}}设备</text>
    </div>
</div>
```

⑧ 编写绑定与更新 livingroomwidget 卡片中的数据。

编写 livingroomwidget 卡片对应的实现类 LivingroomwidgetImpl 的代码即可，代码如下。

```
@Override
public ProviderFormInfo bindFormData(long formId) {
    //重写 FormController 中的 bindFormData 方法进行数据绑定
    HiLog.info(TAG, "bind form data");
    ProviderFormInfo providerFormInfo = new ProviderFormInfo();
    //可以根据需要对卡片的布局进行判断来选择性的初始化数据
    //zsonObject 中的 key 要对应 JS 文件中 data 的 key
    if (dimension == DEFAULT_DIMENSION_2X2) {
        ZSONObject zsonObject = new ZSONObject();
        zsonObject.put("temperature", 22);
        providerFormInfo.setJsBindingData(new FormBindingData(zsonObject));
    }
    return providerFormInfo;
}

@Override
public void onUpdateFormData(long formId) {
    HiLog.info(TAG, "update form data: formId" + formId);
    super.onUpdateFormData(formId);
    ZSONObject zsonObject = new ZSONObject();
    zsonObject.put("temperature", 33);
    FormBindingData formBindingData = new FormBindingData(zsonObject);
    //调用 updateForm 接口更新对应的卡片，仅更新入参中携带的数据信息，其他信息保持不变
    //注意 updateForm 是 Ability 的 API，这里可以在获取到 context 对象之后进行调用
    try {
        ((Ability)super.context).updateForm(formId,formBindingData);
    } catch (FormException e) {
        e.printStackTrace();
    }
}
```

在真实业务中，数据的来源可以从数据库或者服务端获取，这里使用静态数据，仅为了方便演示。

由于卡片的自动更新为30分钟触发一次，因此为了方便演示，在卡片创建的时候就主动触发一次更新，即修改 LivingRoomAbility 中的 onCreateForm 方法，在 return 之前添加一行主动更新的代码，如下。

```
@Override
protected ProviderFormInfo onCreateForm(Intent intent) {
.....................................
    //为了演示更新操作，在创建的时候手动触发一次更新
    onUpdateForm(formId);
    return formController.bindFormData(formId);
}
```

⑨ 模拟器中运行演示。

a. 第一次运行之后，打开服务中心，可以找到对应的入口卡片，如图 8-30 所示。

b. 单击入口卡片，跳转到首页，然后单击首页中的客厅图标即可跳转到客厅页面。

图 8-30　入口卡片

c. 将入口卡片添加到桌面，如图 8-31 所示。

图 8-31　入口卡片添加到桌面

　　d. 将更多服务卡片添加到桌面，如图 8-32 所示。

图 8-32　更多服务卡片添加到桌面

注意　观察客厅服务卡片中使用的数据是更新数据，而不是初始化绑定数据，也不是 JSON 文件中的初始化数据。

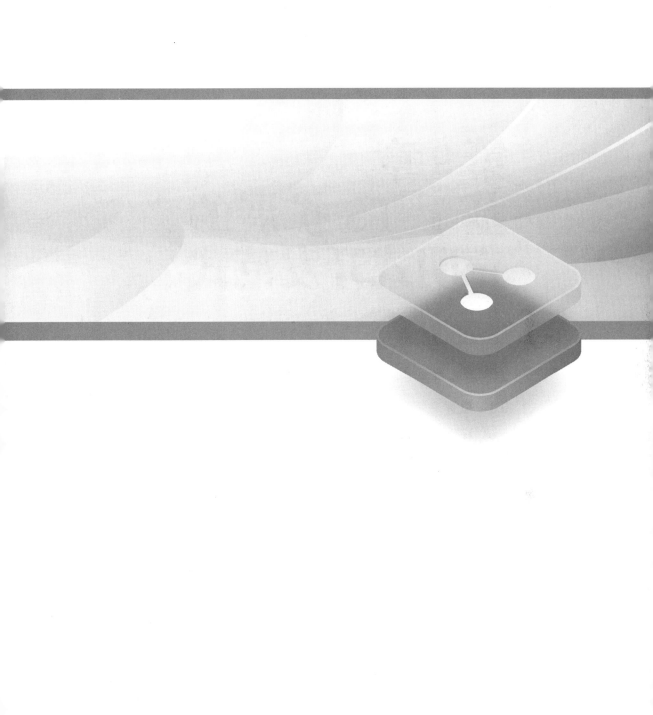

第 9 章
基于 TS 扩展的
声明式开发范式

本章主要内容

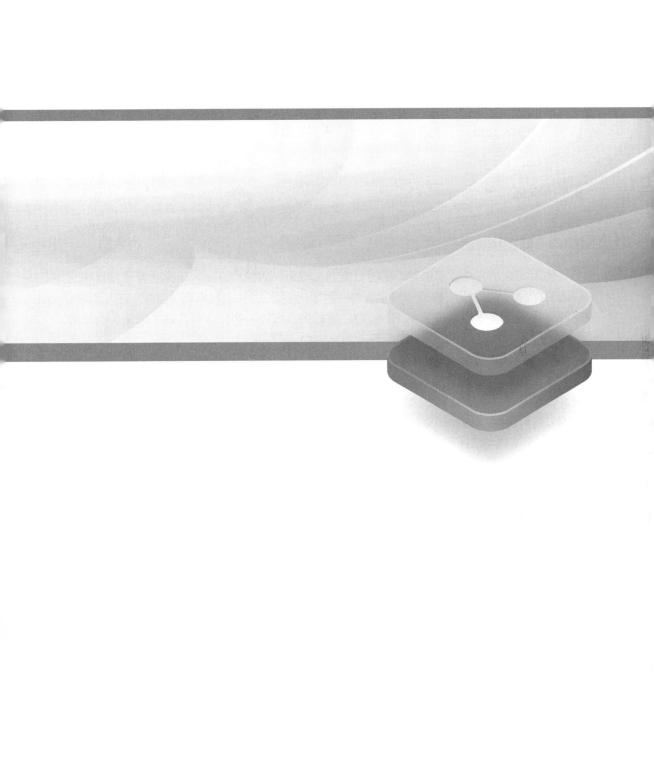

之前，我们已经学过了方舟开发框架（ArkUI）中的 JS 扩展的类 Web 开发范式，本章将学习方舟开发框架中的另一种开发范式：基于 TS 扩展的声明式开发范式，即 eTS。

eTS 的方舟开发框架是为 HarmonyOS 开发极简、高性能、跨设备应用而设计研发的 UI 开发框架，支持开发者高效地构建跨设备应用的 UI 页面。

9.1　概述

9.1.1　基础能力

使用 eTS 的方舟开发框架，采用更接近自然语义的编程方式，让开发者可以直观地描述 UI 页面，不必关心框架如何实现 UI 绘制和渲染，以实现极简高效开发。它从组件、动效和状态管理 3 个维度提供 UI 能力，还提供系统能力接口，可实现系统能力的极简调用。

1．开箱即用的组件

框架提供丰富的系统预置组件，可以通过链式调用的方式设置系统组件的渲染效果。开发者可以组合系统组件为自定义组件，通过这种方式将页面组件划分为一个个独立的 UI 单元，实现页面不同单元的独立创建、开发和复用，使页面具有更强的工程性。

2．丰富的动效接口

框架提供 SVG 标准的绘制图形能力，同时开放了丰富的动效接口，开发者可以通过封装的物理模型或者调用动画能力接口实现自定义动画轨迹。

3．状态与数据管理

状态与数据管理作为 eTS 的特色，通过功能不同的装饰器给开发者提供清晰的页面更新渲染流程和管道。状态管理包括 UI 组件状态管理和应用程序状态管理，这两种状态管理协作可以使开发者完整地构建整个应用的数据更新和 UI 渲染。

4．系统能力接口

使用 eTS 的方舟开发框架封装了丰富的系统能力接口，开发者可以通过简单的接口调用，实现从 UI 设计到系统能力调用的极简开发。

9.1.2　整体架构

eTS 整体架构如图 9-1 所示。

1．声明式 UI 前端

框架提供了 UI 开发范式的基础语言规范，以及内置的 UI 组件、布局和动画，还提供了多种状态管理机制，为应用开发者提供一系列接口支持。

2．语言运行时

当选用方舟语言运行时，框架提供了针对 UI 范式语法的解析能力，提供了跨语言调用支持，提供了 TS 语言高性能运行环境。

3．声明式 UI 后端引擎

声明式 UI 后端引擎提供了兼容不同开发范式的 UI 渲染管线，提供多种基础组件、布局计算、动效、交互事件，并提供了状态管理和绘制能力。

4. 渲染引擎

渲染引擎提供了高效的绘制能力，即将渲染管线收集的渲染指令绘制到屏幕的能力。

5. 平台适配层

平台适配层提供了对系统平台的抽象接口，具备接入不同系统的能力，如系统渲染管线和生命周期调度。

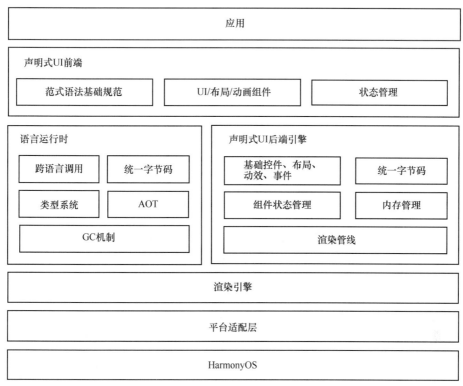

图 9-1　eTS 整体架构

9.2　体验声明式 UI

9.2.1　创建声明式 UI 工程

在创建工程之前，我们首先需要安装 DevEco Studio，其版本必须为 3.0 Beta1 以上版本。3.0 beta1 版本于 2021 年 10 月 22 日发布。DevEco Studio 安装完成后，创建工程具体如下。

① 打开 DevEco Studio，选择 "Create Project"，如图 9-2 所示。如果已有一个工程，则选择 "File" → "New" → "New project"。

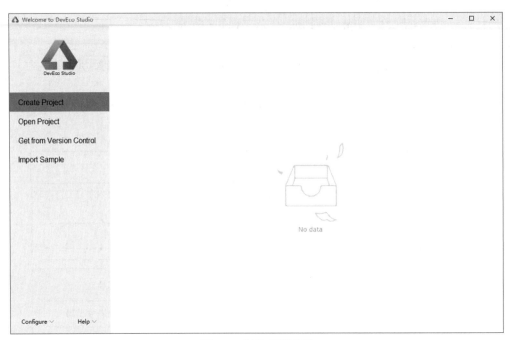

图 9-2　创建工程页面

② 进入 Choose your ability template 页面，选择"Empty Ability"，如图 9-3 所示。

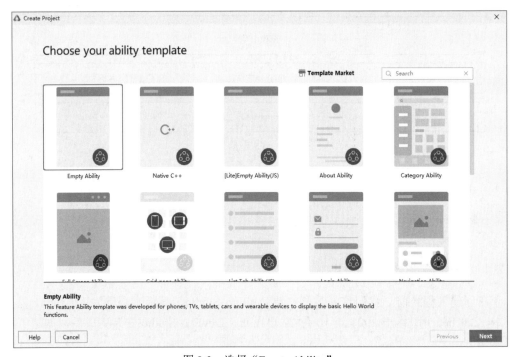

图 9-3　选择"Empty Ability"

③ 如果之前没有安装 SDK，则提示安装 HarmonyOS SDK，这时按照页面提示安装即可，如图 9-4 所示。

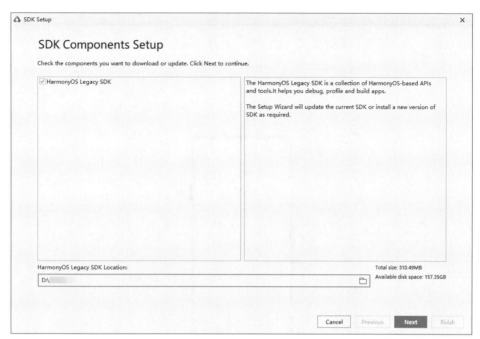

图 9-4　安装 SDK

④　进入配置工程页面，根据自身需要修改工程名字，Project Type 选择"Application"，DevEco Studio 会默认将工程保存在 C 盘，Compatible API Version 选择"SDK: API Version 7"，Language 选择"eTS"，Device Type 选择"Phone"。如果要更改工程保存位置，单击 Save Location 的文件夹图标，自行指定工程创建位置。Bundle Name 根据 Project Name 自动生成，也可自行修改。配置完成后单击"Finish"按钮，如图 9-5 所示。

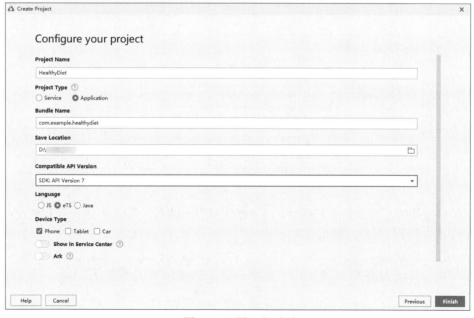

图 9-5　配置工程页面

⑤ 在工程导航栏里，打开 index.ets，单击右侧的"Previewer"按钮，打开预览窗口。我们可以看到，在手机设备类型的预览窗口中，"Hello World"居中加粗显示，如图 9-6 所示。

图 9-6　eTS 工程预览页面

如果没有"Previewer"按钮，则选择"settings"→"SDK Manager"→"HarmonyOS Legacy SDK"→"Tools"，查看是否安装了 Previewer。如果没有安装 Previewer，则在 Tools 窗口下选择"Previewer"进行安装。

⑥ 模拟器上运行。只有选择 API 7 以上的模拟器才能运行 eTS 工程，按图 9-7 所示选择模拟器。

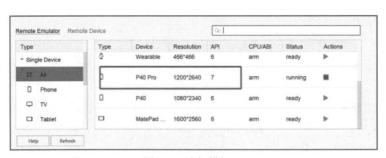

图 9-7　选择模拟器

⑦ 将应用安装到手机上并运行。将手机连接到计算机，等 IDE 识别到物理设备后，单击"Run 'entry'"按钮，如图 9-8 所示。

图 9-8　运行应用

在安装之前，需要配置应用签名，请参考 2.2 节中的内容。

9.2.2　声明式 UI 工程目录结构及重要文件解析

FA 应用的 eTS 工程（entry/src/main）典型的开发目录结构如图 9-9 所示。

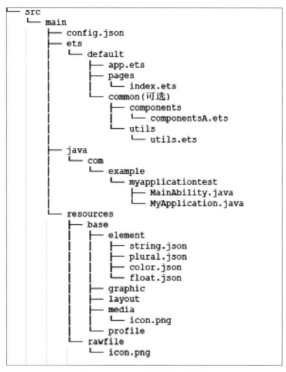

图 9-9　eTS 工程目录结构

以.ets 结尾的 eTS 文件用于描述 UI 布局、样式、事件交互和页面逻辑。

① app.ets 文件用于全局应用逻辑和应用生命周期管理。app.ets 提供了应用生命周期的接口：onCreate 和 onDestroy，分别在应用创建之初和应用被销毁时调用。app.ets 中可以声明全局变量，并且声明的数据和方法是整个应用共享的。

② pages 目录用于存放所有的组件页面。

③ common 目录用于存放公共代码文件，比如：自定义组件和公共方法。

④ resources 目录用于存放资源配置文件，比如：国际化字符串、资源限定相关资源、rawfile 资源等。

以前面创建的 Hello World 工程为例，打开 index.ets 的代码如下。

```
@Entry
@Component
struct MyComponent {
  build() {
    Flex({direction:FlexDirection.Column, alignItems:ItemAlign.Center, justifyContent:
FlexAlign.Center }) {
      Text('Hello World')
        .fontSize(50)
```

```
        .fontWeight(FontWeight.Bold)
    }
    .width('100%')
    .height('100%')
  }
}
```

上述代码展示了当前的 UI 描述，声明式 UI 框架会自动生成一个组件化的 struct，这个 struct 遵循 Builder 接口声明，在 build 方法里面声明当前的布局和组件。

对比之前 JS 创建的 Hello World 工程，声明式 UI 框架和 JS 的开发思路有点相似，只不过没有再区分 HML、CSS、JS 这 3 个文件，而是写到一个 eTS 文件中了。

eTS 采用组件化的开发思想，进行组件化的组合来构建复杂的 UI 效果。Hello World 工程中也是采用了 flex 布局，flex 在这里也是一个组件，flex 组件中添加了一个 text 文本组件，通过构造参数和属性的形式来配置各个组件的样式和内容。

9.2.3 初识 Component

在自定义组件之前，我们需要首先了解什么是组件和装饰器，并进行初始化组件；然后通过修改组件属性和构造参数，实现一个自定义组件。

1. 组件和装饰器

在声明式 UI 中，所有的页面都是由组件构成的。组件的数据结构为 struct，装饰器 @Component 是组件化的标志。用@Component 修饰的 struct 表示这个结构体有了组件化的能力。

自定义组件的声明方式如下。

```
@Component
struct MyComponent {}
```

在 IDE 创建工程模板中，MyComponent 是一个可以居中显示文字的自定义组件。开发者可以在 Component 的 build 方法里描述自己的 UI 结构，但需要遵循 Builder 的接口约束，代码如下。

```
interface Builder {
    build: () => void
}
```

@Entry 修饰的 Component 表示该 Component 是页面的总入口，可以理解为页面的根节点。值得注意的是，一个页面有且仅能有一个@Entry，只有被@Entry 修饰的组件或者其子组件，才会在页面上显示。

@Component 和@Entry 都是基础且十分重要的装饰器。装饰器可以简单地理解为某一种修饰，给被装饰的对象赋予某一种能力，比如@Entry 就是页面入口的能力，@Component 就是组件化能力。

2. 修改组件属性和构造参数

开发者创建系统组件时，会显示其默认样式。开发者可以通过更改组件的属性样式来改变组件的视图显示。

① 修改 Text 组件的 fontSize 属性可更改组件的字体大小，将字体大小设置为 26，fontWeight 字体的粗细设置为 500。fontWeight 支持以下两种设置方式。

a. number 类型的取值范围为 100～900，默认为 400。取值越大，字体越粗。

b. fontWeight 为内置枚举类型，取值支持 Lighter、Normal、Bold、Bolder。

属性方法要紧随组件，可以通过 "." 运算符连接，也可以通过链式调用的方式配置组件的多个属性。

```
@Entry
@Component
struct MyComponent {
    build() {
        Flex({ direction: FlexDirection.Column, alignItems: ItemAlign.Center, justifyContent:
FlexAlign.Center }) {
            Text('Hello World')
                .fontSize(26)
                .fontWeight(500)
        }
        .width('100%')
        .height('100%')
    }
}
```

② 修改 Text 组件的显示内容 "Hello World" 为 "Tomato"，通过修改 Text 组件的构造参数来实现。

```
@Entry
@Component
struct MyComponent {
    build() {
        Flex({ direction: FlexDirection.Column, alignItems: ItemAlign.Center, justifyContent:
FlexAlign.Center }) {
            Text('Tomato')
                .fontSize(26)
                .fontWeight(500)
        }
        .width('100%')
        .height('100%')
    }
}
```

9.3　声明式语法

9.3.1　描述规范使用说明

本节定义了 JS 声明式 UI 开发范式的核心机制和功能，描述了声明式 UI 描述、组件化机制、UI 状态管理、渲染控制语法和语法糖，以增强开发语言功能。

本节为应用开发人员开发 UI 提供了参考规范。

- 本文档的所有示例以 TS 语言为例，请遵循相应语言的语法要求。
- 示例中的 Image、Button、Text、Divider、Row、Column 等组件是 UI 框架中预置的组件控件，仅用于解释 UI 描述规范。
- 通用属性方法和事件方法通常支持所有组件，而组件内的属性方法和事件方法仅对当前组件有效。

9.3.2　基本概念

开发框架提供了一系列基本组件，这些组件以声明方式进行组合和扩展来描述应用程序的 UI 页面。

　　开发框架还提供了基本的数据绑定和事件处理机制，帮助开发人员实现应用交互逻辑。

　　带有数据绑定和事件处理的 Hello World 示例代码如下。

```
// An example of displaying Hello World. After you click the button, Hello UI is displayed.
@Entry
@Component
struct Hello {
    @State myText: string = 'World'
    build() {
        Column() {
            Text('Hello')
                .fontSize(30)
            Text(this.myText)
                .fontSize(32)
            Divider()
            Button() {
                Text('Click me')
                .fontColor(Color.Red)
            }.onClick(() => {
                this.myText = 'UI'
            })
            .width(500)
            .height(200)
        }
    }
}
```

　　上述示例代码描述了简单页面的结构，并展示了以下基本概念的应用。

　　① 装饰器：装饰类、结构、方法和变量，并为它们赋予特殊含义。例如，@Entry、@Component 和@State 都是装饰器。

　　② 自定义组件：可重复使用的 UI 单元，可以与其他组件组合，如@Component 装饰的 struct Hello。

　　③ UI 描述：声明性描述 UI 结构，例如 build()方法中的代码块。

　　④ 内置组件：框架中默认内置的基本组件和布局组件，开发者可以直接调用，如 Column、Text、Divider、Button 等。

　　⑤ 属性方法：用于配置组件属性，如 fontSize()、width()、height()、color()等。

　　⑥ 事件方法：用于将组件响应逻辑添加到事件中。逻辑是通过事件方法设置的，例如按钮后面的 onClick()。

9.3.3　声明式 UI 描述规范

1．无构造参数配置

　　组件的接口定义不包含必选构造参数，组件后面的"()"中不需要配置任何内容。

　　例如，以下 Divider 组件不包含构造参数。

```
Column() {
    Text('item 1')
    Divider() // No parameter configuration of the divider component
    Text('item 2')
}
```

2．必选参数构造配置

　　如果组件的接口定义中包含必选构造参数，则在组件后面的"()"中必须配置参数。参数可以使用常量进行赋值，示例如下。

Image 组件的必选参数 src 如下。

```
Image('http://xyz/a.jpg')
```

Text 组件的必选参数 content 如下。

```
Text('123')
```

变量或表达式也可以用于参数赋值，其中，表达式返回的结果类型必须满足参数类型要求。

传递变量或表达式来构造 Image 和 Text 组件的参数示例如下。

```
// imagePath, where imageUrl is a private data variable defined in the component.
Image(this.imagePath)
Image('http://' + this.imageUrl)
// count is a private data variable defined in the component.
// ('') and (${}) are the template character string features supported by the TS language and comply with the
// features of the corresponding language. This specification is not limited.
Text('count: ${this.count}')
```

3．属性配置

使用属性方法配置组件的属性。属性方法紧随组件，并用"."运算符连接。

配置 Text 组件的字体大小属性的示例如下。

```
Text('123')
    .fontSize(12)
```

此外，还可以使用"."操作进行链式调用，并同时配置组件的多个属性。

同时配置 Image 组件的多个属性的示例如下。

```
Image('a.jpg')
    .alt('error.jpg')
    .width(100)
    .height(100)
```

除了直接传递常量参数外，还可以传递变量或表达式，如下所示。

```
// Size, count, and offset are private variables defined in the component.
Text('hello')
    .fontSize(this.size)
Image('a.jpg')
    .width(this.count % 2 === 0 ? 100 : 200)
    .height(this.offset + 100)
```

对于内置组件，框架还为其属性预定义了一些枚举类型，供开发人员调用，枚举值可以作为参数传递。

开发人员可以按以下方式配置 Text 组件的颜色和字重属性。

```
Text('hello')
    .fontSize(20)
    .fontColor(Color.Red)
    .fontWeight(FontWeight.Bold)
```

4．事件配置

开发人员通过事件方法可以配置组件支持的事件。

① 使用 lambda 表达式配置组件的事件方法如下。

```
// Counter is a private data variable defined in the component.
Button('add counter')
    .onClick(() => {
        this.counter += 2
    })
```

② 使用匿名函数表达式配置组件的事件方法如下。

此时要使用 bind，以确保函数体中的 this 引用包含的组件。

```
// Counter is a private data variable defined in the component.
Button('add counter')
```

```
    .onClick(function () {
        this.counter += 2
    }.bind(this))
```

③ 使用组件的成员函数配置组件的事件方法如下。

```
myClickHandler(): void {
    // do something
}

...

Button('add counter')
  .onClick(this.myClickHandler)
```

5．子组件配置

对于支持子组件配置的组件，例如容器组件，添加{·}到组件最后，其中，·表示容器组件的子组件的 UI 描述。Column、Row、Stack、Button、Grid 和 List 组件都是容器组件。

以下是简单的 Column 示例。

```
Column() {
    Text('Hello')
        .fontSize(100)
    Divider()
    Text(this.myText)
        .fontSize(100)
        .fontColor(Color.Red)
}
```

嵌套多个子组件的示例如下。

```
Column() {
    Column() {
        Button() {
            Text('+ 1')
        }.type(ButtonType.Capsule)
        .onClick(() => console.log ('+1 clicked!'))
        Image('1.jpg')
    }
    Divider()
    Column() {
        Button() {
            Text('+ 2')
        }.type(ButtonType.Capsule)
        .onClick(() => console.log ('+2 clicked!'))
        Image('2.jpg')
    }
    Divider()
    Column() {
        Button() {
            Text('+ 3')
        }.type(ButtonType.Capsule)
        .onClick(() => console.log('+3 clicked!'))
        Image('3.jpg')
    }
}.alignItems(HorizontalAlign.Center) // center align components inside Column
```

9.3.4　组件化

1．用户定义的组件@Component

@Component 装饰的 struct 表示该结构体具有组件化能力，能够成为一个独立的组件，这种类型的组件也称为自定义组件。

该组件可以组合其他组件，通过实现 build 方法来描述 UI 结构，且必须符合 Builder 的接口约束。该接口定义如下。

```
interface Builder {
    build: () => void
}
```

用户定义的组件具有以下特点。

① 可组合：允许开发人员组合使用内置组件和其他组件，以及公共属性和方法。

② 可重复使用：可以被其他组件重复使用，并作为不同的实例在不同的父组件或容器中使用。

③ 有生命周期：生命周期的回调方法可以在组件中配置，用于业务逻辑处理。

④ 数据驱动更新：可以由状态数据驱动，实现 UI 自动更新。

- 组件必须遵循上述 Builder 接口约束，其他组件在内部的 build 方法中以声明式方式进行组合，在组件的第一次创建和更新场景中都会调用 build 方法。
- 组件禁止自定义构造函数。

以下代码定义了 MyComponent 组件。

```
@Component
struct MyComponent {
    build() {
        Column() {
            Text('my component')
                .fontColor(Color.Red)
        }.alignItems(HorizontalAlign.Center) // center align Text inside Column
    }
}
```

MyComponent 的 build 方法会在初始渲染时执行。此外，当组件中的状态发生变化时，build 方法将再次执行。

以下代码使用了 MyComponent 组件。

```
@Component
struct ParentComponent {
    build() {
        Column() {
            MyComponent()
            Text('we use component')
                .fontSize(20)
        }
    }
}
```

以下代码表示可以多次嵌入 MyComponent，并嵌入不同的组件中重复使用。

```
@Component
struct ParentComponent {
    build() {
        Row() {
            Column() {
                MyComponent()
                Text('first column')
                    .fontSize(20)
            }
            Column() {
                MyComponent()
                Text('second column')
                    .fontSize(20)
            }
        }
    }

    private aboutToAppear() {
        console.log('ParentComponent: Just created, about to become rendered first time.')
```

```
    }
    private aboutToDisappear() {
        console.log('ParentComponent: About to be removed from the UI.')
    }
}
```

2. 页面入口组件@Entry

用@Entry 装饰的自定义组件用作页面的默认入口组件，加载页面时，将首先创建并呈现@Entry 装饰的自定义组件。在单个源文件中，最多可以使用@Entry 装饰一个自定义组件。

@Entry 的用法如下。

```
// Only MyComponent decorated by @Entry is rendered and displayed. "hello world" is
displayed, but "goodbye" is not displayed.
@Entry
@Component
struct MyComponent {
    build() {
        Column() {
            Text('hello world')
                .fontColor(Color.Red)
        }
    }
}

@Component
struct HideComponent {
    build() {
        Column() {
            Text('goodbye')
                .fontColor(Color.Blue)
        }
    }
}
```

3. 组件预览@Preview

用@Preview 装饰的自定义组件可以在 DevEco Studio 的 PC 预览上进行单组件预览，加载页面时，将创建并呈现@Preview 装饰的自定义组件。在单个源文件中，最多可以使用@Preview 装饰一个自定义组件。

@Preview 的用法如下。

```
// Display only Hello Component1 on the PC preview. The content under MyComponent is
displayed on the real device.
@Entry
@Component
struct MyComponent {
    build() {
        Column() {
            Row() {
                Text('Hello World!')
                    .fontSize("50lpx")
                    .fontWeight(FontWeight.Bold)
            }
            Row() {
                Component1()
            }
            Row() {
                Component2()
            }
        }
    }
}
@Preview
@Component
struct Component1 {
```

```
    build() {
        Column() {
            Row() {
                Text('Hello Component1')
                    .fontSize("50lpx")
                    .fontWeight(FontWeight.Bold)
            }
        }
    }
}

@Component
struct Component2 {
    build() {
        Column() {
            Row() {
                Text('Hello Component2')
                    .fontSize("50lpx")
                    .fontWeight(FontWeight.Bold)
            }
        }
    }
}
```

4．用户定义组件方法@Builder

与 build 函数一样，@Builder 定义了一个如何渲染自定义组件的方法。此装饰器提供了一个修饰方法，其目的是和 build 函数一致。@Builder 装饰的方法的语法规范与 build 函数也保持一致。

通过@Builder 可以在一个自定义组件内快速生成多个布局内容。@Builder 用法如下。

```
@Entry
@Component
struct CompA {
  size : number = 100;

  @Builder SquareText(label: string) {
    Text(label)
      .width(1 * this.size)
      .height(1 * this.size)
  }

  @Builder RowOfSquareTexts(label1: string, label2: string) {
    Row() {
      this.SquareText(label1)
      this.SquareText(label2)
    }
    .width(2 * this.size)
    .height(1 * this.size)
  }

  build() {
    Column() {
      Row() {
        this.SquareText("A")
        this.SquareText("B")
        // or as long as tsc is used
      }
      .width(2 * this.size)
      .height(1 * this.size)
      this.RowOfSquareTexts("C", "D")
    }
    .width(2 * this.size)
    .height(2 * this.size)
  }
}
```

5. 统一组件样式@Extend

@Extend 将新的属性函数添加到内置组件上，如 Text、Column、Button 等。通过
@Extend 可以快速定义并复用组件的自定义样式。

```
@Extend(Text) function fancy(a: number) {
    .fontSize(a)
}
// 推荐使用第一种写法

@Extend Text.superFancy(size:number){
    .fontSize(size)
    .fancy(Color.Red)
}

@Extend Button.fancy(color:string){
    .backgroundColor(color)
    .width(200)
    .height(100)
}

@Entry
@Component
struct FancyUse {
    build() {
        Row() {
            Text("Just Fancy")
              .fancy(Color.Yellow)
            Text("Super Fancy Text")
              .superFancy(24)
              .height(70)
            Button("Fancy Button")
              .fancy(Color.Green)
        }
    }
}
```

说明　@Extend 不能用在自定义组件 struct 定义框内。

6. 自定义弹窗@CustomDialog

@CustomDialog 用于装饰自定义弹窗。

```
// custom-dialog-demo.ets
@CustomDialog
struct DialogExample {
    controller: CustomDialogController;
    action: () => void;

    build() {
        Row() {
            Button ("Close CustomDialog")
                .onClick(() => {
                    this.controller.close();
                    this.action();
                })
        }.padding(20)
    }
}
@Entry
@Component
struct CustomDialogUser {
    dialogController : CustomDialogController = new CustomDialogController({
        builder: DialogExample({action: this.onAccept}),
        cancel: this.existApp,
        autoCancel: true
```

```
    });
    onAccept() {
        console.log("onAccept");
    }
    existApp() {
        console.log("Cancel dialog!");
    }
    build() {
        Column() {
            Button("Click to open Dialog")
                .onClick(() => {
                    this.dialogController.open()
                })
        }
    }
}
```

9.3.5　UI 状态管理

1．基本概念

在声明式 UI 编程范式中，UI 是应用程序状态的函数，开发人员通过修改当前应用程序状态来更新相应的 UI 页面。

开发框架提供了多种应用程序状态管理的能力，如图 9-10 所示。

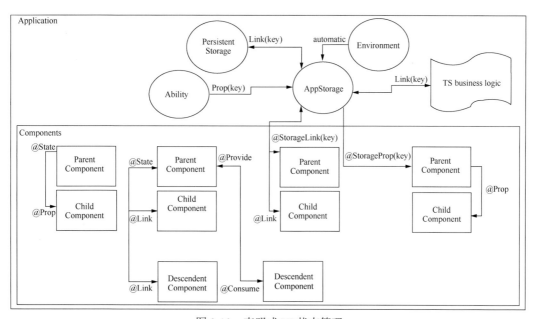

图 9-10　声明式 UI 状态管理

（1）状态变量装饰器

① @State：组件拥有的状态属性。每当@State 装饰的变量更改时，组件会重新渲染和更新 UI。

② @Link：组件依赖于其父组件拥有的某些状态属性。每当任何一个组件中的数据更新时，另一个组件的状态都会更新，父子组件都会进行重新渲染。

③ @Prop：工作原理类似@Link，只是子组件所做的更改不会同步到父组件上，属于单向传递。

（2）应用程序状态数据

AppStorage 是整个 UI 中使用的应用程序状态的中心"数据库"，UI 框架会针对应用程序创建单例 AppStorage 对象，并提供相应的装饰器和接口供应用程序使用。

① @StorageLink：@StorageLink(name)的工作原理类似于@Consume(name)，不同的是，该给定名称的链接对象是从 AppStorage 中获得的，@StorageLink 在 UI 组件和 AppStorage 之间建立双向绑定，以同步数据。

② @StorageProp：@StorageProp(name)将 UI 组件属性与 AppStorage 进行单向同步。AppStorage 中的值更改后会更新组件中的属性，但 UI 组件无法更改 AppStorage 中的属性值。

③ AppStorage 还提供用于业务逻辑实现的 API，用于添加、读取、修改和删除应用程序的状态属性，通过此 API 所做的更改会导致修改的状态数据同步到 UI 组件上，并进行 UI 更新。

2. 管理组件拥有的状态

（1）组件内部状态：@State

@State 装饰的变量是组件内部的状态数据，当这些状态数据被修改时，将会调用所在组件的 build 方法进行 UI 刷新。

@State 状态数据具有以下特征。

① 支持多种类型：允许强类型的按值和按引用类型，如 class、number、boolean、string，以及这些类型的数组 Array<class>、Array<string>、Array<boolean>、Array<number>；不允许 object 和 any。

② 支持多实例：组件中不同实例内部的状态数据是独立的。

③ 内部私有：标记为@State 的属性不能直接在组件外部修改。该属性的生命周期取决于它所在的组件。

④ 需要本地初始化：必须为所有@State 变量分配初始值，变量保持未初始化可能会导致框架行为未定义。

⑤ 创建自定义组件时支持通过状态变量名设置初始值：在创建组件实例时，可以通过变量名显式指定@State 状态属性的初始值。

简单类型的状态属性示例如下。

```
@Entry
@Component
struct MyComponent {
    @State count: number = 0
    // MyComponent provides a method for modifying the @State status data member.
    private toggleClick() {
        this.count += 1
    }

    build() {
        Column() {
            Button() {
                Text('click times: ${this.count}')
                    .fontSize(10)
            }.onClick(this.toggleClick)
        }
    }
}
```

复杂类型的状态变量示例如下。

```
// Customize the status data class.
class Model {
   value: string
   constructor(value: string) {
      this.value = value
   }
}

@Entry
@Component
struct EntryComponent {
   build() {
      Column() {
          MyComponent({count: 1, increaseBy: 2})  // MyComponent1 in this document
          MyComponent({title: {value: 'Hello, World 2'}, count: 7})   //MyComponent2
in this document
      }
   }
}

@Component
struct MyComponent {
   @State title: Model = {value: 'Hello World'}
   @State count: number = 0
   private toggle: string = 'Hello World'
   private increaseBy: number = 1

   build() {
      Column() {
          Text('${this.title.value}')
          Button() {
             Text('Click to change title').fontSize(10)
          }.onClick(() => {
             this.title.value = this.toggle ? 'Hello World' : 'Hello UI'
          }) // Modify the internal state of MyComponent using the anonymous method.
          Button() {
             Text('Click to increase count=${this.count}').fontSize(10)
          }.onClick(() => {
             this.count += this.increaseBy
          }) // Modify the internal state of MyComponent using the anonymous method.
      }
   }
}
```

在上述示例中：

① 用户定义的组件 MyComponent 定义了@State 状态变量 count 和 title。如果 count 或 title 的值发生变化，则触发 MyComponent 的 build 方法来重新渲染组件；

② EntryComponent 中有多个 MyComponent 组件实例，第一个 MyComponent 内部状态的更改不会影响第二个 MyComponent；

③ 创建 MyComponent 实例时通过变量名给组件内的变量进行初始化，示例如下。

```
MyComponent({title: {value: 'Hello, World 2'}, count: 7})
```

（2）单向同步父组件状态：@Prop

@Prop 具有与@State 相同的语义，但初始化方式不同。@Prop 装饰的变量必须使用其父组件提供的@State 变量进行初始化，允许组件内部修改@Prop 变量。但上述更改不会通知给父组件，即@Prop 属于单向数据绑定。

@Prop 状态数据具有以下特征。

① 支持简单类型：仅支持简单类型，如 number、string、boolean 等。

② 私有：仅在组件内访问。

③ 支持多个实例：一个组件中可以定义多个标有@Prop 的属性。

④ 创建自定义组件时将值传递给@Prop 变量进行初始化：在创建组件的新实例时，必须初始化所有@Prop 变量，不支持在组件内部进行初始化。

示例如下。

```
@Entry
@Component
struct ParentComponent {
    @State countDownStartValue: number = 10 // 10 Nuggets default start value in a
Game
    build() {
        Column() {
            Text('Grant ${this.countDownStartValue} nuggets to play.')
            Button() {
                Text('+1 - Nuggets in New Game')
            }.onClick(() => {
                this.countDownStartValue += 1
            })
            Button() {
                Text('-1  - Nuggets in New Game')
            }.onClick(() => {
                this.countDownStartValue -= 1
            })
            // when creatng ChildComponent, the initial value of its @Prop variable
must be supplied
            // in a named constructor parameter
            // also regular costOfOneAttempt (non-Prop) variable is initialied
            CountDownComponent({ count: this.countDownStartValue, costOfOneAttempt:
2})
        }
    }
}
@Component
struct CountDownComponent {
    @Prop count: number
    private costOfOneAttempt: number
    build() {
        Column() {
            if (this.count > 0) {
                Text('You have ${this.count} Nuggets left')
            } else {
                Text('Game over!')
            }
            Button() {
                Text('Try again')
            }.onClick(() => {
                this.count -= this.costOfOneAttempt
            })
        }
    }
}
```

在上述示例中，当单击"+1"或"-1"按钮时，父组件状态发生变化，重新执行 build 方法，此时将创建一个新的 CountDownComponent 组件。父组件的 countDownStartValue 状态属性被用于初始化子组件的@Prop 变量。当单击子组件的"Try again"按钮时，其 @Prop 变量 count 将被更改，这将导致 CountDownComponent 重新渲染。但是，count 值的更改不会影响父组件的 countDownStartValue 值。

说明

创建新组件实例时，必须初始化新组件的所有@Prop 变量。

（3）双向同步状态：@Link

@Link 装饰的变量可以和父组件的@State 变量建立双向数据绑定。

①　支持多种类型：@Link 变量的值与@State 变量的类型相同，即 class、number、string、boolean 或这些类型的数组。

②　私有：仅在组件内访问。

③　单个数据源：初始化@Link 变量的父组件的变量必须是@State 变量。

④　双向通信：子组件对@Link 变量的更改将同步修改父组件的@State 变量。

⑤　创建自定义组件时需要将变量的引用传递给@Link 变量：在创建组件的新实例时，必须使用命名参数初始化所有@Link 变量。@Link 变量可以使用@State 变量或@Link 变量的引用进行初始化。@State 变量可以通过"$"操作符创建引用。

说明

@Link 变量不能在组件内部进行初始化。

1）简单类型示例

简单类型示例如下。

```
@Entry
@Component
struct Player {
    @State isPlaying: boolean = false
    build() {
        Column() {
            PlayButton({buttonPlaying: $isPlaying})
            Text('Player is ${this.isPlaying? '':'not'} playing')
        }
    }
}

@Component
struct PlayButton {
    @Link buttonPlaying: boolean
    build() {
        Column() {
            Button() {
                Image(this.buttonPlaying? 'play.png' : 'pause.png')
            }.onClick(() => {
                this.buttonPlaying = !this.buttonPlaying
            })
        }
    }
}
```

@Link 语义是从"$"操作符引出，即$isPlaying 是 this.isPlaying 内部状态的双向数据绑定。单击"PlayButton"时，PlayButton 的 Image 组件和 Text 组件将同时刷新。

2）复杂类型示例

复杂类型示例如下。

```
@Entry
@Component
struct Parent {
    @State arr: number[] = [1, 2, 3]
    build() {
        Column() {
            Child({items: $arr})
            ForEach(this.arr,
                item => Text('${item}'),
                item => item.toString())
        }
```

```
        }
    }
}

@Component
struct Child {
    @Link items: number[]
    build() {
        Column() {
            Button() {
                Text('Button1: push')
            }.onClick(() => {
                this.items.push(100)
            })
            Button() {
                Text('Button2: replace whole item')
            }.onClick(() => {
                this.items = [100, 200, 300]
            })
        }
    }
}
```

在上面的示例中，单击 Button1 和 Button2 可以更改父组件中显示的文本项目列表。

3）@Link 和@State、@Prop 结合使用示例

@Link 和@State、@Prop 结合使用示例如下。

```
@Entry
@Component
struct ParentView {
    @State counter: number = 0
    build() {
        Column() {
            ChildA({counterVal: this.counter})  // pass by value
            ChildB({counterRef: $counter})      // $ creates a Reference that can be
bound to counterRef
        }
    }
}

@Component
struct ChildA {
    @Prop counterVal: number
    build() {
        Button() {
            Text('ChildA: (${this.counterVal}) + 1')
        }.onClick(() => {this.counterVal+= 1})
    }
}
@Component
struct ChildB {
    @Link counterRef: number
    build() {
        Button() {
            Text('ChildB: (${this.counterRef}) + 1')
        }.onClick(() => {this.counterRef+= 1})
    }
}
```

上述示例中，ParentView 包含 ChildA 和 ChildB 两个子组件，ParentView 的状态变量 counter 分别初始化 ChildA 和 ChildB。

① ChildB 使用@Link 建立双向状态绑定。当 ChildB 修改 counterRef 状态变量值时，该更改将同步到 ParentView 和 ChildA 共享。

② ChildA 使用@Prop 建立从 ParentView 到自身的单向状态绑定。当 ChildA 修改状

态时，ChildA 将重新渲染，但该更改不会传达给 ParentView 和 ChildB。

3．管理应用程序的状态

（1）应用程序的数据存储：AppStorage

AppStorage 是应用程序中的单例对象，由 UI 框架在应用程序启动时创建。它的目的是为可变应用程序状态属性提供中央存储。AppStorage 包含整个应用程序中需要访问的所有状态属性。只要应用程序保持运行，AppStorage 就会保留所有属性及其属性值，属性值可以通过唯一的键值进行访问。

UI 组件可以通过装饰器将应用程序状态数据与 AppStorage 进行同步。应用业务逻辑的实现也可以通过接口访问 AppStorage。

AppStorage 的选择状态属性可以与不同的数据源或数据接收器同步。这些数据源和接收器可以是本地设备或远程设备，并具有不同的功能，如数据持久性。这样的数据源和接收器可以独立于 UI 在业务逻辑中实现。

在默认情况下，AppStorage 的属性是可变的。此外，AppStorage 还可使用不可变（只读）的属性。

AppStorage 接口说明见表 9-1。

表 9-1　AppStorage 接口说明

接口	说明	返回值	定义
Link	key: string	@Link	如果存在具有给定键的数据，则返回到此属性的双向数据绑定，该双向绑定意味着变量或者组件对数据的更改将同步到 AppStorage，通过 AppStorage 对数据的修改将同步到变量或者组件。如果具有此键的属性不存在或属性为只读，则返回 undefined
SetAnd Link	key: String defaultValue: T	@Link	与 Link 接口类似。如果当前的 key 在 AppStorage 已保存，则返回此 key 对应的 Value。如果此 key 未被创建，则创建一个对应 default 值的 Link 并返回
Prop	key: string	@Prop	如果存在具有给定键的属性，则返回到此属性的单向数据绑定。该单向绑定意味着只能通过 AppStorage 将属性的更改同步到变量或者组件。该方法返回的变量为不可变变量，适用于可变和不可变的状态属性，如果具有此键的属性不存在，则返回 undefined 说明：Prop 方法对应的属性值类型为简单类型
SetAnd Prop	key: string defaultValue: S	@Prop	与 Prop 接口类似。如果当前的 key 在 AppStorage 有保存，则返回此 key 对应的 Value。如果此 key 未被创建，则创建一个对应 default 值的 Prop 返回
Has	key: string	boolean	判断对应键值的属性是否存在
Keys	void	array<string>	返回包含所有键的字符串数组

表 9-1　AppStorage 接口说明（续）

接口	说明	返回值	定义
Get	string	T 或 undefined	通过此接口获取对应此 key 值的 Value
Set	string, newValue: T	void	对已保存的 key 值，替换其 Value 值
SetOr Create	string, newValue: T	boolean	如果相同名字的属性存在：若此属性可以被更改返回 true，否则返回 false。 如果相同名字的属性不存在：创建第一个赋值为 defaultValue 的属性，不支持 null 和 undefined
Delete	key: string	boolean	删除属性，如果存在返回 true，不存在则返回 false
Clear	none	boolean	删除所有的属性，如果当前有状态变量依然引用此属性，则返回 false
IsMutable	key: string	boolean	返回此属性是否存在并且是否可以改变

说明

当前接口仅可以处理基础类型数据，对于修改 object 中某一个值尚未支持。

AppStorage 接口的使用示例如下。

```
let link1 = AppStorage.Link('PropA')
let link2 = AppStorage.Link('PropA')
let prop = AppStorage.Prop('PropA')

link1 = 47  // causes link1 == link2 == prop == 47
link2 = link1 + prop // causes link1 == link2 == prop == 94
prop = 1  // error, prop is immutable
```

（2）持久化数据管理 PersistentStorage

PersistentStorage 用于管理应用持久化数据。此对象可以将特定标记的持久化数据链接到 AppStorage 中，并由 AppStorage 接口访问对应的持久化数据，或者通过@StorageLink 修饰器来访问对应的 key 的变量。

PersistentStorage 接口说明见表 9-2。

表 9-2　PersistentStorage 接口说明

接口	说明	返回值	定义
PersistProp	key : string defaultValue: T	void	关联命名的属性在 AppStorage 变为持久化数据。赋值覆盖顺序如下。 首先，此属性在 AppStorage 中存在，并且将 Persistent 中的数据复写为 AppStorage 中的属性值。 然后，Persistent 中有此命名的属性，使用 Persistent 中的属性值。 最后，以上条件不满足时使用 defaultValue，它不支持 null 和 undefined
DeleteProp	key: string	void	取消双向数据绑定，该属性值将从持久存储中被删除
PersistProps	keys : { key: string, defaultValue: any}[]	void	关联多个命名的属性绑定
Keys	void	Array<string>	返回所有持久化属性的标记

- PersistProp 接口在使用时，需要保证输入对应的 key 在 AppStorage 存在。
- DeleteProp 接口在使用时，只能对本次启动已经 link 的数据生效。

PersistProp 接口的使用示例如下。

```
PersistentStorage.PersistProp("highScore", "0");

@Entry
@Component
struct PersistentComponent {
    @StorageLink('highScore') highScore: string = '0'
    @State currentScore: number = 0
    build() {
        Column() {
            if (this.currentScore === Number(this.highScore)) {
                Text('new highScore : ${this.highScore}')
            }
            Button() {
                Text('goal!, currentScore : ${this.currentScore}')
                    .fontSize(10)
            }.onClick(() => {
                this.currentScore++
                if (this.currentScore > Number(this.highScore)) {
                    this.highScore = this.currentScore.toString()
                }
            })
        }
    }
}
```

（3）环境变量 Environment

Environment 是框架在应用程序启动时创建的单例对象，为 AppStorage 提供一系列应用程序需要的环境状态属性，这些属性描述了应用程序运行的设备环境。Environment 及其属性是不可变的，所有属性值类型均为简单类型。

以下示例展示了从 Environment 获取语音环境。

```
Environment.EnvProp("accessibilityEnabled", "default");
var enable = AppStorageGet("accessibilityEnabled");
```

accessibilityEnabled 是 Environment 提供的默认系统变量识别符。首先需要将对应系统属性绑定到 AppStorage 中，然后通过 AppStorage 中的方法或者装饰器，访问对应系统属性数据。

Environment 接口说明见表 9-3。

表 9-3　Environment 接口说明

接口	说明	返回值	定义
EnvProp	key : string defaultValue: any	boolean	关联此系统项到 AppStorage 中。建议在 App 启动时使用此 API。如果此属性在 AppStorage 已经存在则返回 false。请勿使用 AppStorage 中的变量，在调用此方法关联环境变量
EnvProps	keys : { key: string, defaultValue: any}[]	void	关联此系统项数组到 AppStorage 中
Keys	Array<string>	number	返回关联的系统项

Environment 内置的环境变量见表 9-4。

表 9-4　Environment 内置的环境变量

环境变量	类型	说明
accessibilityEnabled	boolean	无障碍屏幕朗读是否启用
colorMode	ColorMode	深/浅色模式，选项值如下。 ColorMode.LIGHT：浅色模式 ColorMode.DARK：深色模式
fontScale	number	字体大小比例，取值范围：[0.85, 1.45]
fontWeightScale	number	字体权重比例，取值范围：[0.6, 1.6]
layoutDirection	LayoutDirection	布局方向类型，可选值如下。 LayoutDirection.LTR：从左到右。 LayoutDirection.RTL：从右到左
languageCode	string	当前系统语言值，小写字母，例如 zh

（4）AppStorage 与组件同步：@StorageLink 和@StorageProp

在管理组件拥有的状态中，我们已经定义了如何将组件的状态变量与父组件或祖先组件中的@State 装饰的状态变量同步，主要包括@Prop、@Link、@Consume。

本节将定义如何将组件变量与 AppStorage 同步，主要提供@StorageLink 和@StorageProp 装饰器。

1）@StorageLink 装饰器

组件通过使用@StorageLink(key)装饰的状态变量，将在 AppStorage 建立双向数据绑定，key 为 AppStorage 中的属性键值。当创建包含@StorageLink 的状态变量的组件时，该状态变量的值将使用 AppStorage 中的值进行初始化，不允许使用本地初始化。在 UI 组件中对@StorageLink 的状态变量所做的更改将同步到 AppStorage，并从 AppStorage 同步到任何其他绑定实例中，如 PersistentStorage 或其他绑定的 UI 组件。

2）@StorageProp 装饰器

组件通过使用@StorageProp(key)装饰的状态变量，将在 AppStorage 建立单向数据绑定，key 标识 AppStorage 中的属性键值。当创建包含@StoageProp 的状态变量的组件时，该状态变量的值将使用 AppStorage 中的值进行初始化，不允许使用本地初始化。AppStorage 中的属性值更改会导致绑定的 UI 组件进行状态更新。

@StorageProp 装饰器的示例如下。

```
// Business logic
let varA = AppStorage.link('varA')
PersistentStorage.link('varA')
varA = 47    //  updates AppStorage with: {key: 'varA', value: 47}, this is also saved
persistently
let envLang = AppStorage.prop('languageCode') // 'Environment' provides the 'languageCode'
property

...

@Component CompA {
    @StorageLink('varA') varA: number
    @StorageProp('languageCode') const lang: string
    private label: string = 'count'
```

```
    private aboutToAppear() {
        this.label = (this.lang === 'zh') ? '数' : 'Count'
    }

    build() {
        Button('${this.label}: ${this.varA}')
            .onClick(() => {this.varA++})
    }
}
```

当用户每次单击按钮时，this.varA 变量值都会增加，此变量与 AppStorage 中的 varA 同步，AppStorage 中的属性与 PersistentStorage 同步。因此，单击计数将永久保存。当应用程序重新启动并打开页面时，将使用保存的值重新初始化组件变量。

languageCode 是 Environment 提供给 AppStorage 的只读属性，组件变量 lang 将使用此属性的值进行初始化。

4．其他类目的状态管理

（1）Observed 和 ObjectLink 数据管理

@Observed 是用来 class 的修饰器，表示此对象中的数据变更将被 UI 页面管理。@ObjectLink 用来修饰被@Observed 装饰的变量。

@Observed 和@ObjectLink 数据管理的示例如下。

```
// 需要监控的对象
@Observed class ClassA {
    static nextID : number = 0;
    public id : number;
    public c: number;

    constructor(c: number) {
        this.id = ClassA.nextID++;
        this.c = c;
    }
}

@Observed class ClassB {
    public a: ClassA;

    constructor(a: ClassA) {
        this.a = a;
    }
}
```

```
@Component
struct ViewA {
  @ObjectLink a : ClassA;
  label : string = "ViewA1";
  build() {
    Row() {
      Button('ViewA [${this.label}] this.a.c=${this.a.c} +1')
      .onClick(() => {
          this.a.c += 1;
      })
      Button('ViewA [${this.label}] reset this.a =new ClassA(0)')
      .onClick(() => {
          this.a = new ClassA(0); // ERROR, this.a is immutable
      })
    }
  }
}
@Entry
```

```
@Component
struct ViewB {
  @State b : ClassB = new ClassB(new ClassA(0));
  build() {
    Column() {
      ViewA({label: "ViewA #1", a: this.b.a})
      ViewA({label: "ViewA #2", a: this.b.a})
      Button('ViewB: this.b.a = new ClassA(0)')
       .onClick(() => {
          this.b.a = new ClassA(0);
       })
       Button('ViewB: this.b = new ClassB(ClassA(0))')
       .onClick(() => {
          this.b = new ClassB(new ClassA(0));
       })
    }
  }
}
```

 @ObjectLink 用于修饰变量，并且不可以初始化。@Observed 用于修饰类。

（2）@Consume 和@Provide 数据管理

Provide 作为数据的提供方，可以更新其子孙节点的数据，并触发页面渲染。Consume 在感知到 Provide 数据的更新后，会触发当前 View 的重新渲染。

@Provide 说明见表 9-5。

表 9-5　@Provide 说明

类型	说明
装饰器参数	别名：是一个 string 类型的常量。如果规定别名，则提供对应别名的数据更新。如果没有，则使用变量名作为别名。推荐使用@Provide("alias")这种形式
同步机制	@Provide 的变量类似@State，可以修改对应变量进行页面重新渲染，也可以修改@Consume 装饰的变量，反向修改@State 变量
初始值	必须设置初始值
页面重渲染场景	① 基础类型 boolean、string、number。 ② observed class，修改其属性。 ③ Array：添加、删除、更新数组中的元素

 使用@Provide 和@Consume 要避免循环引用导致死循环。

其他属性说明与 Provide 一致。@Provide 和@Consume 数据管理的示例如下。

```
@Entry
@Component
struct CompA {
    @Provide("reviewVote") reviewVotes : number = 0;

    build() {
        Column() {
            CompB()
            Button() {
                Text('${this.reviewVotes}')
                    .fontSize(30)
            }
```

```
                .onClick(() => {
                    this.reviewVotes += 1;
                })
            }
        }
    }
}
@Component
struct CompB {
    build() {
        Column() {
            CompC()
        }
    }
}
@Component
struct CompC {
    @Consume("reviewVote") reviewVotes : number;
    build() {
        Column() {
            Button() {
                Text('${this.reviewVotes}')
                    .fontSize(30)
            }
            .onClick(() => {
                this.reviewVotes += 1;
            })
        }
    }
}
```

（3）变量状态变更后的回调@Watch

应用可以注册回调方法。当一个被@State、@Prop、@Link、@ObjectLink、@Provide、@Consume、@StorageProp 及@StorageLink 中任意一个装饰器修饰的变量改变时，均可触发此回调。@Watch 中的变量一定要使用（" "）进行包装。

@Watch 的示例如下。

```
@Entry
@Component
struct CompA {
    @State @Watch("onBasketUpdated") shopBasket : Array<number> = [ 7, 12, 47, 3 ];
    @State totalPurchase : number = 0;

    updateTotal() : number {
        let sum = 0;
        this.shopBasket.forEach((i) => { sum += i; });
        // calculate new total shop basket value and apply discount if over 100RMB
        this.totalPurchase = (sum < 100) ? sum : 0.9 * sum;
        return this.totalPurchase;
    }
    // @Watch cb
    onBasketUpdated(propName: string) : void {
      this.updateTotal();
    }
    build() {
        Column() {
            Button("add to basket").onClick(() => { this.shopBasket.push(Math.round
(100 * Math.random())) })
            Text('${this.totalPurchase}')
                .fontSize(30)
        }
    }
}
```

9.3.6 渲染控制语法

1. 条件渲染 if…else

使用 if…else 可以进行条件渲染。

- if 条件语句可以使用状态变量。
- 使用 if 可以使子组件的渲染依赖条件语句。
- 必须在容器组件内使用。
- 某些容器组件限制子组件的类型或数量。当将 if 放置在这些组件内时，这些限制将应用于 if 和 else 语句内创建的组件。当在 Grid 组件内使用 if 时，则仅允许 if 条件语句内使用 GridItem 组件，在 List 组件内则仅允许使用 ListItem 组件。

使用 if 条件语句的示例如下。

```
Column() {
    if (this.count > 0) {
        Text('count is positive')
    }
}
```

使用 if、else if、else 条件语句的示例如下。

```
Column() {
    if (this.count < 0) {
        Text('count is negative')
    } else if (this.count % 2 === 0) {
        Divider()
        Text('even')
    } else {
        Divider()
        Text('odd')
    }
}
```

2. 循环渲染 ForEach

开发框架提供 ForEach 组件来迭代数组，并为每个数组项创建相应的组件。ForEach 定义如下。

```
ForEach(
    arr: any[], // Array to be iterated
    itemGenerator: (item: any) => void, // child component generator
    keyGenerator?: (item: any) => string // (optional) Unique key generator, which
is recommended.
)
```

① 循环渲染使用 ForEach 从提供的数组中自动生成子组件。

② 必须在容器组件内使用。

③ 第一个参数必须是数组。允许空数组，空数组场景下不会创建子组件；同时允许设置返回值为数组类型的函数，例如 arr.slice(1,3)，设置的函数不得改变包括数组本身在内的任何状态变量，如 Array.splice、Array.sort 或 Array.reverse 这些原地修改数组的函数。

④ 第二个参数用于生成子组件的 lambda 函数。它为给定数组项生成一个或多个子组件。单个组件和子组件列表必须括在大括号"{…}"中。

⑤ 可选的第三个参数是用于键值生成的匿名函数。它为给定数组项生成唯一且稳定的键值。当子项在数组中的位置更改时，子项的键值不得更改，当数组中的子项被新

项替换时，被替换项的键值和新项的键值必须不同。键值生成器的功能是可选的，但是，出于性能原因考虑，建议提供，这使得开发框架能够更好地识别数组更改。单击进行数组反向时，如果没有提供键值生成器，则 ForEach 中的所有节点将被重建。

　　⑥ 生成的子组件必须允许在 ForEach 的父容器组件中，允许子组件生成器函数中包含 if...else 条件渲染，同时也允许 ForEach 包含在 if...else 条件渲染语句中。

　　⑦ 子项生成器函数的调用顺序不一定和数组中的数据项相同，开发过程中不要假设子项生成器和键值生成器函数是否执行及执行顺序，否则如下示例可能无法正常工作。

```
ForEach(anArray, item => {Text('${(++counter}. item.label')})
```

ForEach 的正确使用示例如下。

```
ForEach(anArray.map((item1, index1) => { return { i: index1 + 1, data: item1 }; }),
        item => Text('${item.i}. item.data.label')),
        item => item.data.id.toString())
```

简单类型数组示例如下。

```
@Entry
@Component
struct MyComponent {
    @State arr: number[] = [10, 20, 30]
    build() {
        Column() {
            Button() {
                Text('Reverse Array')
            }.onClick(() => {
                this.arr.reverse()
            })
            ForEach(this.arr,                          // Parameter 1: array to be iterated
                    (item: number) => {                // Parameter 2: item generator
                        Text('item value: ${item}')
                        Divider()
                    },
                    (item: number) => item.toString()  // Parameter 3: unique key
generator, which is optional but recommended.
            )
        }
    }
}
```

复杂类型数组示例如下。

```
class Month {
  constructor(year, month, days) {
    this.year = year;
    this.month = month;
    this.days = days;
  }
}

@Component
struct Calendar {
    // simulate with 6 months
    @State calendar: Month[] = [
    new Month(2020, 1, [...Array(31).keys()]),
    new Month(2020, 2, [...Array(28).keys()]),
    new Month(2020, 3, [...Array(31).keys()]),
    new Month(2020, 4, [...Array(30).keys()]),
    new Month(2020, 5, [...Array(31).keys()]),
    new Month(2020, 6, [...Array(30).keys()]),
    ]

    build() {
        Column() {
            Button() {
                Text('next month')
            }.onClick(() => {
```

```
            this.calendar.shift()
            this.calendar.push({year:  2020,  month:  7,  days:  [...Array(31).
keys()]})
        })
        ForEach(this.calendar,
            (item: Month) => {
                ForEach(item.days,
                    (day : number) => {}, // add logic here
                    (day : number) => day.toString())
            },
            // field is used together with year and month as the unique ID of
the month.
            (item: Month) => (item.year * 12 + item.month).toString())
    }
  }
}
```

3. 数据懒加载 LazyForEach

开发框架提供 LazyForEach 组件按需迭代数据，并在每次迭代过程中创建相应的组件。LazyForEach 定义如下。

```
interface DataChangeListener {
    onDataReloaded(): void;                      // Called while data reloaded
    onDataAdded(index: number): void;            // Called while single data added
    onDataMoved(from: number, to: number): void; // Called while single data moved
    onDataDeleted(index: number): void;          // Called while single data deleted
    onDataChanged(index: number): void;          // Called while single data changed
}
interface IDataSource {
    totalCount(): number;                        // Get total count of data
    getData(index: number): any;                 // Get single data by index
    registerDataChangeListener(listener: DataChangeListener): void;   // Register
listener to listening data changes
    unregisterDataChangeListener(listener: DataChangeListener): void; // Unregister
listener
}
LazyForEach(
    dataSource: IDataSource,          // Data source to be iterated
    itemGenerator: (item: any) => void,  // child component generator
    keyGenerator?: (item: any) => string // (optional) Unique key generator, which
is recommended.
): void
```

① 通过 LazyForEach 的 onDataChanged 更新数据时，如果 itemGenerator 里面包含一个全静态（此 View 中不包含状态变量）的 View，此 View 将不会更新。

② 数据懒加载组件使用 LazyForEach 从提供的数据源中自动生成子组件。

③ 必须在容器组件内使用，且仅有 List、Grid 及 Swiper 组件支持数据的按需加载（即只加载可视部分及其前后少量数据用于缓冲），其他组件仍然是一次加载所有数据。

④ 第一个参数必须是继承自 IDataSource 的对象，需要开发者实现相关接口。

⑤ 第二个参数用于生成子组件的 lambda 函数。它为给定数组项生成一个或多个子组件。单个组件和子组件列表必须括在大括号 "{...}" 中。

⑥ 可选的第三个参数是用于键值生成的匿名函数。它为给定数组项生成唯一且稳定的键值。当子项在数组中的位置更改时，子项的键值不得更改，当数组中的子项被新项替换时，被替换项的键值和新项的键值必须不同。键值生成器的功能是可选的。但是，出于性能原因考虑，建议提供，这使得开发框架能够更好地识别数组更改。单击进行数组反向时，如果没有提供键值生成器，则 ForEach 中的所有节点将被重建。

⑦ 生成的子组件必须允许在 LazyForEach 的父容器组件中，允许 LazyForEach 包含

在 if...else 条件渲染语句中。

⑧ LazyForEach 在每次迭代中，必须创建一个且只允许创建一个子组件。

⑨ ForEach 不允许作为 LazyForEach 的子组件，LazyForEach 也不支持嵌套。

⑩ LazyForEach 中不允许出现 if...else 条件渲染语句。

⑪ 子项生成器函数的调用顺序不一定和数据源中的数据项相同，开发过程中不要假设子项生成器和键值生成器函数是否执行及执行顺序，否则如下示例表示可能无法正常工作。

```
ForEach(dataSource, item => {Text('${++counter}. item.label')})
```

ForEach 的正确使用示例如下。

```
ForEach(dataSource,
      item => Text('${item.i}. item.data.label')),
      item => item.data.id.toString())
```

示例如下。

```
// Basic implementation of IDataSource to handle data listener
class BasicDataSource implements IDataSource {
    private listeners: DataChangeListener[] = []

    public totalCount(): number {
        return 0
    }
    public getData(index: number): any {
        return undefined
    }

    registerDataChangeListener(listener: DataChangeListener): void {
        if (this.listeners.indexOf(listener) < 0) {
            console.info('add listener')
            this.listeners.push(listener)
        }
    }
    unregisterDataChangeListener(listener: DataChangeListener): void {
        const pos = this.listeners.indexOf(listener);
        if (pos >= 0) {
            console.info('remove listener')
            this.listeners.splice(pos, 1)
        }
    }

    notifyDataReload(): void {
        this.listeners.forEach(listener => {
            listener.onDataReloaded()
        })
    }
    notifyDataAdd(index: number): void {
        this.listeners.forEach(listener => {
            listener.onDataAdded(index)
        })
    }
    notifyDataChange(index: number): void {
        this.listeners.forEach(listener => {
            listener.onDataChanged(index)
        })
    }
    notifyDataDelete(index: number): void {
        this.listeners.forEach(listener => {
            listener.onDataDeleted(index)
        })
    }
    notifyDataMove(from: number, to: number): void {
        this.listeners.forEach(listener => {
            listener.onDataMoved(from, to)
        })
```

```
    }
}

class MyDataSource extends BasicDataSource {
    private dataArray: string[] = ['/path/image0', '/path/image1', '/path/image2',
'/path/image3']

    public totalCount(): number {
        return this.dataArray.length
    }
    public getData(index: number): any {
        return this.dataArray[index]
    }

    public addData(index: number, data: string): void {
        this.dataArray.splice(index, 0, data)
        this.notifyDataAdd(index)
    }
    public pushData(data: string): void {
        this.dataArray.push(data)
        this.notifyDataAdd(this.dataArray.length - 1)
    }
}

@Entry
@Component
struct MyComponent {
    private data: MyDataSource = new MyDataSource()
    build() {
        List({space: 3}) {
            LazyForEach(this.data, (item: string) => {
                ListItem() {
                    Row() {
                        Image(item).width("30%").height(50)
                        Text(item).fontSize(20).margin({left:10})
                    }.margin({left: 10, right: 10})
                }
                .onClick(()=>{
                    this.data.pushData('/path/image' + this.data.totalCount())
                })
            }, item => item)
        }
    }
}
```

9.3.7 深入理解组件化@Component

1. build 函数
build 函数满足 Builder 构造器接口定义，用于定义组件的声明式 UI 描述。

```
interface Builder {
    build: () => void
}
```

2. 自定义组件初始化
本节介绍自定义组件状态变量的初始化规则。状态变量指有@State、@Prop 等装饰器的成员变量。

组件的状态变量可以通过以下两种方式初始化。

① 本地初始化，代码如下。

```
@State counter: Counterr = new Counter()
```

② 在构造组件时通过构造参数初始化，代码如下。

```
MyComponent(counter: $myCounter)
```

具体使用哪种方式取决于状态变量的装饰器，其初始化说明见表 9-6。

表 9-6　装饰器初始化说明

装饰器类型	本地初始化	通过构造函数初始化
@State	必须	可选
@Prop	禁止	必须
@Link	禁止	必须
@StorageLink	必须	禁止
@StorageProp	必须	禁止
@Provide	必须	可选
@Consume	禁止	禁止
@ObjectLink	禁止	必须
常规成员变量	推荐	可选

从表 9-6 中可以看到以下情况。

① @State 变量需要本地初始化，初始化的值可以被构造函数覆盖。

② @Prop 和@Link 变量必须且仅通过构造函数初始化。

通过构造函数初始化成员变量，需要遵循如下规则，具体见表 9-7。

表 9-7　通过构造函数初始化成员变量的规则

从父组件中的变量（下）到子组件中的变量（右）	@State	@Link	@Prop	常规变量
@State	不允许	允许	允许	允许
@Link	不允许	允许	不推荐	允许
@Prop	不允许	不允许	允许	允许
@StorageLink	不允许	允许	不允许	允许
@StorageProp	不允许	不允许	不允许	允许
常规成员变量	允许	不允许	不允许	允许

从表 9-7 中可以看到以下情况。

① 父组件的@State 变量可以初始化子组件的@Prop、@Link（通过$）或常规变量，但不能初始化子组件的@State 变量。

② 父组件的@Link 变量可以初始化子组件的@Link 或常规变量。但是初始化子组件的@State 成员是语法错误，此外不建议初始化@Prop 变量。

③ 父组件的@Prop 变量可以初始化子组件的常规变量或@Prop 变量，但不能初始化子组件的@State 或@Link 变量。

④ 父组件的@StorageLink 变量可以初始化子组件的@Link 变量或常规变量，但不能初始化@State 或@Link 变量。

⑤ 父组件的@StorageProp 变量只能初始化子组件的常规变量。

⑥ 父组件的常规成员变量可以用于初始化子组件的@State 变量和常规变量，但不能用

于初始化@Link 或@Prop 变量。

除了上述规则外，还需要遵循 TS 的强类型规则。

示例如下。

```
@Entry
@Component
struct Parent {
    @State parentState: ClassA = new ClassA()
    build() {
        CompA({aState: new ClassA, aLink: $parentState}) // valid
        CompA(aLink: $parentState)   // valid
        CompA()                      // invalid, @Link aLink remains uninitialized
        CompA(aLink: new ClassA) // invalid, @Link aLink must be a reference ($) to
either @State or @Link variable
    }
}

@Component
struct CompA {
    @State aState: boolean = false   // must initialize locally
    @Link aLink: ClassA              // must not initialize locally

    build() {
        CompB({bLink: $aLink,        // valid init a @Link with reference of another
@Link,
            bProp: this.aState})     // valid init a @Prop with value of a @State
        CompB(aLink: $aState,  // invalid: type missmatch expected ref to ClassA,
provided reference to boolean
            false)               // invalid: @Prop must be initialized by a @State not by
regular variable
    }
}

@Component
struct CompB {
    @Link bLink: ClassA = new ClassA()      // invalid, must not initialize locally
    @Prop bProp: boolean = false     // invalid must not initialize locally

    build() {
        ...
    }
}
```

3. 自定义组件的生命周期函数

自定义组件的生命周期函数用于通知用户该自定义组件的生命周期，这些函数是私有的，在运行时由开发框架在特定的时间进行调用，不能从应用程序中手动调用。生命周期函数定义见表 9-8。

表 9-8　生命周期函数定义

函数名	描述
aboutToAppear	函数在创建自定义组件的新实例后，执行其 build 函数之前执行。 允许在 aboutToAppear 函数中改变状态变量，这些更改将在后续执行 build 函数中生效
aboutToDisappear	函数在自定义组件析构消耗之前执行。 不允许在 aboutToDisappear 函数中改变状态变量，特别是@Link 变量的修改可能会导致应用程序行为不稳定

表 9-8　生命周期函数定义（续）

函数名	描述
onPageShow	当此页面显示时触发一次，包括路由过程、应用进入前后台等场景，仅 @Entry 修饰的自定义组件生效
onPageHide	当此页面消失时触发一次，包括路由过程、应用进入前后台等场景，仅 @Entry 修饰的自定义组件生效
onBackPress	当用户单击"返回"按钮时触发，仅 @Entry 修饰的自定义组件生效： 返回 true 表示页面自己处理返回逻辑，不进行页面路由； 返回 false 表示使用默认的返回逻辑； 不返回值会作为 false 处理

示例如下。

```
@Component
struct CountDownTimerComponent {
    @State countDownFrom: number = 0
    private timerId: number = -1

    private aboutToAppear(): void {
        this.timerId = setInterval(() => {
            if (this.countDownFrom <= 0) {
                clearTimer(this.timerId)
            }
            this.countDownFrom -= 1
        }, 1000) // decr counter by 1 every second
    }
    private aboutToDisappear(): void {
        if (this.timerId > 0) {
            clearTimer(this.timerId)
            this.timerId = -1
        }
    }
    build() {
        Text('${this.countDownFrom}sec left')
    }
}
```

上述示例表明，生命周期函数对于允许 CountDownTimerComponent 管理其计时器资源至关重要，类似的函数包括异步从网络请求加载资源。

- 允许在生命周期函数中使用 Promise 和异步回调函数，比如网络资源获取、定时器设置等。
- 不允许在生命周期函数中使用 async await。

4．组件创建和重新初始化示例

示例如下。

```
@Entry
@Component
struct ParentComp {
    @State isCountDown: boolean = true
    build() {
        Column() {
            Text(this.isCountDown ? 'Count Down' : 'Stopwatch')
            if (this.isCountDown) {
                Image('countdown.png')
                TimerComponent({counter: 10, changePerSec: -1, showInColor: Color.Red})
```

```
        } else {
            Image('stopwatch.png')
            TimerComponent({counter: 0, changePerSec: +1, showInColor: Color.Black })
        }
        Button(this.isCountDown ? 'Swtich to Stopwatch' : 'Switch to Count Down')
            .onClick(() => {this.isCountDown = !this.isCountDown})
    }
  }
}
// Manage and display a count down / stop watch timer
@Component
struct TimerComponent {
    @State counter: number = 0
    private changePerSec: number = -1
    private showInColor: Color = Color.Black
    private timerId : number = -1
    build() {
        Text('${this.counter}sec')
            .fontColor(this.showInColor)
    }
    aboutToAppear() {
        this.timerId = setInterval(() => {this.counter += this.changePerSec}, 1000))
    }
    aboutToDisappear() {
        if (this.timerId > 0) {
            clearTimeout(this.timerId)
            this.timerId = -1
        }
    }
}
```

解读上段示例代码。

（1）初始创建和渲染

① 创建父组件 ParentComp。

② 本地初始化 ParentComp 的状态变量 isCountDown。

③ 执行 ParentComp 的 build 函数。

④ 创建 Column 内置组件。

a. 创建 Text 内置组件，设置其文本展示内容，并将 Text 组件实例添加到 Column 中。

b. 判断 if 条件，创建 true 分支上的组件。

- 创建 Image 内置组件，并设置其图片源地址。
- 使用给定的构造函数创建 TimerComponent。
  - 创建 TimerComponent 对象。
  - 本地初始化成员变量初始值。
  - 使用 TimerComponent 构造函数提供的参数更新成员变量的值。
  - 执行 TimerComponent 的 aboutToAppear 函数。
  - 执行 TimerComponent 的 build 函数，创建相应的 UI 描述结构。

c. 创建 Button 内置组件，设置相应的内容。

（2）状态更新

用户单击按钮时，状态如下。

① ParentComp 的 isCountDown 状态变量的值更改为 false。

② 执行 ParentComp 的 build 函数。

③ Column 内置组件会被框架重用并重新初始化。

④ Column 的子组件会重用内存中的对象，但会进行重新初始化。

a. Text 内置组件会被重用，但使用新的文本内容进行重新初始化。

b. 判断 if 条件，使用 false 分支上的组件。
- 原来 true 分支上的组件不再使用，以下这些组件会被销毁。
  - 创建的 Image 内置组件实例被销毁。
  - TimerComponent 组件实例被销毁，aboutToDisappear 函数被调用。
- 创建 false 分支上的组件。
  - 创建 Image 内置组件，并设置其图片源地址。
  - 使用给定的构造函数重新创建 TimerComponent。
  - 新创建的 TimerComponent 进行初始化，并调用 aboutToAppear 函数和 build 函数。

c. Button 内置组件会被重用，但使用新的图片源地址。

9.3.8　语法糖

1. 装饰器

装饰器@Decorator，被装饰的元素可以是变量声明、类定义、结构体定义、方法定义等，赋予其特殊的含义。

多个装饰器可以对同一个元素进行装饰，书写在同一行上或者多行上，推荐书写在多行上。

以下@Component 和@State 的使用，被@Component 装饰的元素具备了组件化的含义，使用@State 装饰的变量具备了状态数据的含义。

```
@Component
struct MyComponent {
    @State count: number = 0
}
```

装饰器可以书写在同一行上，代码如下。

```
@Entry @Component struct MyComponent {
}
```

但更推荐书写在多行上，代码如下。

```
@Entry
@Component
struct MyComponent {
}
```

装饰器的内容说明见表 9-9。

表 9-9　装饰器的内容说明

装饰器	装饰内容	说明
@Component	struct	结构体在装饰后具有基于组件的能力，需要以 build 方法来更新 UI
@Entry	struct	组件被装饰后作为页面的入口，页面加载时将被渲染显示
@State	基本数据类型、类、数组	修饰的状态数据被修改时会触发组件的 build 方法进行 UI 页面更新

表 9-9　装饰器的内容说明（续）

装饰器	装饰内容	说明
@Prop	基本数据类型	修改后的状态数据用于在父组件和子组件之间建立单向数据依赖关系。修改父组件关联数据时，更新当前组件的 UI
@Link	基本数据类型、类、数组	父、子组件之间的双向数据绑定。父组件的内部状态数据作为数据源。任何一方所做的修改都会反映给另一方

2．链式调用

允许开发者以"."链式调用的方式配置 UI 结构及其属性、事件等。

```
Column {
    Image('1.jpg')
        .alt('error.jpg')
        .width(100)
        .height(100)
}.padding(10)
```

3．struct 对象

组件可以基于 struct 实现，但不能有继承关系，struct 可以比 class 更加快速地创建和销毁。

```
@Component
struct MyComponent {
    @State data: string = ''
    build() {
    }
}
```

4．在实例化过程中省略"new"

对于 struct 的实例化，可以省略"new"。

```
// 定义
@Component
struct MyComponent {
    build() {
    }
}

// 使用
Column() {
    MyComponent()
}

// 等价于
new Column() {
    new MyComponent()
}
```

5．组件创建使用独立一行

每行代码末尾可以省略分号";"，代码如下。

```
Column() {
    Image('icon.png')
    Text('text')
}
```

等同于：

```
Column() {
    Image('icon.png');
    Text('text');
};
```

每行只允许创建一个组件。if、else、else if、ForEach 语句单独一行。

无效示例如下。

```
Column() {
    Image('icon.png') Text('text') // invalid, creation of two components in same line
}

Column() {Image('icon.png')} // invalid, creation of two components in same line

if (this.condi) {Image('icon.png')} // invalid, if and creation a components in same
line
```

内置容器组件、if 和 ForEach 项生成器函数必须在单个子项的情况下使用封闭括号"{}"。

无效示例如下。

```
if (this.condi)
Image('icon.png'), // invalid, missing {}
else
    Text('text');
```

```
ForEach(this.arr,
    (item) => Image('icon.png'), // invalid, missing {}
    (item) => item.id.toString()
}
```

6. 生成器函数内使用 TS 语言的限制

TS 语言的使用在生成器函数中存在以下限制。

① 表达式仅允许在字符串(${expression})、if 条件、ForEach 的参数和组件的参数中使用。

② 这些表达式中的任何一个都不能导致任何应用程序状态变量（@State、@Link、@Prop）的改变，否则会导致未定义和潜在不稳定的框架行为。

③ 允许在生成器函数体的第一行使用 console.log，以便开发人员更容易跟踪组件重新渲染，但对日志字符串文字中的表达式仍遵循上述限制。

④ 生成器函数内部不能有局部变量。

⑤ 上述限制都不适用于事件处理函数（例如 onClick）的匿名函数实现，它们也不适用于 UI 组件描述外的其余部分。

示例如下。

```
build() {
    let a: number = 1 // invalid: variable declaration not allowed
    console.log('a: ${a}') // invalid: console.log only allowed in first line of build
    Column() {
        Text('Hello ${this.myName.toUpperCase()}') // ok.
        ForEach(this.arr.reverse(), ..., ...) // invalid: Array.reverse modifies the
@State array varible in place
    }
    buildSpecial()  // invalid: no function calls
    Text(this.calcTextValue()) // this function call is ok.
}
```

9.4　声明式 UI 常用组件

声明式 UI 目前支持的组件见表 9-10。

表 9-10   声明式 UI 目前支持的组件

基础组件	容器组件	媒体组件	绘制组件
Blank、Button、DataPanel、Divider、Image、ImageAnimator、Progress、QRCode、Rating、Span、Slider、Text、Toggle	AlphabetIndexer、Badge、Column、ColumnSplit、Counter、Flex、GridContainer、Grid、GridItem、Hyperlink、List、ListItem、Navigator、Panel、Row、RowSplit、Scroll、Stack、Swiper、Tabs、TabContent、	Video	Circle、Ellipse、Line、Polyline、Polygon、Path、Rect、SHape

- 开发者在开发时没必要完全弄清楚每个 UI 组件的细节,可以通过类比之前的 JS 组件以及通过 IDE 开发工具的提示进行开发。
- 结合 9.5 节的综合案例对比之前的 JS 实现案例进行实践理解。

9.5 使用声明式 UI 开发智能家居页面

9.5.1 布局分解

将页面中的元素分解之后再对每个基本元素按顺序实现,可以减少多层嵌套造成的视觉混乱和逻辑混乱,从而提高代码的可读性,方便开发人员对页面做后续的调整。智能家居页面布局分解如图 9-11 所示。

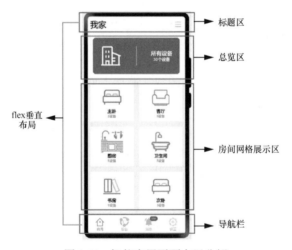

图 9-11   智能家居页面布局分解

9.5.2 实现底部导航栏

为了演示开发步骤,将每一步对应的代码都写成一个独立组件,并且将该组件的名字以步骤的形式命名,比如步骤 1、步骤 2,以此类推。

- 对每一个步骤进行预览，只需要在该组件的上面加上@Preview装饰器。
- @Preview在单个源文件中只能加一次，哪个步骤需要预览就添加给它。

步骤 1：使用 Flex 组件水平方向排列，并且等分水平方向。

```
@Component
@Preview
struct Step1{
  build() {
    Flex({ direction: FlexDirection.Row, alignItems: ItemAlign.Center, justifyContent:
FlexAlign.SpaceAround }) {
      Text('房间')
        .fontSize(16)
        .fontWeight(FontWeight.Bold)
      Text('设备')
        .fontSize(16)
        .fontWeight(FontWeight.Bold)
      Text('消息')
        .fontSize(16)
        .fontWeight(FontWeight.Bold)
      Text('设置')
        .fontSize(16)
        .fontWeight(FontWeight.Bold)
    }
    .width('100%')
    .backgroundColor(Color.Blue)
  }
}
```

为了方便查看初始的预览效果，我们将背景色设置为蓝色，后面会去掉该背景色。
步骤 1 预览效果如图 9-12 所示。

图 9-12　步骤 1 预览效果

- 目前导航栏无法像之前 css 中设置绝对布局一样，将导航栏固定在底部，eTS 中目前 position 只能使用 x、y 坐标进行定位。
- 后期我们可以在整个页面中采用 flexGrow 属性来让导航栏保持在最底部。

步骤 2：导航栏子项 item 中添加图片和文本混排。

使用 Column 组件来作为导航栏子项的容器，此处只需添加一个子菜单的图片，因为下一步会采用循环渲染。

```
@Component
@Preview
struct Step2{
  build() {
    Flex({ direction: FlexDirection.Row, alignItems: ItemAlign.Center, justifyContent:
FlexAlign.SpaceAround }) {
      Column({ space: 5 }) {
        Image($r("app.media.home")).width(36).height(36)
        Text('房间')
          .fontSize(16)
          .fontWeight(FontWeight.Bold)
      }.height('64')
      Text('设备')
```

```
      .fontSize(16)
      .fontWeight(FontWeight.Bold)
    Text('消息')
      .fontSize(16)
      .fontWeight(FontWeight.Bold)
    Text('设置')
      .fontSize(16)
      .fontWeight(FontWeight.Bold)
  }
  .width('100%')
  .backgroundColor(Color.Blue)
 }
}
```

步骤 2 预览效果如图 9-13 所示。

图 9-13　步骤 2 预览效果

步骤 3：循环渲染生成导航栏各个 item。

```
@Component
struct Step3 {
//定义菜单项的数据源
  @State menuData: any[]= [{
                   "text": "房间",
                   "inActiveImg": $r('app.media.home'),
                   "activeImg": $r('app.media.home_active')
                 },
                 {
                   "text": "设备",
                   "inActiveImg": $r('app.media.device'),
                   "activeImg": $r('app.media.device_active')
                 },
                 {
                   "text": "消息",
                   "inActiveImg": $r('app.media.msg'),
                   "activeImg": $r('app.media.msg_active'),
                   showBadge: true,
                   msgNum: "100"
                 },
                 {
                   "text": "设置",
                   "inActiveImg": $r('app.media.settings'),
                   "activeImg": $r('app.media.settings_active')
                 }]

  build() {
    Flex({ direction: FlexDirection.Row, alignItems: ItemAlign.Center, justifyContent:
FlexAlign.SpaceAround }) {
      ForEach(this.menuData.map((item1, index1) => {
        return { i: index1, data: item1 };
      }), // Parameter 1: array to be iterated
      item => { // Parameter 2: item generator
        Column({ space: 5 }) {
          Image(item.data.inActiveImg).width(36).height(36)
          Text(item.data.text)
            .fontSize(16)
            .fontWeight(FontWeight.Bold)
        }.height('64')
      }, item => item.i.toString()
    )
```

```
    }
    .width('100%')
  }
}
```

上述代码中首先定义了一个菜单的数据源 menuData，在数据源中引用了图片资源文件，图片的引用方式为$r('app.media.home')，定位到以/resource/base/media/下的 home 名称开头的图片（注意这里不能带.png 后缀名，在导入图片到 media 目录下时，不要导入两个前缀相同的图片，比如 home.png 和 home.jpg）。

循环渲染是不会自带索引的，如果需要索引可自行使用 arr.map 方法实现。

步骤 3 预览效果如图 9-14 所示。

房间　　　设备　　　消息　　　设置

图 9-14　步骤 3 预览效果

步骤 4：实现导航栏菜单选中状态与非选中状态。

```
@Component
struct Step4 {
//定义菜单的选中项的索引
  @State selectedIndex: number= 0;
//定义菜单项的数据源
  @State menuData: any[]= [{
                    "text": "房间",
                    "inActiveImg": $r('app.media.home'),
                    "activeImg": $r('app.media.home_active')
                },
                {
                    "text": "设备",
                    "inActiveImg": $r('app.media.device'),
                    "activeImg": $r('app.media.device_active')
                },
                {
                    "text": "消息",
                    "inActiveImg": $r('app.media.msg'),
                    "activeImg": $r('app.media.msg_active'),
                    showBadge: true,
                    msgNum: "100"
                },
                {
                    "text": "设置",
                    "inActiveImg": $r('app.media.settings'),
                    "activeImg": $r('app.media.settings_active')
                }]

  build() {
    Flex({ direction: FlexDirection.Row, alignItems: ItemAlign.Center, justifyContent:
FlexAlign.SpaceAround }) {
      ForEach(this.menuData.map((item1, index1) => {
        return { i: index1, data: item1 };
      }), // Parameter 1: array to be iterated
      item => { // Parameter 2: item generator
        Column({ space: 5 }) {
          Image(this.selectedIndex === item.i ? item.data.activeImg : item.data.
inActiveImg
          ).width(36).height(36)
          Text(item.data.text)
            .fontSize(16)
```

```
                  .fontWeight(FontWeight.Bold)
                  .fontColor(this.selectedIndex === item.i ? '#1296db' : '#bfbfbf')
            }.height('64').onClick(() => {
              console.info("myclick=" + item.i)
              this.selectedIndex = item.i;
            })
        }, item => item.i.toString()
      )
    }
    .width('100%')
  }
}
```

选中第二个菜单项后，步骤 4 预览效果如图 9-15 所示，默认选中第一个菜单项。

图 9-15　步骤 4 预览效果

步骤 5：将导航栏封装成可以复用的自定义组件。

在 eTS/default 目录下创建目录 common/component，然后在该目录下创建一个文件 navbar.ets。

将上一步中需要外部调用进行赋值的属性抽象出来，这里着重要注意@State、@Prop、@Link 的使用区别。

```
@Component
export struct Navbar {
//@Link 和@Prop 修饰的变量必须在构造参数中进行初始化
//定义菜单的选中项的索引，菜单索引是需要和父组件进行双向状态同步的
//因为父组件要根据该状态切换导航菜单对应的子页面
  @Link selectedIndex: number;
//定义菜单项的数据源
  @State menuData: any[]= [{
                      "text": "房间",
                      "inActiveImg": $r('app.media.home'),
                      "activeImg": $r('app.media.home_active')
                    },
                    {
                      "text": "设备",
                      "inActiveImg": $r('app.media.device'),
                      "activeImg": $r('app.media.device_active')
                    },
                    {
                      "text": "消息",
                      "inActiveImg": $r('app.media.msg'),
                      "activeImg": $r('app.media.msg_active'),
                      showBadge: true,
                      msgNum: "100"
                    },
                    {
                      "text": "设置",
                      "inActiveImg": $r('app.media.settings'),
                      "activeImg": $r('app.media.settings_active')
                    }];
//菜单项未选中时文本的颜色
  @State itemTextInActiveColor: string = '#bfbfbf';
//菜单项选中时文本的颜色
  @State itemTextActiveColor: string = '#1296db';
```

```
  build() {
    Flex({ direction: FlexDirection.Row, alignItems: ItemAlign.Center, justifyContent:
FlexAlign.SpaceAround }) {
      ForEach(this.menuData.map((item1, index1) => {
        return { i: index1, data: item1 };
      }), // Parameter 1: array to be iterated
        item => { // Parameter 2: item generator
          Column({ space: 5 }) {
            Image(this.selectedIndex === item.i ? item.data.activeImg : item.data.
inActiveImg
            ).width(36).height(36)
            Text(item.data.text)
              .fontSize(16)
              .fontWeight(FontWeight.Bold)
              .fontColor(this.selectedIndex === item.i ? this.itemTextActiveColor : this.
itemTextInActiveColor)
          }.height('64').onClick(() => {
            console.info("myclick=" + item.i)
            this.selectedIndex = item.i;
          })
        }, item => item.i.toString()
      )
    }
    .width('100%')
    .height(70)
  }
}
```

组件独立封装成自定义组件，需要被外部组件引用，那么必须加上 export 关键字。

步骤 6：定义 4 个子页面，在切换导航栏菜单时切换到相应的页面。

在上一步中创建的 component 目录下分别创建 comp1.ets、comp2.ets、comp3.ets、comp4.ets 这 4 个子页面对应的组件，暂时在每个子页面中只放置一个文本即可，代码如下。

```
@Component
export struct Comp1 {
  build() {
    Flex({ direction: FlexDirection.Row, alignItems: ItemAlign.Center, justifyContent:
FlexAlign.Center }) {
      Text('Page1')
        .fontSize(16)
        .fontWeight(FontWeight.Bold)
    }
    .width('100%')
    .flexGrow(1)
  }
}
```

编写入口组件 Index 的内容，引入各个子组件，并且进行组合渲染。

```
import {Navbar} from '../common/components/navbar.ets'
import {Comp1} from '../common/components/comp1.ets'
import {Comp2} from '../common/components/comp2.ets'
import {Comp3} from '../common/components/comp3.ets'
import {Comp4} from '../common/components/comp4.ets'

@Entry
@Component
struct Index {
  @State selectedIndex: number= 0;
  private menus: any[]= [{
                          "text": "房间",
                          "inActiveImg": $r('app.media.home'),
                          "activeImg": $r('app.media.home_active')
                        },
                        {
```

```
                    "text": "设备",
                    "inActiveImg": $r('app.media.device'),
                    "activeImg": $r('app.media.device_active')
                },
                {
                    "text": "消息",
                    "inActiveImg": $r('app.media.msg'),
                    "activeImg": $r('app.media.msg_active'),
                    showBadge: true,
                    msgNum: "100"
                },
                {
                    "text": "设置",
                    "inActiveImg": $r('app.media.settings'),
                    "activeImg": $r('app.media.settings_active')
                }]
  build() {
    Flex({ direction: FlexDirection.Column }) {
      if (this.selectedIndex == 0) {
        Comp1()
      } else if (this.selectedIndex == 1) {
        Comp2()
      } else if (this.selectedIndex == 2) {
        Comp3()
      } else if (this.selectedIndex == 3) {
        Comp4()
      }
      Navbar({ selectedIndex: $selectedIndex, menuData: this.menus })

    }
    .width('100%')
    .height('100%')
  }
}
```

这里需要注意，selectedIndex 属性是必须在构造函数中进行初始化的；menuData 是可选初始化属性，如果不配置 menuData，则将使用子组件中默认的 menuData 的数据。

到此，一个可以复用的底部导航栏组件封装以及使用开发就完成了，预览效果如图 9-16 所示。

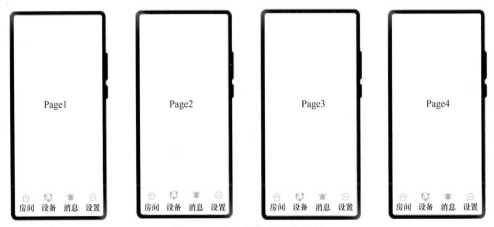

图 9-16 底部导航栏预览效果

下面只需要实现各个子页面的代码。

9.5.3　实现首页中的标题区

comp1.ets 即为首页（除了导航栏部分）的内容。下面编写 comp1.ets 实现页面布局分解中的标题区。

在 comp1.ets 中编写一个组件 TitleBar，代码如下。

```
//标题区
@Component
struct TitleBar {
  build() {
    Flex({ direction: FlexDirection.Row, alignItems: ItemAlign.Center }) {
      Text('我家')
        .fontSize(30)
        .fontWeight(FontWeight.Bold)
        .flexGrow(1)
      Image($r("app.media.menu"))
        .width(32)
        .height(32)
    }
    .margin(10)
    .height(40);
  }
}
```

然后组合到 Comp1 组件中即可，改写的 Comp1 的代码如下。

```
@Component
export struct Comp1 {
  build() {
    Column() {
      TitleBar()
      TotalPanel()
    }
    .width("100%")
    .flexGrow(1)
  }
}
```

标题区预览效果如图 9-17 所示。

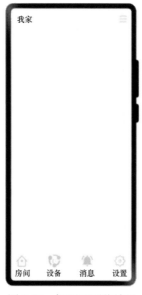

图 9-17　标题区预览效果

9.5.4　实现首页中的总览区

在 comp1.ets 中，继续编写一个组件 TotalPanel，代码如下。

```
//总览区
@Component
struct TotalPanel {
  build() {
    Flex({ direction: FlexDirection.Row, alignItems: ItemAlign.Center, justifyContent:
FlexAlign.SpaceAround }) {
      Image($r("app.media.house"))
        .width(88)
        .height(88)
      Divider().vertical(true).height(88).color('#FFFFFF').strokeWidth(2)
      Column() {
        Text('所有设备')
          .fontSize(32)
          .fontColor(Color.White)
        Text('33 个设备')
          .fontSize(24)
          .fontColor(Color.White)
      }
    }
    .height(200)
    .backgroundColor('#0170fe')
    .width('90%')
    .borderRadius(10)
  }
}
```

然后组合到 Comp1 组件中即可，改写的 Comp1 的代码如下。

```
@Component
export struct Comp1 {
  build() {
    Column() {
      TitleBar()
      TotalPanel()
    }
    .width("100%")
    .flexGrow(1)
  }
}
```

总览区预览效果如图 9-18 所示。

图 9-18　总览区预览效果

9.5.5　实现房间网格展示区

1．定义一个房间实体类 RoomData

该实体类用来存放数据，类似 Java 的实体类。

```
export class RoomData{
  id:number;
  name:string;
  imgSrc:Resource;
  deviceNum:number;
}
```

2．在 comp1.ets 中创建一个网格 item 的组件

```
//网格布局中的item
@Component
struct RoomGridItem {
  private roomItem: RoomData;

  build() {

Flex({direction:FlexDirection.Column,alignItems:ItemAlign.Center,justifyContent:
FlexAlign.Center}) {
    Image(this.roomItem.imgSrc)
      .width(80)
      .height(80)
    Text(this.roomItem.name)
      .fontSize(18)
      .fontColor('#36363a')
    Text(this.roomItem.deviceNum+'设备')
      .fontSize(14)
      .fontColor(Color.Gray)
  }
    .height(120)
  }
}
```

3．在 comp1.ets 中创建房间网格展示区组件

```
//房间网格展示区
@Component
struct RoomGrid {
  private roomItems: RoomData[] = [{ id: 1, imgSrc: $r("app.media.masterBedroom"),
name: "主卧", deviceNum: 3 },
                                   { id: 2, imgSrc: $r("app.media.masterBedroom"), name:
"客厅", deviceNum: 5 },
                                   { id: 3, imgSrc: $r("app.media.masterBedroom"), name:
"厨房", deviceNum: 5 },
                                   { id: 4, imgSrc: $r("app.media.masterBedroom"), name:
"书房", deviceNum: 5 },
                                   { id: 5, imgSrc: $r("app.media.masterBedroom"), name:
"卫生间", deviceNum: 5 },
                                   { id: 6, imgSrc: $r("app.media.masterBedroom"), name:
"客房1", deviceNum: 5 },
                                   { id: 7, imgSrc: $r("app.media.masterBedroom"), name:
"客房2", deviceNum: 5 },
                                   { id: 8, imgSrc: $r("app.media.masterBedroom"), name:
"次卧", deviceNum: 5 }]
  private gridRowTemplate: string = ''
  private heightValue: number

  aboutToAppear() {
    var rows = Math.round(this.roomItems.length / 2);
    console.log("mmmm="+rows);
    this.gridRowTemplate = '1fr '.repeat(rows);
    this.heightValue = (rows+1) * 98+8;
```

```
  }

  build() {
    Grid() {
      ForEach(this.roomItems, (item: RoomData) => {
        GridItem() {
          RoomGridItem({ roomItem: item })
        }
        .backgroundColor('#FFFFFF')
        .width('100%')
      }, (item: RoomData) => item.id.toString())
    }
    .columnsTemplate('1fr 1fr')
    .columnsGap(8)
    .rowsGap(8)
    .backgroundColor('#f3f3f3')
    .flexGrow(1)

  }
}
```

4. 将 RoomGrid 组件组合到 Comp1 组件中

```
import {RoomData} from '../../model/RoomData.ets';

@Component
export struct Comp1 {
  build() {
    Column() {
      TitleBar()
      TotalPanel()
      RoomGrid()
    }
    .width("100%")
    .flexGrow(1)
  }
}
```

最终运行效果如图 9-19 所示，网格中超出部分的数据可以通过滑动展示。

图 9-19   最终运行效果